普通高等学校网络工程专业规划教材

路由与交换技术实验及案例教程

斯桃枝　编著

清华大学出版社

北京

内 容 简 介

本书是《路由协议与交换技术(第2版)》(清华大学出版社)的配套教材,不仅给出了该书课后习题与实验的解析,而且还提供了大量丰富的综合案例,重点是:在各种不同网络应用环境和不同需求下,结合所学的理论知识、协议和技术,完成网络系统的综合配置,分析协议的执行过程,进行综合测试和检测结果分析,实现全网互连互通。

本书既可以作为《路由协议与交换技术(第2版)》的补充教材,也可以单独作为"路由与交换技术"课程的实训教材,还可以作为网络系统集成、网络工程等课程和毕业设计的参考资料;对有一定路由器和交换机配置基础的网络技术人员,本书也是非常实用的参考用书。

图书在版编目(CIP)数据

路由与交换技术实验及案例教程/斯桃枝编著.—北京:清华大学出版社,2018(2020.8重印)
(普通高等学校网络工程专业规划教材)
ISBN 978-7-302-50764-2

Ⅰ.①路… Ⅱ.①斯… Ⅲ.①计算机网络—路由选择—高等学校—教材 ②计算机网络—信息交换机—高等学校—教材 Ⅳ.①TN915.05

中国版本图书馆 CIP 数据核字(2018)第 176599 号

责任编辑:龙启铭 战晓雷
封面设计:常雪影
责任校对:时翠兰
责任印制:刘祎淼

出版发行:清华大学出版社
  网 址:http://www.tup.com.cn,http://www.wqbook.com
  地 址:北京清华大学学研大厦 A 座   邮 编:100084
  社 总 机:010-62770175   邮 购:010-62786544
  投稿与读者服务:010-62776969,c-service@tup.tsinghua.edu.cn
  质量反馈:010-62772015,zhiliang@tup.tsinghua.edu.cn
  课件下载:http://www.tup.com.cn,010-83470236
印 刷 者:北京富博印刷有限公司
装 订 者:北京市密云县京文制本装订厂
经 销:全国新华书店
开 本:185mm×260mm 印 张:18.75   字 数:458 千字
版 次:2018 年 12 月第 1 版   印 次:2020 年 8 月第 3 次印刷
定 价:39.00 元

产品编号:077796-01

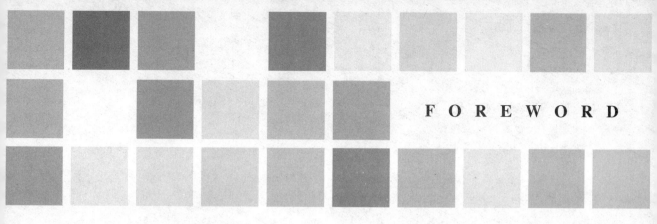

前　言

随着互联网的迅速普及,路由器、交换机作为网络互联的基本设备也无处不在,路由协议和交换技术是计算机网络互联的核心技术,掌握路由和交换技术是网络工程师必备的基本专业技能。

对网络工程专业应用型本科学生来说,不仅要系统学习计算机网络方面的理论知识,更要熟练掌握网络方面的实用技术,其基础主要是路由器和交换机。只有熟悉网络系统结构,并能够在不同的拓扑结构下,完成路由器和交换机的配置,具备运营管理、检错排错的能力,才能适应社会的需要。

在路由与交换技术课程的长期教学过程中,作者深切体会到,纯粹的理论知识讲解很难让学生理解,学生只有边学边做,在做的过程中理解原理,并逐渐深入,反复体会,才能真正掌握理论知识和应用技术。

本书是《路由协议与交换技术(第2版)》(清华大学出版社出版,在本书中简称"主教材")的配套教材,不仅给出了该书课后的习题与实验的解析,而且提供了大量丰富的综合案例。主教材中也有大量的实训和案例,但都是基于相关章节的内容和前面已讲授的内容而设立的,以理解本章的技术为主,复习前几章技术为辅,结合实际的园区网基本结构。

本书的主体是案例,从单个园区网到跨地区网络,包括骨干网,形成一个由小到大、由浅入深的网络系统结构。其重点是:在各种不同的网络应用环境和不同的需求下,产生不同的网络拓扑结构,再结合所学的理论知识、协议和技术,完成网络系统的综合配置,分析协议的执行过程,进行综合测试和检测,使全网互联互通。

在园区网中,突出 VLAN、三层交换技术、生成树协议、聚合链路、不同端口的应用、冗余网关协议、静态路由和不同的路由协议综合应用等。在不同园区之间,突出 NAT、广域网协议,如 PPP、PPPoE、MPLS,以及路由协议 BGP等。在网络安全方面,引入接入层安全、汇聚层或出口 ACL、远程之间 VPN等。兼顾可靠性,增加冗余设备、备份链路、多协议支持等。增加了内外网络服务器的配置、无线网络和 VoIP 等内容。本书的目标是实现不同区域网络系统的综合设计、配置和维护检测。

FOREWORD

本书可作为主教材的补充教材，或单独作为路由与交换技术课程的实训教材，也可以作为网络系统集成、网络工程等课程和毕业设计的参考资料，是学生上岗前实用的操作指南。对于有一定路由器和交换机配置基础的网络技术人员来说，本书也是一种非常实用的参考材料。

本书由上海第二工业大学计算机与信息学院斯桃枝编著，书中案例和课后练习与思考全部由斯桃枝老师带领网络工程专业历届本科学生完成，在此特别感谢蒋文译、华叔峰、叶明焱、唐宇峰、夏吉祥、杨鑫磊、贾子森、郝琳琳、李攀、陈春南等同学在学习中的突出表现，是他们优秀的作业给老师提供了大量的素材，才使本书得以完成。

由于编者水平有限，书中不妥之处在所难免，诚请各位专家、读者批评指正。

编　者
2018 年 7 月

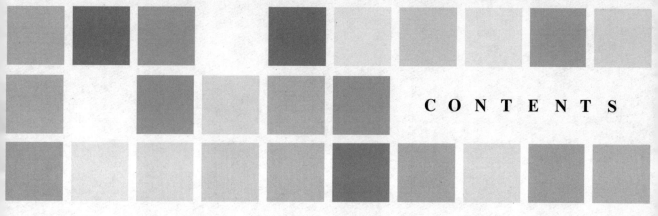

CONTENTS

目 录

C O N T E N T S

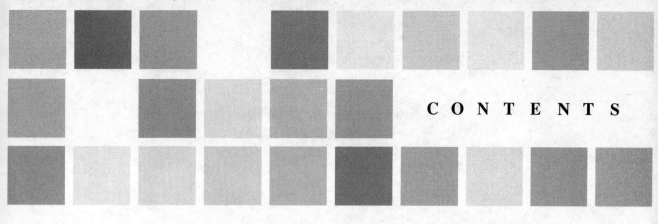

CONTENTS

C O N T E N T S

第1章 交换机与路由器配置基础

1.1 Cisco Packet Tracer 模拟器使用说明

Packet Tracer(以下简称 PT)是思科公司开发的一个网络模拟器。PT 提供可视化、可交互的用户图形界面,以模拟各种网络设备和各种终端设备(如 PC、服务器、各种移动设备、IP 电话、VoIP 终端等),搭建各种拓扑图以模拟其网络处理过程,使各种配置和效果更加直观、灵活和方便。PT 是初学者学习路由和交换技术的好工具,不需要网络机房,不需要大量的网络设备和各种终端,在一台 PC 上安装 Cisco Packet Tracer 模拟器,就可以完成结构复杂的各种网络结构的配置。

PT 的优点是简单、直观、方便;缺点是不支持某些复杂的协议,且只支持思科的路由和交换协议。

在实际工作中,用 Console 线把设备和一台 PC 连接起来,用超级终端对设备进行配置,或者通过远程 Telnet 进行配置。在 Cisco Packet Tracer 模拟器中首先要搭建拓扑结构,详见 1.1.2 节,再进行配置。在 Cisco Packet Tracer 模拟器中有两种配置方法。一种是窗口配置方法(可视化的配置方式,但只有简单的配置),详见 1.1.3 节;另一种是命令行配置方法(所有配置需要输入一行行命令),详见 1.1.4 节。

1.1.1 模拟器界面介绍

PT 提供两个工作区:逻辑(Logical)工作区与物理(Physical)工作区。利用左上角的两个按钮可以切换这两个工作区域,如图 1-1 所示。

逻辑工作区:是默认的工作区,是主要的、常用的工作区,在该工作区里完成网络设备的逻辑连接及配置(搭建拓扑图等)。

物理工作区:该工作区提供了办公地点(城市、办公室、工作间等)和设备的直观图,可以对它们进行相应配置。

PT 提供两种工作模式:实时模式(Real-time)与模拟模式(Simulation)。利用右下角的两个按钮可以切换这两种模式,如图 1-2 所示。

图 1-1 逻辑工作区和物理工作区切换按钮　　　　图 1-2 实时模式和模拟模式切换按钮

实时模式:是默认的工作模式(常用的)。提供实时的设备配置和 Cisco IOS CLI (Command Line Interface)模拟。

模拟模式:用于模拟数据包的产生、传递和接收过程,可逐步查看。

Cisco Packet Tracer 模拟器启动界面如图 1-3 所示。

图 1-3　Cisco Packet Tracer 模拟器启动界面

模拟器界面包括以下部分：

(1) 菜单栏。

(2) 快捷工具栏。

(3) 终端设备区(图标导航区,Symbol Navigation)：添加不同的设备,如单击路由器图标,右边将出现所有可选的路由器型号,选中一个拖入设备工作区中,详见 1.1.2 节。

(4) 设备工作区(Logical Workplace),分逻辑工作区和物理工作区。常用的是逻辑工作区,显示当前的拓扑结构和各个设备的状态。

(5) 辅助工具区：在搭建拓扑时,利用选中设备、添加注释文本、删除所选对象、查询网络设备信息等工具对工作区中的拓扑图进行编辑,见图 1-4。

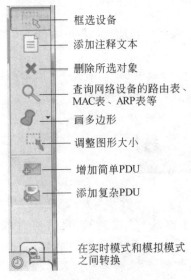

图 1-4　辅助工具区

（6）报文跟踪区：在模拟模式下，对各种协议所产生的报文的 PDU 进行查询和分析，详见 1.1.5 节。

1.1.2　在模拟器中搭建拓扑结构

在模拟器中左下角是终端设备区，其中有路由器、交换机、集线器、无线设备、线缆、PC、安全设备、用户自定义设备等大类。

当选中"路由器"时，右边将出现各种型号的路由器（小类），如图 1-5 所示。同理可以选择交换机、无线设备、安全设备等。当选中线缆时，右边出现常用的几种线缆，如图 1-6 所示。

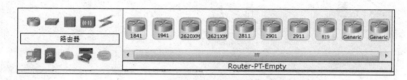

图 1-5　终端设备区中的各种路由器

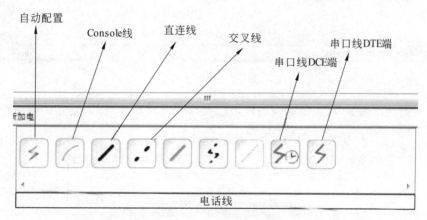

图 1-6　终端设备区中的各种线缆

当选中 PC 时，右边有各终端设备，包括 PC、笔记本电脑、服务器、打印机、IP 电话、VoIP 终端、电话、TV、移动终端等，如图 1-7 所示。

图 1-7　终端设备区中的各终端

只要先选中小类设备，再在设备工作区中单击，该设备就在设备工作区中了。也可以将小类设备拖到设备工作区中。

设备工作区中有多个设备时，就可添加设备之间的连线。单击线缆，右边小类中的第一个是"自动选择连接类型"，分别选中要连接的两个设备，两者就自动连接起来了。思科模拟器中，路由器与路由器、路由器与 PC、同类设备之间的连接必须用双绞线（虚线），不同的设备（上下线之间）用平行线（实线）。手工添加连接线时，先选中线缆，单击设备，出现设备的端口列表，选中某个端口，再拖动到另一个设备，选中该设备的某个端口，这样线缆就添加好了。图 1-8 是画好的拓扑图。

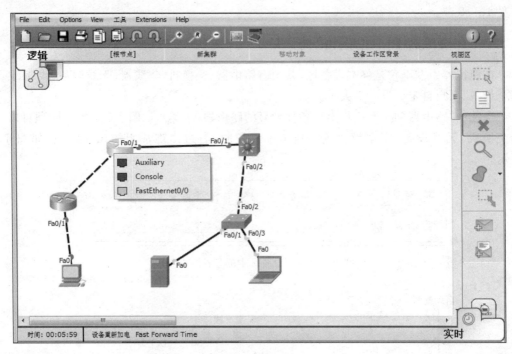

图 1-8　画拓扑图

当设备的接口太少,可以添加模块以添加接口。在添加模块前,要先关闭电源,否则会出现如图 1-9 所示的消息,要求关闭电源。

图 1-9　要求关闭电源的消息框

双击设备工作区中的路由器 Router0,弹出该设备的配置窗口,有"物理""配置""命令行"3 个选项卡。在"物理"选项卡中可以进行设备模块的配置。默认情况下,大多数设备有固定的模块,不需要安装其他模块,只有当需要增加接口时才增加模块。在"物理"选项卡中显示所有可选模块(有模块列表)。选中一个模块后,左下角有相应的模块说明,右下角会有相应的图示。把此图示拖到设备的空插槽口上即可(注意槽口大小相匹配)。拖放前要关闭设备的电源(在图片中单击电源按钮即可)。图 1-10 显示了增添设备中的模块的过程。

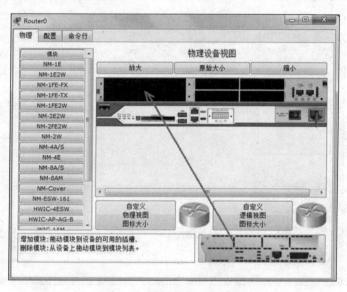

图 1-10 增添设备中的模块

1.1.3 模拟器中的可视化配置方法

在"配置"选项卡中可以进行图形界面的交互式配置,同时下面的文本框中将显示等价的命令行语句。

"配置"选项卡中包括很多项,单击每一项可以出现具体的子项列表(随设备不同而略有不同)。主要有以下几项:

- 全局配置(Global):包括配置(Settings),运算规则配置。
- 路由配置(Routing):包括静态(Static)、RIP。
- 交换配置(Switching):包括 VLAN Database。
- 接口配置(Interface):包括设备上的所有物理接口,如 FastEthernet0/0、FastEthernet0/1 等。

选中设备工作区中的路由器,选择"配置"(或 Config)选项卡,出现如图 1-11 所示的窗口,对接口 FastEthernet0/0 进行 IP 地址配置。在 IP Address 的文本框中输入 192.168.1.1,输入完成后自动跳出子网掩码 255.255.255.0,下方自动显示相关的命令行。

从图 1-11 可见,在窗口配置方法中,可以进行静态路由、RIP、接口等简单配置,更多更复杂的配置(如 OSPF、EIGRP、BGP 等)只能在命令行进行。

1.1.4 模拟器中的命令行配置方法

在"命令行"(CLI)选项卡中可以进行命令行式的配置,它与在交互界面下进行的配置是等效的。选中设备工作区中的路由器,出现如图 1-10 所示的窗口,选中"命令行"(或

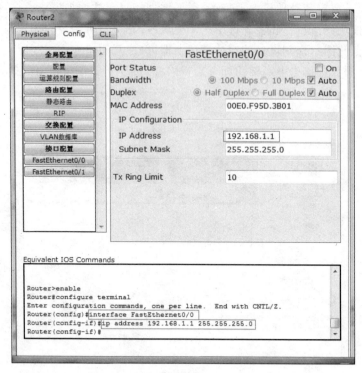

图 1-11　模拟器中的可视化配置方法

CLI)选项卡,出现如图 1-12 所示的窗口。按回车键进入用户模式,输入 enable 进入特权模式,输入 conf t 进入全局模式,输入 int f0/1 进入子接口模式。

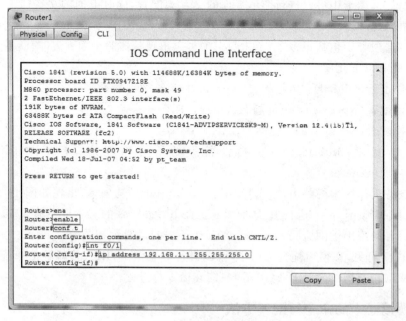

图 1-12　模拟器中的命令行配置方法

1.1.5　模拟模式的应用

模拟器界面右下角有实时模式和模拟模式切换按钮。实时模式也称为即时模式、真实模式。例如,两台主机连接在同一台二层交换机上,其 IP 地址设在同一个网段,相互发 ping 命令时,立即就可以看到 ping 通的结果,这就是实时模式。模拟模式下,在主机命令行发 ping 命令,不会立即显示 ICMP 信息,而是用动画的形式展现模拟器正在模拟这个瞬间的过程。

下面举例说明。

(1) 单击切换按钮切换到模拟模式,弹出"模拟面板"(Simulation Panel)对话框,如图 1-13 所示。

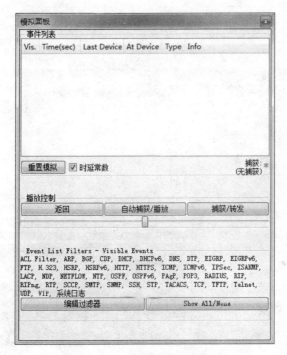

图 1-13　"模拟面板"对话框

(2) 单击"编辑过滤器"按钮,出现模拟器中能跟踪的协议(分别在 IPv4 和 Misc 两个选项卡中选择),有 √ 的协议都将在跟踪列表中。这里只选 ICMP 事件,如图 1-14 所示。

(3) 在图 1-15 中,分别用 1.1.3 节的方法配置服务器的 IP 地址为 172.16.1.1,手提电脑的 IP 地址为 172.16.1.2。在没有配置二层交换机 VLAN 的情况下,它们属于同一 VLAN,即 VLAN1,在手提电脑的命令提示符下输入命令 ping 172.16.1.1,此时在逻辑工作区手提电脑上多了一个绿色的信封,并停止不动,在事件列表中增加了一行,如图 1-15 所示。不断单击"捕获/转发"(Capture/Forward)按钮,逻辑工作区中绿色的信封一直在移动,在事件列表中增加相应的行,而在命令提示符窗口中出现"Reply from 172.16.1.1: bytes＝32 time＝8ms TTL＝128"行。

(4) 单击"自动捕获/播放"(AutoCapture/Play)按钮,可以进行自动演示,演示效果会更好。如果要观察信封里的内容,即了解 PDU 的信息,可以单击信封,出现设备上的 PDU

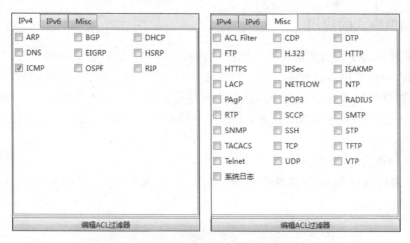

图 1-14　在模拟器中选择协议

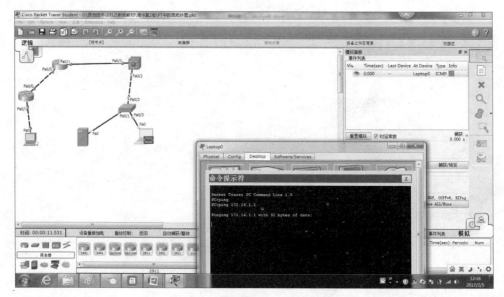

图 1-15　在模拟器中手工捕获事件

信息窗口,有 OSI Model、Inbound PDU Details 和 Outbound PDU Details 3 个选项卡,可用来查看各层包中的信息,如图 1-16 所示。也可以单击右边"事件列表"中的 Info 栏。

(5) 单击"重置模拟"按钮,将清除"事件列表"中的全部内容。同理可以用模拟模式测试 HTTP 和 DNS,即跟踪网页访问的协议执行情况。

① 必须在服务器上启动 HTTP 和 DNS 服务,使其均打开,即为 On 状态。例如,启动 DNS 服务:选择 Config→Services→DNS,将 DNS Service 设置为 On,在 Name 栏输入 www. cisco. com,在 Address 下输入 IP 地址 172.16.1.1,单击 Add 按钮将一条记录添加到下方列表中,如图 1-17 所示。

② 在手提电脑配置中,选择 Config 选项卡,设置网关为 172.16.1.254,DNS 服务器为 172.16.1.1。

③ 在模拟器的模拟模式下,单击"编辑过滤器"按钮,如图 1-14 所示,在 IPv4 选项卡中

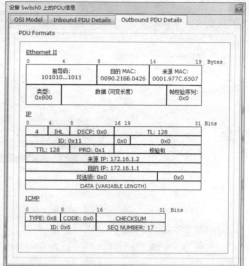

图 1-16　在模拟器中查看 PDU 信息

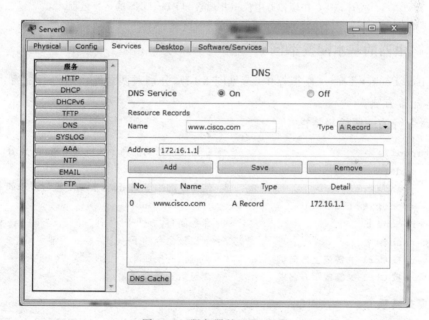

图 1-17　服务器的 DNS 配置

选择 DNS,在 Misc 选项卡中选择 HTTP,使其跟踪这两个协议。

④ 在手提电脑配置中选择 Desktop 选项卡,单击 Web Browser 图标,以打开浏览器,在 URL 中输入 www.cisco.com,跳转。

⑤ 单击模拟器中的"自动捕获/播放"(AutoCapture/Play)按钮,查看逻辑工作区中的信封移动路径,还可以单击信封,查看 PDU 信息,观察信封中内容的变化,注意 DNS 和 HTTP 的配合。还要注意"事件列表"中协议的执行情况以及"浏览器窗口"的信息,如图 1-18 所示。

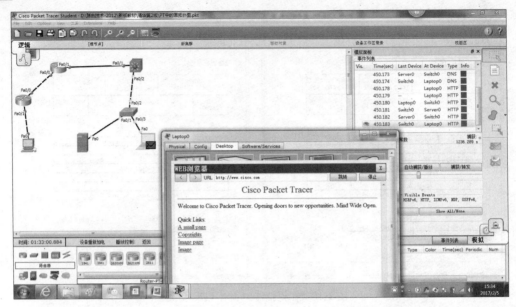

图 1-18　在模拟器中模拟并观察 HTTP、DNS 的运行过程

1.1.6　路由器的基本配置举例

在 Cisco Packet Tracer 模拟器中(参见图 1-15)，分别对两台路由器进行配置，练习路由器的基本配置方法。

1. 命令行的一些编辑特性

```
Router#di?                      /*获得相同开头的命令关键字字符串,显示如下*/
       dir disable
Router#show conf<Tab>          /*使命令的关键字完整,按 Tab 键后显示如下*/
       show configuration
Router#conf t                  /*命令简写,等同于 configure terminal*/
Router#show ?                  /*列出该命令的下一个关联的关键字*/
Router#按 Ctrl+P 键或上方向键    /*浏览前一条命令*/
Router#按 Ctrl+N 键或下方向键    /*浏览后一条命令*/
```

2. 模式转换

通过超级终端进入路由器的配置界面时，默认进入用户模式(User Mode)，系统提示符为">"。输入相应的命令进行各种模式(即特权模式、全局模式、子模式)间的转换，这里给出不同模式下的常用命令。

```
Router>                         /*用户模式*/
Router>enable
Router#                         /*特权模式*/
Router#configure terminal
Router(config)#                 /*全局模式*/
Router(config)#interface f0/0
            /*查看路由器以太网接口名称,这里是 FastEthernet 0/0*/
```

```
Router(config-if)#                      /*子接口模式*/
```

从子接口模式退出,有两种方法:

```
(1) Router(config-if)#exit              /*从子接口模式退出到全局模式*/
    Router(config)#exit                 /*再退出到特权模式*/
(2) Router(config-if)#end(或按 Ctrl+Z 键)    /*从子接口模式一次退出到特权模式*/
    Router#disable                      /*从特权模式退出到用户模式*/
    Router>
```

3. 命名路由器

```
Router>enable
Router#configure terminal
Router(config)#
Router(config)#hostname A              /*命名路由器为 A,同理命名另一台路由器为 B*/
A(config)#
```

4. 配置以太网接口

```
A(config)#interface f0/0
                                       /*进入子接口模式*/
A(config-if)#ip address 192.168.1.10 255.255.255.0
                                       /*配置接口 IP 地址和网络掩码*/
A(config-if)#no shut                   /*开启接口*/
A(config)#interface f0/1
                                       /*进入子接口模式*/
A(config-if)#ip address 10.1.1.254 255.255.255.0
A(config-if)#no shut
```

5. 配置进入特权模式的密码

```
A(config)#
A(config)#enable password cisco        /*明文,未加密*/
A(config)#show run                     /*查看配置文件,显示 enable password cisco*/
A(config)#enable secret cisco          /*设置密文密码*/
A(config)#Show run                     /*查看配置文件,显示的是密文*/
```

验证:在 Router>提示符后输入 enable 后,出现 password,要求输入特权模式下的密码。

6. 配置 Telnet 登录密码

```
A(config)#line vty 0 4
/*进入控制线路配置模式,vty 是路由器的远程登录的虚拟端口,0 4 表示可以同时打开编号为 0~4
(共 5 个)的会话*/
A(config-line)#login                   /*开启登录密码保护*/
A(config-line)#password 123456
A(config-line)#exit
A(config)#
```

注意：只有对这台路由器配置好 Telnet 的口令后，才能在远端 PC 上用"telnet 设备 IP 地址"命令登录到这台路由器，把远端 PC 作为一个超级终端，在远端 PC 上对这台路由器进行配置，就如同在本地路由器上进行配置一样。如果没有设置网络设备（如路由器）的 Telnet 口令，是不允许远程登录到这台设备的，只能在本地用 Console 线对这台设备进行配置。

测试：在 Cisco Packet Tracer 模拟器的实时模式下，选择 PC，选择 Desktop 选项卡，选择 Command Prompt 图标，出现命令提示符窗口，在 PC＞后输入 telnet 10.1.1.254，在"Password:"后输入 123456，此 PC 就可以作为路由器 A 的一个远程终端，对这台路由器进行配置了，其配置命令与在路由器上用 Console 线配置完全一样，如图 1-19 所示。

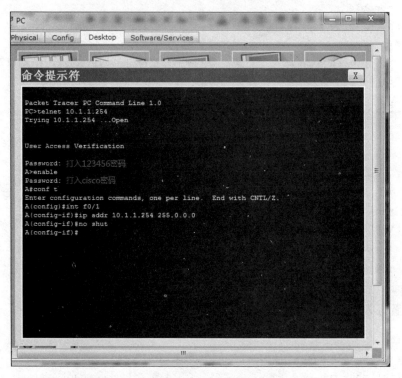

图 1-19　在模拟器的 PC 上使用 Telnet 登录

7. 配置控制台访问密码

控制台访问密码指的是进入用户模式前必须输入的口令。

```
A(config)#line console 0            /*进入控制线路配置模式*/
A(config-line)#login                /*开启登录密码保护*/
A(config-line)#password abcdef
A(config-line)#exit
A(config)#
```

验证：如果用控制线即本地 Console 方式，按回车键后要求输入口令。如果用 Telnet 远程访问一台设备，登录到此设备前，需要输入口令（作用类似于 Telnet 登录密码，但如果为 Telnet 登录和控制台访问都配置了口令，优先使用 Telnet 口令）。

8. 配置串行口

如果路由器上没有串行接口,增加一个串行模块,参照 1.1.2 节。

```
A#config t                          /*按 Tab 键,可以补全命令*/
A(config)#interface s0/1/0          /*查看路由器串行接口的名称*/
A(config-if)#clockrate 64000
/*在 DCE 端配置时钟速率*/
A(config-if)#ip address 192.168.100.1 255.255.255.0
/*配置接口 IP 地址和网络掩码*/
A(config-if)#no shut                /*开启接口*/
A(config-if)#exit
A(config)#
```

9. 配置登录提示信息

```
A#config t
A(config)#banner motd #Welcome to MyRouter#                  /*#为特定的分隔符号*/
```

10. 路由器 show 命令

show 命令可以同时在用户模式和特权模式下运行,用"show ?"命令显示一个可利用的 show 命令列表。图 1-20 显示了路由器 show 命令的具体内容。

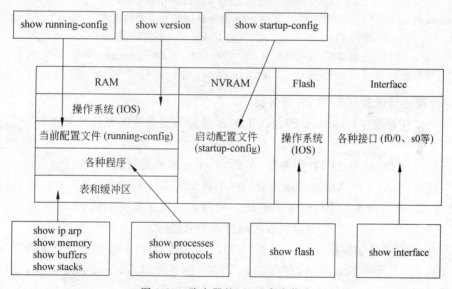

图 1-20　路由器的 show 命令信息

下面对一些 show 命令进行解释。

```
A#show interfaces
```
/* 显示所有路由器端口状态,如果想要显示特定端口的状态,可以输入 show interfaces 后跟特定的网络接口和端口号即可*/

```
A#show ip int brief                 /*显示所有路由器端口的主要状态信息*/
Interface IP-Address OK?Method Status Protocol
FastEthernet0/0 unassigned YES unset administratively down down
```

```
FastEthernet0/1 unassigned YES unset administratively down down
Serial0/1/0 unassigned YES unset administratively down down
Serial0/1/1 unassigned YES unset administratively down down
Vlan1 unassigned YES unset administratively down down
```

A# **show interfaces s 0/1/0**   /＊查看端口状态＊/

A# **show controllers serial ?**   /＊显示特定接口的硬件信息＊/

A# **show clock**   /＊显示路由器的时间设置＊/

A# **show hosts**   /＊显示主机名和地址信息＊/

A# **show users**   /＊显示所有连接到路由器的用户＊/

A# **show history**   /＊显示输入过的命令历史列表＊/

A# **show flash**   /＊显示 Flash 存储器信息以及存储器中的 IOS 映像文件＊/

A# **show version**   /＊显示路由器信息和 IOS 信息＊/

A# **show arp**   /＊显示路由器的地址解析协议列表＊/

A# **show protocol**   /＊显示全局和接口的第三层协议的特定状态＊/

A# **show startup-configuration** /＊显示存储在 NVRAM 中的配置文件＊/

A# **show running-configuration** /＊显示存储在内存中的当前正确配置文件＊/

A# **show ip arp**   /＊显示路由中缓存的 ARP 表＊/

```
Protocol Address Age(min) Hardware Addr Type Interface
Internet 10.1.1.1  -0019.5566.6320 ARPA  FastGigabitEthernet0/0
Internet 10.1.1.10 -000c.7650.df17 ARPA FastEthernet0/0
```

A# **show proc**   /＊显示处理器 CPU 的利用率＊/

CPU utilization for five seconds: 1%/0%; one minute: 1%; five minutes: 1%

/＊1%指 5s 内的平均利用率,0%指中断对 CPU 的利用率,"one minute: 1%"指 1min 内 CPU 的平均
利用率为 1%,"five minutes: 1%"指 5min 内 CPU 的平均利用率为 1%＊/

11. 为路由器配置一个 TFTP 服务器

在实际工作环境中(在 Cisco Packet Tracer 模拟器下无法实现),配置 TFTP 服务器的
步骤如下:

(1) 选一台 PC 作为 TFTP 服务器,在此 PC 上复制可运行的 StartTftp 文件。

(2) 将此 PC 的一根网线插到路由器的一个以太网端口上,如 f 0/1。并配置 PC 网卡的
IP 地址与对应路由器所在端口(f 0/1)在同一网段内。假定此网卡的 IP 地址为 10.1.1.1,
设置网关为 10.1.1.254(即路由器的以太网接口 IP 地址)。

(3) 在 PC 的命令窗口执行 ping 10.1.1.254,看是否连通,若不通,检查各设置项是否正确。

(4) 在 PC 上运行 StartTftp,使其成为 TFTP 服务器,如图 1-21 所示。在此指定一个
存放配置文件或系统文件的文件夹,并使此窗口一直开着。

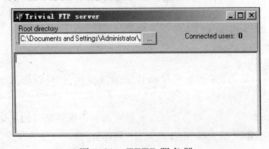

图 1-21　TFTP 服务器

(5) 关闭 Windows 防火墙或其他网络防火墙（如瑞星网络防火墙、金山安全中心等）。
这样 TFTP 服务器就配置好了。

12. 路由器的配置文件备份

路由器启动时，将 Startup-Config 装入内存，产生 Running-Config，进行配置后，可以把 Running-Config 中的配置信息保存在 NVRAM 中的 Startup-Config 中，下次路由器开机时会自动读取新的 Startup-Config。为了安全，可以通过配置 TFTP 服务器把配置文件备份在计算机上。路由器的配置文件可以在不同的部件间相互复制，在特权模式下运行复制命令的效果如图 1-22 所示。

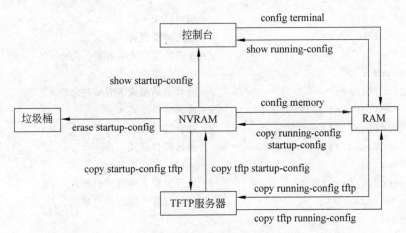

图 1-22 备份路由器的配置文件

(1) 备份路由器配置文件到 TFTP 服务器的具体步骤如下：

```
A #copy running-config tftp          /* 备份路由器的当前配置文件到 TFTP 服务器 */
Address or name of remote host ?  10.1.1.1  /* 输入 TFTP 服务器 IP */
Destination filename ?running.text /* 输入下载后生成的文件名 */
Building configuration...
Accessing tftp:// 10.1.1.1 /running-config...
Success : Transmission success,file length 1024
```

或者执行以下命令：

```
A #copy startup-config tftp          /* 备份路由器的初始配置文件到 TFTP 服务器 */
Address or name of remote host ?10.1.1.1
Destination filename ?config.text
Building configuration...
Accessing tftp:// 10.1.1.1/ startup -config...
Success : Transmission success,file length 1024
```

(2) 从 TFTP 服务器恢复路由器配置：

```
A #delete flash:config.text          /* 删除路由器原有配置信息 */
A #copy tftp  startup-config         /* 恢复配置到路由器的初始配置文件中 */
Address or name of remote host ?  10.1.1.1       /* 输入 TFTP 服务器的 IP */
Source filename ?config.text     /* 输入文件名 */
```

```
Accessing tftp:// 10.1.1.1/config.text...
Write file to flash successfully
A # copy startup-config running-config
```
/＊当配置很乱时,可将初始配置文件复制到路由器的内存配置文件中,即可恢复初始配置＊/

1.1.7　交换机的基本配置举例

在图 1-15 所示的拓扑结构中,对二层交换机 Switch 进行配置练习。

1. 几种模式的转换

```
Switch>                              /＊用户模式＊/
Switch>enable                        /＊进入特权模式＊/
Switch#?                             /＊查看特权模式下有哪些命令＊/
Switch#conf t                        /＊进入全局模式＊/
Switch(config)#?                     /＊查看全局模式下有哪些命令＊/
Switch(config)#int f0/1              /＊进入接口模式＊/
Switch(config-if)#?                  /＊查看接口模式下有哪些命令＊/
Switch(config-if)#exit              /＊退出接口模式＊/
Switch(config)#                      /＊从接口模式回到全局模式＊/
Switch(config)#exit                 /＊从全局模式回到特权模式＊/
Switch#disable                       /＊从特权模式回到用户模式＊/
Switch>enable
Switch#conf t
Switch(config)#int f0/2
Switch(config-if)#end               /＊从接口模式回到特权模式＊/
```

2. 命令行的一些编辑特性

在命令行输入命令时的快捷方法见 1.1.6 节。

3. 常见的命令行错误信息

常见的命令行错误信息如表 1-1 所示。

表 1-1　常见的命令行错误信息

错 误 信 息	含　义	如何获取帮助
％ Ambiguous command: "show c"	用户没有输入足够的字符,交换机无法识别唯一的命令	重新输入命令,紧接在发生歧义的单词后面输入一个问号,可能的关键字将被显示出来
％ Incomplete command	用户没有输入该命令必需的关键字或者变量参数	重新输入命令,输入空格再输入一个问号。可能的关键字或者变量参数将显示出来
％ Invalid input detected at "^" marker	用户输入命令错误,符号^指明了产生错误的单词的位置	在命令模式提示符后输入一个问号,该模式允许的命令的关键字将显示出来

4. 交换机 show 命令

```
Switch#enable
Switch#conf t
```

```
Switch(config)#hostname S            /*修改交换机名称为 S*/
S(config)#exit
S#show ?                             /*显示 show 后有哪些命令*/
S#show version                       /*显示系统版本信息*/
S#conf t                             /*进入全局配置模式*/
S(config)#line console 0             /*进入控制台线路配置模式*/
S(config-line)#speed 9600            /*设置控制台速率为 9600*/
S(config-line)#end                   /*回到特权模式*/
S#show int vlan 1                    /*查看交换机 VLAN 接口配置信息*/
S#show ip int vlan 1                 /*查看交换机接口 IP 配置信息*/
S#show ip int brief
S#show vlan                          /*查看 VLAN 信息*/
S#show flash                         /*查看 Flash 信息*/
S#show run                           /*查看交换机正运行的配置信息*/
```

5. 设置二层交换机管理 IP 地址和默认网关

二层交换机作为一个网络设备,在进行网络管理时,必须先为此二层交换机设置管理 IP 地址。通常将二层交换机的 VLAN 1 的 IP 地址作为它的管理 IP 地址。远程 PC 就可以登录此管理 IP,在远程对此二层交换机进行配置。

```
S(config)#int vlan 1
S(config-if)#ip address 172.16.1.254 255.255.255.0
S(config-if)#no shutdown             /*启用端口*/
S(config-if)#exit
```

注:为 VLAN 1 的管理接口分配 IP 地址(表示通过 VLAN 1 来管理交换机),设置交换机的 IP 地址为 172.16.1.254,对应的子网掩码为 255.255.0.0。

```
S(config)#ip default-gateway 172.16.1.253     /*设置二层交换机的默认网关*/
S(config)#exit
```

6. 配置进入特权模式的密码

```
S(config)#enable password cisco
```

7. 配置 Telnet 登录密码

```
S(config)#line vty 0 4
S(config-line)#login
S(config-line)#password 123456
S(config-line)#exit
S(config)#
```

8. 在远程 PC 上通过 Telnet 登录交换机进行配置

在实际工作中,如何通过 Telnet 远程访问交换机呢? 只要保证交换机有了管理 IP 地址,远程 PC 和交换机之间是 IP 可达的(能访问到交换机就行),交换机上设置了 Telnet 登录密码,就可以远程配置交换机了。

如图 1-15 所示,在 Cisco Packet Tracer 模拟环境下,把手提电脑与交换机用一根网线连接上,即把网线的一端连接到交换机的接口 f0/3 上,另一端连接到手提电脑的网卡上。再设置手提电脑的网卡的 IP 地址为 172.16.1.2,子网掩码为 255.255.0.0,使手提电脑与交换机的管理 IP 地址 172.16.1.254 在同一网段内。

交换机等网络设备通常支持多人同时 Telnet,每一个用户称为一个虚拟终端(VTY)。第一个用户为 vty 0,第二个用户为 vty 1,依次类推,交换机通常可达 vty 4,即同时可以有 5 人通过 Telnet 远程登录到此交换机。

首先测试手提电脑和交换机的 IP 连通性,再进行 Telnet 远程登录。过程如下:

```
C:\>ping 172.16.1.254
    Pinging 172.16.1.254 with 32 bytes of data:
    Reply from 172.16.1.254: bytes=32 time<1ms TTL=255
    Reply from 172.16.1.254: bytes=32 time<1ms TTL=255
    Reply from 172.16.1.254: bytes=32 time<1ms TTL=255
    Reply from 172.16.1.254: bytes=32 time<1ms TTL=255
    Ping statistics for 172.16.1.254:
    Packets: Sent=4, Received=4, Lost=0(0%lo
    Approximate round trip times in milli-seconds:
    Minimum=0ms, Maximum=0ms, Average=0ms
    /*以上表明手提电脑能 ping 通交换机*/
C:\>telnet 172.16.1.254                    /*Telnet 交换机以太网卡上的 IP 地址*/
/*先输入 vty 的密码 123456,再输入 enable 的密码 cisco,能正常进入交换机的特权模式*/
User Access Verification
Password: 123456
S>enable
Password: cisco
S#exit
```

如果无法从计算机上 ping 通交换机,依照以下步骤进行:
(1) 检查计算机和交换机之间的连接是否松动。
(2) 检查连接线是否是直通线。
(3) 检查计算机的网卡和 IP 地址是否正常。
(4) 在交换机上,检查以太网接口是否正常,命令如下:

```
S#show int f 0/1
FastEthernet0/1 is up, line protocol is up    /*第一行显示结果,表明交换机接口配置正常*/
```

1.2 交换机和路由器的配置

1.2.1 实验一:路由器连接两台 PC

1. 实验拓扑
实验拓扑如图 1-23 所示。

2. 实验目的
(1) 掌握路由器的端口配置方法。

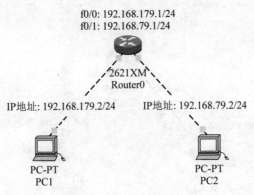

f0/0: 192.168.179.1/24
f0/1: 192.168.79.1/24

2621XM
Router0

IP地址: 192.168.179.2/24　　　　IP地址: 192.168.79.2/24

PC-PT
PC1

PC-PT
PC2

图 1-23　路由器的配置 1

（2）掌握 PC 的配置方法。

（3）理解路由表的内容。

3. 配置步骤

（1）配置路由器：

```
Router>en
Router#conf t
Router(config)#int f0/0
Router(config-if)#ip add 192.168.179.1 255.255.255.0
Router(config-if)#no shu
Router(config)#int f0/1
Router(config-if)#ip add 192.168.79.1 255.255.255.0
Router(config-if)#no shu
Router(config-if)#exit
```

（2）配置 PC：

PC1 的 IP 地址：192.168.179.2。

PC1 的网关：192.168.179.1（路由器的端口 f0/0 地址）。

PC2 的 IP 地址：192.168.79.2。

PC2 的网关：192.168.79.1（路由器的端口 f0/1 地址）。

4. 检测

（1）在 PC1 上 ping PC2，通。

（2）在 PC2 上 ping PC1，通。

（3）在路由器上显示路由表（有两条直连路由）：

```
Router#show ip route
```

1.2.2　实验二：路由器连接同一子网的二层交换机

1. 实验拓扑

实验拓扑如图 1-24 所示。

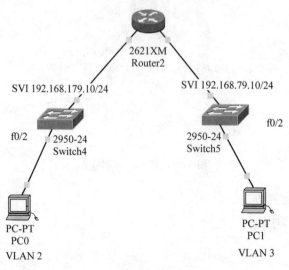

f0/0 192.168.179.1/24
f0/1 192.168.79.1/24

2621XM
Router2

SVI 192.168.179.10/24　　　　　　　SVI 192.168.79.10/24

f0/2　　2950-24　　　　　　　　2950-24　　f0/2
Switch4　　　　　　　Switch5

PC-PT　　　　　　　　　　　　　　PC-PT
PC0　　　　　　　　　　　　　　　PC1

VLAN 2　　　　　　　　　　　　　VLAN 3

图 1-24　路由器交换机的配置 2

2. 实验目的

（1）掌握路由器的端口连接一个二层交换机且同属一个网络的配置方法。

（2）掌握二层交换机的端口配置方法。

（3）理解路由表的内容。

3. 实验步骤

（1）路由器配置：

```
Router>en
Router#conf t
Router(config)#no ip domain look
Router(config)#host R
R(config)#int f0/0
R(config-if)#ip add 192.168.179.1 255.255.255.0
R(config-if)#no shu
R(config)#int f0/1
R(config-if)#ip add 192.168.79.1 255.255.255.0
R(config-if)#no shu
R(config-if)#exit
```

（2）左侧二层交换机配置：

```
switch_jzs(config)#host Left
Left(config)#int vlan 2
Left(config-if)#ip add 192.168.179.10  255.255.255.0      /*定义管理 IP 地址*/
Left(config-if)#no shu
Left(config-if)#exit
Left(config)#int range f0/1-24          /*使此交换机上的所有端口都属于 VLAN 2*/
```

Left(config-if-range)#**sw acc vlan 2**

Left(config-if-range)#**no shu**

Left(config-if-range)#**exit**

Left(config)#**ip default-gateway 192.168.179.1**

/＊定义默认网关 192.168.179.1,这样此交换机就可以通过 Telnet 访问了,访问地址为 192.168.
179.10＊/

（3）右侧二层交换机配置：

Switch(config)#**host Right**

Right(config)#**int vlan 3**

Right(config-if)#**ip add 192.168.79.10 255.255.255.0**

Right(config-if)#**exit**

Right(config)#**int range f0/1-24**

Right(config-if-range)#**sw acc vlan 3**

Right(config-if-range)#**no shu**

Right(config-if-range)#**exit**

Right(config)#**ip default-gateway 192.168.79.1**

4. 检测

（1）查看 PC1 上的配置,并检测连通性,如图 1-25 所示。

```
PC>ipconfig

IP Address.....................: 192.168.179.20
Subnet Mask....................: 255.255.255.0
Default Gateway................: 192.168.179.1

PC>ping 192.168.179.1

Pinging 192.168.179.1 with 32 bytes of data:

Reply from 192.168.179.1: bytes=32 time=9ms TTL=255
Reply from 192.168.179.1: bytes=32 time=8ms TTL=255

Ping statistics for 192.168.179.1:
    Packets: Sent = 2, Received = 2, Lost = 0 (0% loss),
Approximate round trip times in milli-seconds:
    Minimum = 8ms, Maximum = 9ms, Average = 8ms

Control-C
^C
PC>ping 192.168.79.20

Pinging 192.168.79.20 with 32 bytes of data:

Reply from 192.168.79.20: bytes=32 time=11ms TTL=127

Ping statistics for 192.168.79.20:
    Packets: Sent = 2, Received = 1, Lost = 1 (50% loss),
Approximate round trip times in milli-seconds:
    Minimum = 11ms, Maximum = 11ms, Average = 11ms

Control-C
^C
```

图 1-25 在 PC1 上的检测结果

（2）查看 PC2 上的配置,并检测连通性,如图 1-26 所示。

（3）在路由器上显示路由表(与实验一相同,有两条直连路由)：

R#**show ip route**

```
PC>ipconfig

IP Address........................: 192.168.79.20
Subnet Mask.......................: 255.255.255.0
Default Gateway...................: 192.168.79.1

PC>ping 192.168.79.1

Pinging 192.168.79.1 with 32 bytes of data:

Reply from 192.168.79.1: bytes=32 time=10ms TTL=255

Ping statistics for 192.168.79.1:
    Packets: Sent = 1, Received = 1, Lost = 0 (0% loss),
Approximate round trip times in milli-seconds:
    Minimum = 10ms, Maximum = 10ms, Average = 10ms

Control-C
^C
PC>ping 192.168.179.20

Pinging 192.168.179.20 with 32 bytes of data:

Reply from 192.168.179.20: bytes=32 time=10ms TTL=127
Reply from 192.168.179.20: bytes=32 time=8ms TTL=127

Ping statistics for 192.168.179.20:
    Packets: Sent = 2, Received = 2, Lost = 0 (0% loss),
Approximate round trip times in milli-seconds:
    Minimum = 8ms, Maximum = 10ms, Average = 9ms

Control-C
^C
```

图 1-26　在 PC2 上的检测结果

1.2.3　实验三：路由器连接不同子网的二层交换机

1. 实验拓扑

实验拓扑如图 1-27 所示。

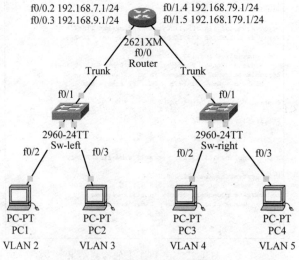

图 1-27　路由器交换机的配置 3

2. 实验目的

(1) 掌握路由器的端口连接多个子网的二层交换机的配置方法。

(2) 掌握二层交换机不同 VLAN 的配置方法。

(3) 掌握单臂路由的配置方法。

（4）理解路由表的内容。

3. 配置步骤

（1）路由器的配置：

```
Router>en
Router#conf t
Router(config)#host R
R(config)#int f0/0
R(config-if)#no ip add              /*没有 IP 地址 */
R(config-if)#no shu
R(config)#int f0/0.2                /*定义子接口 0.2*/
R(config-subif)#enc dot1q 2
R(config-subif)#ip add 192.168.7.1 255.255.255.0
R(config-subif)#no shu
R(config)#int f0/0.3                /*定义子接口 0.3*/
R(config-subif)#enc dot1q 3
R(config-subif)#ip add 192.168.9.1 255.255.255.0
R(config-subif)#no shu
R(config)#int f0/1
R(config-if)#no ip add
R(config-if)#no shu
R(config)#int f0/1.4                /*定义子接口 1.4*/
R(config-subif)#enc dot1q 4
R(config-subif)#ip add 192.168.79.1 255.255.255.0
R(config-subif)#no shu
R(config)#int f0/1.5                /*定义子接口 1.5*/
R(config-subif)#enc dot1q 5
R(config-subif)#ip add 192.168.179.1 255.255.255.0
R(config-subif)#no shu
```

（2）左侧二层交换机的配置：

```
Switch>en
Switch#conf t
Switch(config)#host Sw-left
Sw-left(config)#vlan 2
Sw-left(config)#vlan 3
Sw-left(config-vlan)#exit
Sw-left(config)#int f0/2
Sw-left(config-if)#sw acc vlan 2
Sw-left(config-if)#no shu
Sw-left(config)#int f0/3
Sw-left(config-if)#sw acc vlan 3
Sw-left(config-if)#no shu
Sw-left(config)#int f0/1
Sw-left(config-if)#sw mode trunk
```

```
Sw-left(config-if)#no shu
```

（3）右侧二层交换机的配置：

```
Switch>en
Switch#conf t
Switch(config)#host Sw-right
Sw-right(config)#vlan 4
Sw-right(config-vlan)#vlan 5
Sw-right(config-vlan)#exit
Sw-right(config)#int f0/2
Sw-right(config-if)#sw acc vlan 4
Sw-right(config-if)#no shu
Sw-right(config-if)#int f0/3
Sw-right(config-if)#sw acc vlan 5
Sw-right(config-if)#no shu
Sw-right(config-if)#int f0/1
Sw-right(config-if)#sw mode trunk
Sw-right(config-if)#no shu
```

（4）配置 PC：

PC1 的 IP 地址为 192.168.7.2，网关为 192.168.7.1。

PC2 的 IP 地址为 192.168.9.2，网关为 192.168.9.1。

PC3 的 IP 地址为 192.168.79.2，网关为 192.168.79.1。

PC4 的 IP 地址为 192.168.179.2，网关为 192.168.179.1。

4. 检测

（1）在 PC1 上 ping PC2、PC3、PC4，通。

```
PC>ping 192.168.9.2
    Pinging 192.168.9.2 with 32 bytes of data:
    Reply from 192.168.9.2: bytes=32 time=0ms TTL=127
    Reply from 192.168.9.2: bytes=32 time=1ms TTL=127
    Reply from 192.168.9.2: bytes=32 time=0ms TTL=127
    Reply from 192.168.9.2: bytes=32 time=0ms TTL=127
    Ping statistics for 192.168.9.2:
    Packets: Sent=4, Received=4, Lost=0(0%loss),
    Approximate round trip times in milli-seconds:
    Minimum=0ms, Maximum=1ms, Average=0ms
PC>ping 192.168.79.2
    Pinging 192.168.79.2 with 32 bytes of data:
    Reply from 192.168.79.2: bytes=32 time=1ms TTL=127
    Reply from 192.168.79.2: bytes=32 time=0ms TTL=127
    Reply from 192.168.79.2: bytes=32 time=0ms TTL=127
    Reply from 192.168.79.2: bytes=32 time=0ms TTL=127
    Ping statistics for 192.168.79.2:
    Packets: Sent=4, Received=4, Lost=0(0%loss),
```

Approximate round trip times in milli-seconds:

Minimum=0ms, Maximum=1ms, Average=0ms

PC>ping 192.168.179.2

Pinging 192.168.179.2 with 32 bytes of data:

Reply from 192.168.179.2: bytes=32 time=2ms TTL=127

Reply from 192.168.179.2: bytes=32 time=0ms TTL=127

Reply from 192.168.179.2: bytes=32 time=0ms TTL=127

Reply from 192.168.179.2: bytes=32 time=0ms TTL=127

Ping statistics for 192.168.179.2:

Packets: Sent=4, Received=4, Lost=0(0%loss),

Approximate round trip times in milli-seconds:

Minimum=0ms, Maximum=2ms, Average=0ms

（2）在路由器上显示路由表：

R# sh ip rout

Gateway of last resort is not set

C 192.168.7.0/24 is directly connected, FastEthernet0/0.2

C 192.168.9.0/24 is directly connected, FastEthernet0/0.3

C 192.168.79.0/24 is directly connected, FastEthernet0/1.4

C 192.168.179.0/24 is directly connected, FastEthernet0/1.5

1.2.4　实验四：三层交换机连接不同子网

1. 实验拓扑

实验拓扑如图 1-28 所示。

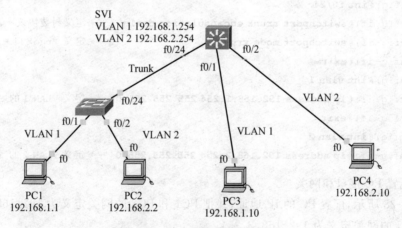

图 1-28　路由器交换机的配置 4

2. 实验目的

（1）掌握三层交换机不同子网互联的配置方法。

（2）掌握三层交换机与二层交换机的连接方法。

（3）理解三层交换机路由表的内容。

3. 配置步骤

（1）配置二层交换机：

```
Switch>en
Switch#conf t
Switch(config)#host s1
S1(config)#vlan 2
S1(config-vlan)#exit
S1(config)#int f0/2
S1(config-if)#sw access vlan 2
S1(config-if)#exit
S1(config)#int f0/24
S1(config-if)#sw mode trunk
```

（2）配置三层交换机：

```
Switch>en
Switch#conf t
Switch(config)#host s2
S2(config)#ip routing                                      /*启动三层路由功能*/
S2(config)#vlan 2
S2(config-vlan)#exit
S2(config)#int f0/2
S2(config-if)#switchport access vlan 2
S2(config-if)#exit
S2(config)#int f0/24
S2(config-if)#switchport trunk encapsulation dot1q         /*定义封装协议*/
S2(config-if)#switchport mode trunk                        /*定义 Trunk 口*/
S2(config-if)#exit
S2(config)#int vlan 1
S2(config-if)#ip address 192.168.1.254 255.255.255.0       /*定义 VLAN 1 的 SVI*/
S2(config-if)#exit
S2(config)#int vlan 2
S2(config-if)#ip address 192.168.2.254 255.255.255.0       /*定义 VLAN 2 的 SVI*/
```

（3）配置 PC 接口和网关：

如图 1-28 所示，配置 PC 的 IP 地址，并把 PC1 和 PC3 的网关定义为 192.168.1.254，把 PC2 和 PC4 的网关定义为 192.168.2.254。

4. 检测

（1）在 PC1 上 ping PC2、PC3、PC4，通。

（2）在三层交换机上显示路由表（有两个 VLAN 的直连路由）：

```
S2#show ip route
C 192.168.1.0/24 is directly connected, Vlan 1
C 192.168.2.0/24 is directly connected, Vlan 2
```

1.3 主教材第 1 章习题与实验解答

1. 选择题

(1) 在交换机上执行配置命令 Switch(config)# ip default-gateway 192.168.2.1 的作用是(A)。

    A. 配置交换机的默认网关,以实现对交换机进行跨网段的管理

    B. 配置交换机的默认网关,使连接在此交换机上的主机能够访问其他主机

    C. 配置交换机的管理 IP 地址,以实现对交换机的远程管理

    D. 配置交换机的管理 IP 地址,以实现连接在交换机上的主机之间的互相访问

(2) 在三层交换机上执行配置命令 Switch(config-if)# no switchport 的作用是(C)。

    A. 将该端口配置为 Trunk 端口

    B. 将该端口配置为二层交换端口

    C. 将该端口配置为三层路由端口

    D. 将该端口关闭

(3) 交换机的配置模式包括(D)。

    A. Console 本地登录配置

    B. Telnet 登录配置

    C. 利用 TFTP 服务器进行配置和备份

    D. 以上均是

(4) Ethernet 交换机利用(A)进行数据交换。

    A. 端口/MAC 地址映射表   B. IP 路由表

    C. 虚拟文件表   D. 虚拟存储器

(5) (A)不是使用 Telnet 配置路由器的必备条件。

    A. 在网络上必须配备一台计算机作为 Telnet 服务器

    B. 作为模拟终端的计算机与路由器都必须与网络连通,它们之间能相互通信

    C. 计算机必须有访问路由器的权限

    D. 路由器必须预先配置好远程登录的密码

(6) 设置处理违例的方式是(A)。

    A. Switch(config-if)# switchport port-security violation{protect | restrict | shutdown}

    B. Switch(config-if)# no switchport port-security mac-address mac-address

    C. Switch(config-if)# no switchport port-security aging static

    D. Switch(config-if)# no switchport port-security maximum

(7) 交换机的一个端口上的最大安全地址个数为(B)。

    A. 127   B. 128   C. 129   D. 130

(8) 如图 1-29 所示,对交换机 B 进行配置,使其能通过交换机 A 远程访问和管理,以下命令中(B)可以完成这个任务。

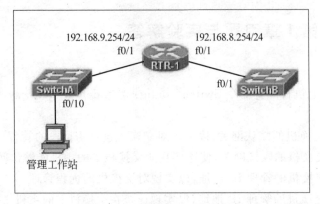

图 1-29   远程访问二层交换机

A. SwitchB(config)#interface FastEthernet 0/1

SwitchB(config-if)#ip address 192.168.8.252 255.255.255.0

SwitchB(config-if)#no shutdown

B. SwitchB(config)#ip default-gateway 192.168.8.254

SwitchB(config)#interface vlan 1

SwitchB(config-if)#ip address 192.168.8.252 255.255.255.0

SwitchB(config-if)#no shutdown

C. SwitchB(config)#interface vlan 1

SwitchB(config-if)#ip address 192.168.8.254 255.255.255.0

SwitchB(config-if)#ip default-gateway 192.168.8.254 255.255.255.0

SwitchB(config-if)#no shutdown

D. SwitchB(config)#ip default-network 192.168.9.254

SwitchB(config)#interface vlan 1

SwitchB(config-if)#ip address 192.168.8.254 255.255.255.0

SwitchB(config-if)#no shutdown

(9) 以下命令中（　C　）能阻止用户在接入层使用集线器。

A. switch(config-if)# switchport mode trunk

switch(config-if)# switchport port-security maximum 1

B. switch(config-if)# switchport mode trunk

switch(config-if)# switchport port-security mac-address 1

C. switch(config-if)# switchport mode access

switch(config-if)# switchport port-security maximum 1

D. switch(config-if)# switchport mode access

switch(config-if)# switchport port-security mac-address 1

(10) MAC 地址表是（　B　）。

A. IP 地址和端口地址的映射   B. MAC 地址和端口地址的映射

C. MAC 地址和 IP 地址的映射   D. MAC 地址和网关的映射

(11) 路由器中的路由表（　D　）。

A. 需要包含到达所有主机的完整路径信息

B. 需要包含到达所有主机的下一步路径信息

C. 需要包含到达目的网络的完整路径信息

D. 需要包含到达目的网络的下一步路径信息

(12) 可作为 IOS 系统镜像的来源地的是(　C E　)。

A. RAM　　　　　B. NVRAM　　　　C. 闪存　　　　　　D. HTTP 服务器

E. TFTP 服务器　F. Telnet 服务器

(13) 接口状态是 administratively down,line protocol down,其原因是(　C　)。

A. 封装协议类型不匹配

B. 接口之间的连接线路类型不一样

C. 接口被配置成关闭状态

D. 接口没有保持激活

E. 接口必须作为 DTC 设备来配置

F. 没有配置封装协议

(14) 以下有关路由器的知识中不正确的是(　D　)。

A. 路由器是隔离广播的

B. 路由器的所有接口不能在同一网络中

C. 路由器的接口可作为所连接的网络的网关

D. 路由器连接的不同链路上传递的是同一数据帧

2. 问答题

(1) 交换机在数据通信中是如何完成数据帧的交换的?

答：交换机在数据通信中完成两个基本的操作。

- 构造和维护 MAC 地址表(采用动态自学习源 MAC 地址的方法)。

- 交换数据帧：打开源端口与目标端口之间的数据通道,把数据帧转发到目标端口上。

(2) 交换机的存储介质有哪几种?

答：交换机的存储介质有 4 种：ROM、Flash、NVRAM、RAM。

ROM 保存着加电自测试诊断所需的指令、自举程序、交换机和路由器 IOS 操作系统的引导部分,负责交换机和路由器的引导和诊断(系统初始化功能)。

Flash 是可读可写的存储器,保存着 IOS 操作系统文件,相当于硬盘。

NVRAM 是可读可写的存储器,保存着 IOS 在交换机和路由器启动时读入的启动配置文件(Startup-Config)。当交换机和路由器启动时,首先寻找并执行该配置。启动后,该配置就变成了运行配置(Running-Config)。只有当修改了运行配置并保存后,Running-Config 又写入到 Startup-Config。

RAM 是可读可写的存储器,和计算机中的 RAM 一样,其主要作用是在交换机和路由器运行期间存放临时数据,如 Running-Config、MAC 地址表、路由表、ARP 表、命令(程序代码)等。

(3) 详细分析并配置交换机各类型的端口。

答：

① Access 口：

```
Switch(config)#interface f0/2
Switch(config-if)#switchport mode access          /*配置 Access 口*/
Switch(config-if)#switchport access vlan 10       /*配置 Access 口属于 VLAN 10*/
```

② Trunk 口：

```
Switch(config)#interface f0/24
Switch(config-if)#switchport mode trunk           /*指定此端口为 Trunk 口*/
Switch(config-if)#switchport trunk enc {dot1q | isl }
```
/*对三层交换机来说,要指定封装协议;对二层来说,不需要指定,默认为 IEEE 802.1q*/

③ SVI：

```
Switch(config)#int vlan 10                         /*创建虚拟端口 VLAN 10*/
Switch(config-if)#ip address 192.168.10.254 255.255.255.0
```
/*配置虚拟端口 VLAN 10 的地址为 192.168.10.254*/
```
Switch(config-if)#no shut                          /*思科要用 no shut 启用端口*/
```

④ 路由口：

```
Switch(config)#interface f0/20
Switch(config-if)#no switchport                    /*关闭二层,启动三层*/
Switch(config-if)#ip address 192.168.20.254 255.255.255.0
```
/*定义三层接口 IP 地址*/
```
Switch(config-if)#no shut                          /*启用此路由口*/
```

⑤ 二层聚合口：

• Access 口聚合：

```
Switch(config)#interface range f0/23-24
Switch(config-if-range)#swithport mode access
```
/*23、24 号口都为 Access 口*/
```
Switch(config)#int port-channel 1
Switch(config-if)#switchport mode access
```
/*将聚合 1 号口设置为 Access 口,仅属于 VLAN 1*/

• Trunk 口聚合：

```
Switch(config)#interface range f0/23-24
Switch(config-if-range)#switchport mode trunk      /*23、24 号口都为 Trunk 口*/
Switch(config-if-range)#switchport trunk encapsulation dot1q
```
/*Trunk 封装协议 IEEE 802.1q*/
```
Switch(config-if-range)#exit
Switch(config)#int port-channel 2
Switch(config-if)#switchport mode trunk
```
/*将聚合 2 号口设置为 Trunk 口,属于全体 VLAN*/

⑥ 三层聚合口：

```
Switch(config)#interface range f0/1-2
Switch(config-if-range)#no switchport              /*将1和2两端口变成路由口*/
Switch(config-if-range)#no ip address              /*1和2两端口均无IP地址*/
Switch(config-if-range)#exit
Switch(config)#interface port-channel 3            /*对聚合口3*/
Switch(config-if)#no switchport                    /*使聚合口3为路由口*/
Switch(config-if)#ip address 192.168.1.253 255.255.255.0
                                                   /*设置聚合口3的IP地址*/
Switch(config-if)#exit                             /*返回特权模式*/
```

（4）简述交换机加电后的启动过程。

答：交换机加电启动过程如图 1-30 所示。

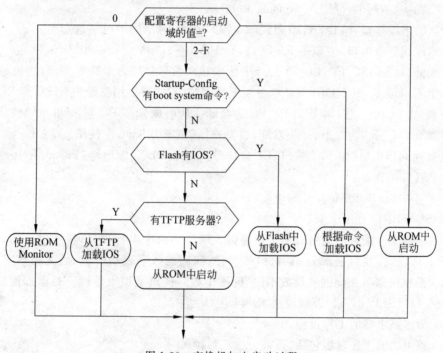

图 1-30　交换机加电启动过程

（5）交换机的配置模式有几种？

答：交换机的配置模式及转换过程如图 1-31 所示。

（6）路由器由哪些硬件和软件组成？

答：路由器相当于一台没有显示器和键盘的 PC 主机，由硬件和软件组成。

硬件由中央处理单元（Central Processor Unit，CPU）、只读存储器（Read Only Memory，ROM）、内存（Random Access Memory，RAM）、闪存（Flash Memory）、非易失性内存（Nonvolatile RAM，NVRAM）、端口、控制台端口（Console Port）、辅助端口（Auxiliary Port）、线缆（Cable）等物理硬件和电路组成；软件由交换机和路由器的操作系统（Internetwork Operating System，IOS）和运行配置文件组成。

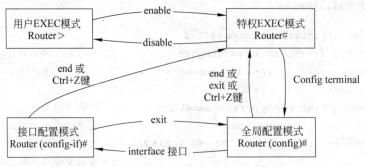

图 1-31　交换机的配置模式及转换过程

（7）路由器的接口主要分哪几类？

答：路由器的接口有以下几类：

- 配置接口，两个，分别是 Console 和 AUX。
- 同轴电缆接口，两种，AUI（粗同轴电缆口）、BNC（细同轴电缆口）。
- 双绞线铜线电口，主要是 RJ-45 口，有 10Mb/s、100Mb/s、1000Mb/s 带宽。
- 光纤口（ST、SC、FC、LC、PC）。ST 为卡接式圆形；SC 为卡接式方形（路由器交换机上用得最多，用于 GBIC）；FC 为圆形带螺纹（配线架上用得最多）；LC 与 SC 形状相似，比 SC 小一些（用于 SFP）；PC 为微球面研磨抛光；APC 呈 8°角并做微球面研磨抛光；MT-RJ 为方形，一头双纤，收发一体（在华为 8850 上使用）。
- 高速同步串口（如 V35 接口、E1 接口等），用于 DDN、帧中继（Frame Relay）、X.25、PSTN 的连接。
- 异步串口（用于 Modem 的连接）。
- ISDN BRI 口（用于 ISDN）。

路由器的基本配置中通常有两个快速以太网口和两个串行接口，快速以太网口表示为 f1/0 及 f1/1，串行接口表示为 s1/1、s1/2，斜线前面的数字表示模块，后面的数字是编号。不同档次的路由器可加配的模块数不同（插槽个数），接口类型也不同。目前加配的模块以 GBIC（SC 口）、SFP（LC 口）及双绞线 RJ-45 接口为主。

（8）简述路由器的工作过程。

答：路由器的工作过程包括"拆帧、查表、封帧"。

① 路由器 R 收到数据帧后，先打开此数据帧（拆帧），取出其中的 IP 包，找到 IP 包中的目标 IP 地址（192.168.2.2）。

② 路由器 R 根据此目标 IP 地址查找路由表（查表），找到目标子网 2（192.168.2.0）所连接的路由器接口 f0/1。

③ 路由器 R 产生新的数据帧 2（封帧），再将该数据帧 2 从 f0/1 接口转发到所对应的子网 2 上。

（9）什么是路由？

答：路由是指当路由器从一个接口上收到数据包时，根据数据包的目的地址进行查表并转发到另一个接口的过程。

(10) 路由动作包括哪两项基本内容？各自的意义是什么？

答：路由动作包括寻址和转发。

- 寻址机判定到达目的地的最佳路径，由路由选择算法来实现。
- 转发是按寻址的最佳路径转发数据分组。

(11) 典型的路由选择方式有哪两种？其含义是什么？

答：典型的路由选择方式有静态路由选择和动态路由选择。

- 静态路由选择是在管理配置静态路由时设置静态的路由表，只要网络管理员不改变，静态路由就不会改变。
- 动态路由选择是通过运行路由选择协议，使网络中的路由器相互通信，传递路由信息，利用收到的路由信息动态更新路由器表。

(12) 简述路由决策的规则及意义。

答：首先，按最长匹配原则决策。当有多条路径到达目标时，以 IP 地址或网络最长匹配的路径作为最短路径。

其次，按最小管理距离优先原则决策。在相同的匹配长度下，管理距离越小，路由越优先。

最后，按度量值最小优先原则决策。在上述两者都相同时，比较度量值，度量值越小，路由越优先。

(13) 解释路由表中各字段的含义。

答：路由表中各字段的含义如下。

- 目标网络地址：指出目标主机所在的网络地址和子网掩码信息。
- 管理距离/度量值字段：指出该路由条目的可信程度及到达目标网络所花的代价。
- 下一跳地址字段：指出该路由的数据包将被送到的下一条路由器的入口地址。
- 路由更新时间字段：指出上一次收到此路由信息所花的时间。
- 输出接口字段：指出到目标网络去的数据包从本路由器的哪个接口发出。

3. 操作题

(1) 将锐捷 S2126G 交换机的 Console 口与一台计算机的 COM1 口用控制线连接，练习交换机的基本配置和端口配置，熟悉交换机的基本命令，并进行各项端口检测。

答：在真实环境下把交换机用 Console 线与一台 PC 连接。再把交换机的 f0/1 口与一台服务器连接，如图 1-32 所示。在 PC 的附件中找到超级终端并设置参数，如图 1-33 所示，单击 OK 按钮即可进入交换机的配置过程。具体配置命令见 1.1.7 节。

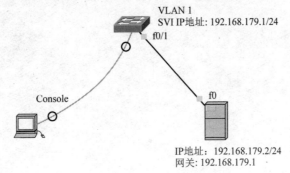

VLAN 1
SVI IP地址: 192.168.179.1/24
f0/1

Console

f0

IP地址: 192.168.179.2/24
网关: 192.168.179.1

图 1-32　交换机的配置连接

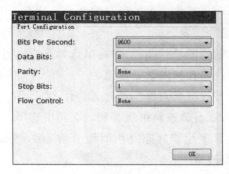

图 1-33　设置超级终端参数

（2）将路由器的 Console 口与一台计算机的 COM1 口用控制线连接，练习路由器的基本配置和端口配置，并检测端口信息和路由表。

在真实环境下把路由器用 Console 线与一台 PC 连接。再把路由器的 f0/0 口连接到一台服务器，如图 1-34 所示。在 PC 的附件中找到超级终端并设置参数，如图 1-33 所示，单击 OK 按钮即可进入路由器的配置过程。具体配置命令见 1.1.6 节。

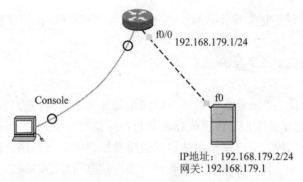

图 1-34　路由器的配置连接

第 2 章 静 态 路 由

2.1 园区网静态路由案例

2.1.1 实验一：两台路由器之间静态路由配置

1. 实验拓扑

实验拓扑如图 2-1 所示。

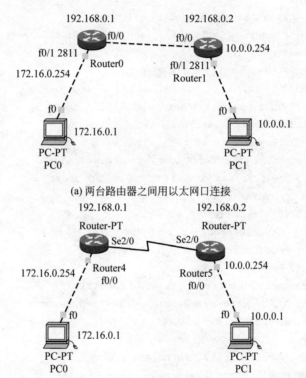

(a) 两台路由器之间用以太网口连接

(b) 两台路由器之间用串口连接

图 2-1 两台路由器之间静态路由配置

两台路由器之间分别用以太网口和串口连接。用以太网口连接时，路由器之间的二层协议是以太网协议；用串口连接时，路由器之间的二层协议是广域网协议 HDLC。

2. 实验目的

(1) 掌握两台路由器之间静态路由的配置方法。

(2) 了解不同的接口所代表的网络(以太网口和串口的二层协议不同)。

3. 配置步骤

(1) 配置 PC 和路由器的接口 IP 地址(具体过程略)。

(2) 在 R1 上配置静态路由指向 R2 右边的网段，在 R2 上配置静态路由指向 R1 左边的网段。

在 R1 上：

R1(config)#**ip route 10.0.0.0 255.255.255.0 192.168.0.2**

在 R2 上：

R2(config)#**ip route 172.16.0.0 255.255.255.0 192.168.0.1**

4. 检测

(1) 显示接口信息。

用以太网口连接时(图 2-1(a))：

```
R1#show int f0/0
FastEthernet0/0 is up, line protocol is up(connected)
Hardware is Lance, address is 0001.4392.ee01(bia 0001.4392.ee01)
Internet address is 192.168.0.1/24
MTU 1500 bytes, BW 100000 Kbit, DLY 100 usec,
reliability 255/255, txload 1/255, rxload 1/255
Encapsulation ARPA, loopback not set
ARP type: ARPA, ARP Timeout 04:00:00,
Last input 00:00:08, output 00:00:05, output hang never
Last clearing of "show interface" counters never
Input queue: 0/75/0(size/max/drops); Total output drops: 0
Queueing strategy: fifo
Output queue :0/40(size/max)
5 minute input rate 0 bits/sec, 0 packets/sec
5 minute output rate 0 bits/sec, 0 packets/sec
0 packets input, 0 bytes, 0 no buffer
Received 0 broadcasts, 0 runts, 0 giants, 0 throttles
0 input errors, 0 CRC, 0 frame, 0 overrun, 0 ignored, 0 abort
0 input packets with dribble condition detected
0 packets output, 0 bytes, 0 underruns
0 output errors, 0 collisions, 1 interface resets
0 babbles, 0 late collision, 0 deferred
0 lost carrier, 0 no carrier
0 output buffer failures, 0 output buffers swapped out
```

用以太网口连接时，显示封装 Encapsulation ARPA。

用串口连接时(图 2-1(b))：

```
R1#show int s2/0
Serial2/0 is up, line protocol is up(connected)
Hardware is HD64570
Internet address is 192.168.0.1/24
MTU 1500 bytes, BW 128 Kbit, DLY 20000 usec,
reliability 255/255, txload 1/255, rxload 1/255
Encapsulation HDLC, loopback not set, keepalive set(10 sec)
```

```
Last input never, output never, output hang never
Last clearing of "show interface" counters never
Input queue: 0/75/0(size/max/drops); Total output drops: 0
Queueing strategy: weighted fair
Output queue: 0/1000/64/0(size/max total/threshold/drops)
Conversations 0/0/256(active/max active/max total)
Reserved Conversations 0/0(allocated/max allocated)
Available Bandwidth 96 kilobits/sec
5 minute input rate 0 bits/sec, 0 packets/sec
5 minute output rate 0 bits/sec, 0 packets/sec
0 packets input, 0 bytes, 0 no buffer
Received 0 broadcasts, 0 runts, 0 giants, 0 throttles
0 input errors, 0 CRC, 0 frame, 0 overrun, 0 ignored, 0 abort
0 packets output, 0 bytes, 0 underruns
0 output errors, 0 collisions, 1 interface resets
0 output buffer failures, 0 output buffers swapped out
0 carrier transitions
DCD=up DSR=up DTR=up RTS=up CTS=up
```

用串口连接时,显示封装 Encapsulation HDLC。

(2) 显示路由表,除接口不同外,路由条目类似。

用以太网口连接时(图 2-1(a)):

```
R1# show ip route
10.0.0.0/24 is subnetted, 1 subnets
S 10.0.0.0 [1/0] via 192.168.0.2
172.16.0.0/24 is subnetted, 1 subnets
C 172.16.0.0 is directly connected, FastEthernet0/1
C 192.168.0.0/24 is directly connected, FastEthernet0/0
```

用串口连接时(图 2-1(b)):

```
R1# show ip route
10.0.0.0/24 is subnetted, 1 subnets
S 10.0.0.0 [1/0] via 192.168.0.2
172.16.0.0/24 is subnetted, 1 subnets
C 172.16.0.0 is directly connected, FastEthernet0/0
C 192.168.0.0/24 is directly connected, Serial2/0
```

(3) 测试连通性。

在 PC1 上分别 ping 路由器 R1、R2 的端口及 PC2,通。

2.1.2　实验二:三层交换机之间静态路由配置

1. 实验拓扑

实验拓扑如图 2-2 所示。

2. 实验目的

(1) 理解交换机不同接口的作用和效果。

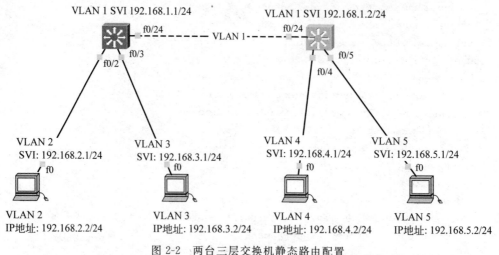

图 2-2　两台三层交换机静态路由配置

（2）掌握两台三层交换机静态路由综合配置方法。

（3）理解和掌握路由表中各项的意义。

3. 知识点说明

两台三层交换机之间的连接方式不包括聚合口时可以有 3 种：

- 两端均为 Access 口。
- 两端均为 Trunk 口。
- 两端均为路由口。

（1）如果两端均为 Access 口，最好使该口属于同一 VLAN（最好是 VLAN 1），方法如下：

- 若不是 VLAN 1，先创建该 VLAN，并使连接口属于该 VLAN。
- 以 VLAN 1 为例，定义左边 VLAN 1 的 SVI 与右边 VLAN 1 的 SVI 不同，例如左边的 SVI 为 192.168.1.1，右边的 SVI 为 192.168.1.2。
- 定义静态路由时，下一跳的地址为对端的 VLAN 1 的 SVI。

Access 连接的好处在于两个三层交换机之间对于不同的 VLAN 能隔离广播，同时多个 VLAN 1 的接口能做备用，即使某个接口有故障，更换一个接口也不需要改变配置。

（2）如果两端均为 Trunk 口，即使用 Trunk 链路，方法如下：

- 指定此 Trunk 链路的本地 VLAN 为 VLAN 1，左右保持一致，创建 VLAN 1 的 SVI，左右保持同一网段，但 SVI 地址不同。
- 定义静态路由时，以 Trunk 口或 VLAN 1 或对端的 VLAN 1 的 SVI 为下一跳的地址。
- 这种方法的坏处在于两台三层交换机之间有大量的二层 VLAN 广播，所有 VLAN 均通过这个 Trunk 链路到达对端，如果对端没有相同的 VLAN 需要二层交换数据，将严重影响网络效率。

（3）如果两端使用三层路由口，方法如下：

- 为两端接口设置三层口地址，并在同一网段。
- 定义静态路由时，以对端的三层口为下一跳的地址。

- 这种方法相当于两台路由器互连,能隔离所有二层广播,但由于接口固定,一旦接口故障,需要重新配置。

综上,如果三层交换机主要担当二层功能,不启用三层功能,用 Trunk 方式最好(左右两端相对的 VLAN 能互通)。

如果三层交换机在承担三层功能的同时又有交换机多端口特性(即充分发挥三层交换机的优势),则用 VLAN 的方式,这样与链路相同的 VLAN 1 左右也可以通过二层路由交换数据,但不与链路相同的 VLAN(如 VLAN 2 等)将隔离二层广播,通过三层路由交换数据。

如果三层交换机主要充当路由器,则使用三层接口。

4. 配置步骤

(1) PC 的 IP 地址配置见图 2-2。

(2) 打开两个三层交换的路由功能,命令为 ip routing。

(3) 在交换机上建立 VLAN 2~VLAN 5。在 S1 上将 f0/2、f0/3 口分别划入 VLAN 2、VLAN 3,并配置接口模式为 Access;在 S2 上将 f0/4、f0/5 口分别划入 VLAN 4、VLAN 5,并配置接口模式为 Access。

(4) 本案例采用 Access 口连接方式。在两台交换机上用同属于 VLAN 1 的接口(这里是 f0/24)互连。两端定义 VLAN 1 的 SVI,分别为 192.168.1.1 和 192.168.1.2。

(5) 在 S1 上配置 VLAN 2、VLAN 3 的 SVI 口,在 S2 上配置 VLAN 4、VLAN 5 的 SVI 口。

(6) 在 S1 上配置默认路由 ip routing 0.0.0.0 0.0.0.0 192.168.1.2 指向右边网段,在 S2 上配置默认路由 ip routing 0.0.0.0 0.0.0.0 192.168.1.1 指向左边网段。

在 S1 上的配置如下:

```
ip routing                          /* 启动三层交换机路由功能 */
int f0/2                            /* 划分两个连接 PC 的接口的 VLAN */
sw a vlan 2
int f0/3
sw a vlan 3
int vlan 1
/* 定义两台交换机之间连接口所属 VLAN 1 的 SVI */
ip address 192.168.1.1 255.255.255.0
int vlan2
/* 定义 VLAN 2 的 SVI */
ip address 192.168.2.1 255.255.255.0
int vlan3
/* 定义 VLAN 3 的 SVI */
ip address 192.168.3.1 255.255.255.0
/* 定义到达对端网络的静态路由,下一跳用对端 VLAN 1 的 SVI(192.168.1.2) */
ip route 192.168.4.0 255.255.255.0 192.168.1.2
ip route 192.168.5.0 255.255.255.0 192.168.1.2
```

在 S2 上的配置如下:

```
ip routing
int f0/4
sw access vlan 4
int f0/5
sw access vlan 5
interface vlan 1
ip address 192.168.1.2 255.255.255.0
interface vlan 4
ip address 192.168.4.1 255.255.255.0
interface vlan 5
ip address 192.168.5.1 255.255.255.0
ip route 192.168.2.0 255.255.255.0 192.168.1.1
ip route 192.168.3.0 255.255.255.0 192.168.1.1
```

5. 检测

（1）显示路由表。

在 S1 上：

```
S1# show ip route
C 192.168.1.0/24 is directly connected, Vlan 1
C 192.168.2.0/24 is directly connected, Vlan 2
C 192.168.3.0/24 is directly connected, Vlan 3
S 192.168.4.0/24 [1/0] via 192.168.1.2
S 192.168.5.0/24 [1/0] via 192.168.1.2
```

在 S2 上：

```
S2# show ip route
C 192.168.1.0/24 is directly connected, Vlan 1
S 192.168.2.0/24 [1/0] via 192.168.1.1
S 192.168.3.0/24 [1/0] via 192.168.1.1
C 192.168.4.0/24 is directly connected, Vlan 4
C 192.168.5.0/24 is directly connected, Vlan 5
```

（2）测试连通性。

在 PC2 上 ping PC3、PC4、PC5，都通。

（3）在 PC2 上跟踪到 PC4 的路径：

```
PC> tracert 192.168.4.2
Tracing route to 192.168.4.2 over a maximum of 30 hops:
1 1 ms 0 ms 0 ms 192.168.2.1          /* 先到网关 S1 */
2 0 ms 0 ms 0 ms 192.168.1.2          /* 再到 S2 */
3 * 0 ms 0 ms 192.168.4.2             /* 再到 PC4 */
Trace complete.
```

2.1.3　实验三：路由器与三层交换机之间静态路由配置

1. 实验拓扑

实验拓扑如图 2-3 所示。

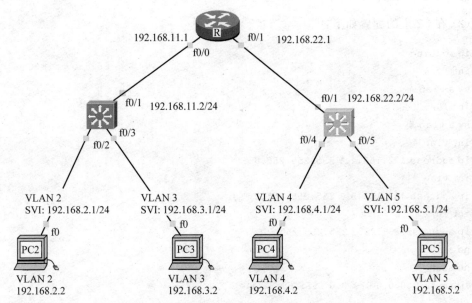

图 2-3　路由器与三层交换机之间静态路由配置

2. 实验目的

(1) 理解交换机不同接口的作用和效果(此处采用路由口)。

(2) 掌握路由器与三层交换机之间静态路由综合配置方法。

(3) 理解和掌握路由表中各项的意义。

3. 配置步骤

S1 和 S2 上的配置与实验二类似,但三层交换机与路由器之间的接口采用路由口。

(1) 在 S1 上的配置如下:

```
ip routing                           /*启动三层交换机路由功能*/
int f0/2                             /*划分两个连接 PC 的接口的 VLAN*/
sw a vlan 2
int f0/3
sw a vlan 3
int vlan 2
/*定义 VLAN 2 的 SVI*/
ip address 192.168.2.1 255.255.255.0
int vlan 3
/*定义 VLAN 3 的 SVI*/
ip address 192.168.3.1 255.255.255.0
int f0/1
/*定义 f0/1 为路由口*/
```

```
ip addr 192.168.11.2  255.255.255.0
no switchport
no shut
/*定义一条默认路由到路由器(192.168.11.1)*/
ip route 0.0.0.0 0.0.0.0 192.168.11.1
```

（2）在 S2 上的配置如下：

```
ip routing
int f0/4
sw a vlan 4
int f0/5
sw a vlan 5
int vlan 4
ip address 192.168.4.1 255.255.255.0
int vlan 5
ip address 192.168.5.1 255.255.255.0
int f0/1
ip addr 192.168.22.2 255.255.255.0
no switchport
no shut
ip route 0.0.0.0 0.0.0.0 192.168.22.1
```

（3）在路由器 R 上的配置如下：

```
int f0/0
ip addr 192.168.11.1 255.255.255.0
no shut
int f0/1
ip addr 192.168.22.1 255.255.255.0
no shut
ip route 192.168.2.0 255.255.255.0 192.168.11.2
ip route 192.168.3.0 255.255.255.0 192.168.11.2
ip route 192.168.4.0 255.255.255.0 192.168.22.2
ip route 192.168.5.0 255.255.255.0 192.168.22.2
```

4. 检测

（1）显示路由表。

在 S1 上：

S1# **show ip route**

```
C 192.168.2.0/24 is directly connected, Vlan 2
C 192.168.3.0/24 is directly connected, Vlan 3
C 192.168.11.0/24 is directly connected, FastEthernet0/1
S*  0.0.0.0/0 [1/0] via 192.168.11.1
```

在路由器 R 上：

R# **show ip route**

```
S 192.168.2.0/24 [1/0] via 192.168.11.2
S 192.168.3.0/24 [1/0] via 192.168.11.2
S 192.168.4.0/24 [1/0] via 192.168.22.2
S 192.168.5.0/24 [1/0] via 192.168.22.2
C 192.168.11.0/24 is directly connected, FastEthernet0/0
C 192.168.22.0/24 is directly connected, FastEthernet0/1
```

(2) 在 PC2 上 ping PC3、PC4、PC5，通。

(3) 在 PC2 上跟踪到 PC5 的路径。

```
PC>tracert 192.168.5.2
Tracing route to 192.168.5.2 over a maximum of 30 hops:
1 1 ms 0 ms 0 ms 192.168.2.1            /*到网关 S1*/
2 * 0 ms 0 ms 192.168.11.1             /*到路由器 R*/
3 * 0 ms 0 ms 192.168.22.2             /*到交换机 S2*/
4 * 0 ms 0 ms 192.168.5.2              /*到 PC5*/
Trace complete.
```

2.2　主教材第 2 章、第 3 章习题与实验解答

2.2.1　主教材第 2 章习题与实验解答

1. 选择题

(1) 路由器中的路由表（　D　）。

  A. 需要包含到达所有主机的完整路径信息

  B. 需要包含到达所有主机的下一步路径信息

  C. 需要包含到达目的网络的完整路径信息

  D. 需要包含到达目的网络的下一步路径信息

(2) 路由器的管理距离是（　A　）。

  A. 路由信息源的可信度的度量，与路由选择协议有关

  B. 一个管理机构控制之下的路由器之间的距离

  C. 经过路由器的跳数

  D. 到达自治系统边界路由器（ASBR）的距离

(3) 在路由器上可以配置 3 种路由：静态路由、动态路由和默认路由。一般情况下，路由器查找路由的顺序为（　A　）。

  A. 静态路由、动态路由、默认路由

  B. 动态路由、默认路由、静态路由

  C. 静态路由、默认路由、动态路由

  D. 默认路由、静态路由、动态路由

(4) 以下说法中错误的是（　C　）。

  A. 要将数据包送达目的主机，必须知道远端主机的 IP 地址

  B. 要将数据包送达目的主机，必须知道远端主机的 MAC 地址

    C. 在创建一个静态默认路由时，不能使用下一跳 IP 地址，但可以使用出发接口

    D. 存根网络需要使用默认路由

  （5）在路由表中到达同一网络的路由有静态路由、RIP 路由、IGRP 路由和 OSPF 路由，则路由器会选用（　A　）传输数据。

    A. 静态路由　　　　　B. RIP 路由　　　　　C. IGRP 路由　　　　　D. OSPF 路由

  （6）默认路由的作用是（　D　）。

    A. 提供优于动态路由协议的路由

    B. 给本地网络服务器提供路由

    C. 从 ISP 提供路由到一个末节网络

    D. 提供路由到一个目的地，这个目的地在本地网络之外并且在路由表中没有它的明细路由

  （7）下列选项中（　D　）不属于路由选择协议的功能。

    A. 获取网络拓扑结构的信息　　　　　　B. 选择到达每个目的网络的最优路由

    C. 构建路由表　　　　　　　　　　　　D. 发现下一跳的物理地址

  （8）在通过路由器互连的多个局域网的结构中，要求每个局域网（　C　）。

    A. 物理层协议可以不同，而物理层以上的高层协议必须相同

    B. 物理层、数据链路层协议可以不同，而数据链路层以上的高层协议必须相同

    C. 物理层、数据链路层、网络层协议可以不同，而网络层以上的高层协议必须相同

    D. 各层协议都可以不同

  （9）动态路由选择和静态路由选择的主要区别是（　C　）。

    A. 动态路由选择需要维护整个网络的拓扑结构信息，而静态路由选择只需要维护有限的拓扑结构信息

    B. 动态路由选择需要使用路由选择协议手动配置路由信息，而静态路由选择只需要手动配置路由信息

    C. 动态路由选择的可扩展性要大大优于静态路由选择，因为在网络拓扑发生变化时不需要通过手动配置去通知路由器

    D. 动态路由选择使用路由表，而静态路由选择不使用路由表

  （10）一个单位有多幢办公楼，每幢办公楼内部建立了局域网，这些局域网需要互连，构成支持整个单位管理信息系统的局域网环境。这种情况下采用的局域网互连设备一般应为（　D　）。

    A. 网关　　　　　　B. 集线器　　　　　　C. 网桥　　　　　　D. 路由器

2. 问答题

（1）简述静态路由的配置方法和过程。

答：静态路由的配置过程如下。

① 为路由器的每个接口配置 IP 地址。

② 确定本路由器有哪些直连网段的路由信息。

③ 确定整个网络中还有哪些属于本路由器的非直连网段。

④ 添加所有路由器要到达的非直连网段的相关路由信息。

（2）路由选择协议按算法分为哪两种？分别有哪些代表性协议？

答：按算法来分，路由选择协议分为距离矢量路由协议和链路状态路由协议。距离矢量路由协议有 RIP、IGRP、BGP。链路状态路由协议有 OSPF、IS-IS，使用最短路径优先算法进行路由计算。

3．操作题

图 2-4 中有 6 台计算机，其中 PC2 和 PC22 属于 VLAN 2，PC3 和 PC33 属于 VLAN 3，PC4 属于 VLAN 4，PC5 属于 VLAN 5，使用 4 台二层交换机和 2 台三层交换机连接各区域，用一台路由器将不同区域计算机互连（采用静态路由和默认路由两种方式配置路由）。

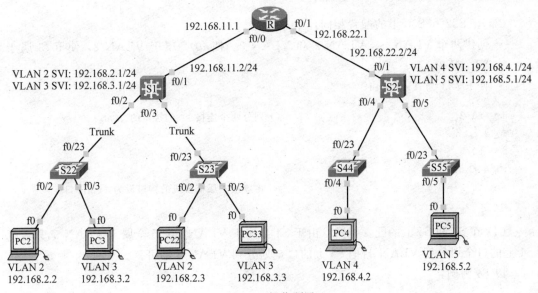

图 2-4　操作题图

答：主要配置步骤如下。

（1）路由器 R 的配置同实验三（具体过程略）。

（2）S1 和 S2 上的配置与实验三类似，下面只介绍 S1，省略 S2。

- 三层交换机 S1 与二层交换机 S22 和 S33 之间均采用 Trunk 口。
- 定义两个 VLAN 2 和 3 的 SVI。
- 三层交换机 S1 与路由器之间的接口采用路由口。
- 定义到路由器 R 的默认路由。

在 S1 上：

```
ip routing                      /* 启动三层交换机路由功能 */
int f0/2                        /* 将连接二层交换机的接口设为 Trunk 口 */
sw mode trunk
int f0/3
sw mode trunk
int vlan 2
/* 定义 VLAN 2 的 SVI */
ip address 192.168.2.1 255.255.255.0
```

```
int vlan 3
/*定义 VLAN 3 的 SVI*/
ip address 192.168.3.1 255.255.255.0
int f0/1
/*定义 f0/1 为路由口*/
ip addr 192.168.11.2 255.255.255.0
no switchport
no shut
/*定义一条默认路由到路由器 (192.168.11.1)*/
ip route 0.0.0.0 0.0.0.0 192.168.11.1
```

(3) 在 S22 和 S33 上的配置相同。

- 创建两个 VLAN——VLAN 2 和 VLAN 3。使 f0/2 属于 VLAN 2,使 f0/3 属于 VLAN 3。
- 使 f0/23 为 Trunk 口。

```
int f0/2                              /*划分两个连接 PC 的接口的 VLAN*/
sw a vlan 2
int f0/3
sw a vlan 3
int f0/23                             /*将连接三层交换机的接口设为 Trunk 口*/
sw mode trunk
```

(4) 在 S4 和 S5 上的配置相同。由于 S4 全属于 VLAN 4,S5 全属于 VLAN 5,只需把 S4 上的口全划分到 VLAN 4,把 S5 上的口全划分到 VLAN 5 即可。

以 S4 为例:

```
int range f0/1-24
sw a vlan 4
```

检测过程及结果如下。

(1) 显示路由表。

在 S1 上:

```
S1# show ip route
C 192.168.2.0/24 is directly connected, Vlan 2
C 192.168.3.0/24 is directly connected, Vlan 3
C 192.168.11.0/24 is directly connected, FastEthernet0/1
S* 0.0.0.0/0 [1/0] via 192.168.11.1
```

在路由器 R 上:

```
R# show ip route
S 192.168.2.0/24 [1/0] via 192.168.11.2
S 192.168.3.0/24 [1/0] via 192.168.11.2
S 192.168.4.0/24 [1/0] via 192.168.22.2
S 192.168.5.0/24 [1/0] via 192.168.22.2
C 192.168.11.0/24 is directly connected, FastEthernet0/0
```

```
C 192.168.22.0/24 is directly connected, FastEthernet0/1
```

（2）在 PC2 上 ping PC22、PC3、PC33、PC4、PC5，通。

（3）在 PC2 上跟踪到 PC4 的路径：

```
PC>tracert 192.168.4.2
Tracing route to 192.168.4.2 over a maximum of 30 hops:
    1    1 ms        0 ms        0 ms        192.168.2.1
    2    *           0 ms        0 ms        192.168.11.1
    3    *           0 ms        0 ms        192.168.22.2
    4    *           0 ms        0 ms        192.168.4.2
Trace complete.
```

2.2.2 主教材第 3 章习题与实验解答

1. 选择题

（1）下列封装类型中（ B D ）可以配置在一个思科交换机的 Trunk 上。

A. VTP　　　　　　B. ISL　　　　　　C. CDP　　　　　　　　D. IEEE 802.1q

E. IEEE 802.1p　　F. LLC　　　　　　G. IETF

（2）如图 2-5 所示，网络管理员在交换机上创建 VLAN 3 并将主机 C 和主机 D 通过 f0/13、f0/14 加入到 VLAN 3 中。配置完成以后，主机 A 可以和主机 B 通信，但是主机 A 不能和主机 C 及主机 D 通信。以下 4 组命令中（ A ）可以用来解决这个问题。

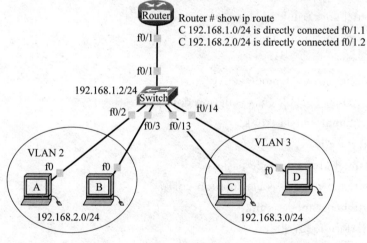

图 2-5　排错检错

A. Router(config)＃ interface f0/1.3

　　Router(config-if)＃ encapsulation dot1q 3

　　Router(config-if)＃ ip address 192.168.3.1 255.255.255.0

B. Router(config)＃ router rip

　　Router(config-router)＃ network 192.168.1.0

　　Router(config-router)＃ network 192.168.2.0

Router(config-router)♯ network 192.168.3.0

  C. Switch1♯ vlan database

    Switch1(vlan)♯ vtp v2-mode

    Switch1(vlan)♯ vtp domain cisco

    Switch1(vlan)♯ vtp server

  D. Switch1(config)♯ interface f0/1

    Switch1(config-if)♯ switchport mode trunk

    Switch1(config-if)♯ switchport trunk encapsulation isl

(3) 一个网络管理员在 SW1 和 SW2 之间配置链路聚合,SW1 的配置如图 2-6 所示。以下关于 SW2 的配置中(C)正确。

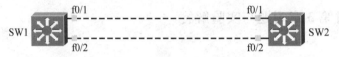

在S1上的配置
interface range f0/1-2
channel-group 1 mode auto
switchport trunk encapsulation dot1q
switchport mode trunk

图 2-6　链路聚合

  A. interface f0/1

    channel-group 1 mode active

    switchport trunk encapsulation dot1q

    switchport mode trunk

    interface f0/2

    channel-group 1 mode active

    switchport trunk encapsulation dot1q

    switchport mode trunk

  B. interface f0/1

    channel-group 1 mode passive

    switchport trunk encapsulation dot1q

    switchport mode trunk

    interface f0/2

    channel-group 1 mode passive

    switchport trunk encapsulation dot1q

    switchport mode trunk

  C. interface f0/1-2

    channel-group 1 mode desirable

    switchport trunk encapsulation dot1q

    switchport mode trunk

  D. interface f0/1

```
channel-group 1 mode auto
switchport trunk encapsulation dot1q
switchport mode trunk
interface f0/2
channel-group 1 mode auto
switchport trunk encapsulation dot1q
switchport mode trunk
```

（4）在交换机上执行 S＃ show vtp，显示如下：

VTP Version：	2
Configuration Revision：	0
Maximum VLANs supported locally：	64
Number of existing VLANs：	5
VTP Operating Mode：	Client
VTP Domain Name：	London
VTP Pruning Mode：	Disabled
VTP V2 Mode：	Disabled
VTP Traps Generation：	Disabled

根据上面的信息，这个交换机的 VTP 功能是（　C　）。

    A. 学习 VTP 配置信息并保存在 running config 中

    B. 创建和改变一个 VLAN

    C. 转发 VTP 的配置信息

    D. VTP 在这台设备上失效了

    E. VTP 不能被保存到 NVRAM

（5）VLAN 主干协议 VTP 的默认工作模式是（　A　）。

    A. 服务器模式　　　　　　　　　　B. 客户端模式

    C. 透明模式　　　　　　　　　　　D. 以上三者都不是

（6）以下命令中（　D　）可以验证在一台交换机上的 f0/12 端口正确配置了端口安全。

    A. SW1＃ show switchport port-security interface f0/12

    B. SW1＃ show switchport port-secure interface f0/12

    C. SW1＃ show port-secure interface f0/12

    D. SW1＃ show port-security interface f0/12

（7）Refer to the exhibit（图 2-7）. A junior network administrator was given the task of configuring port security on SwitchA to allow only PC_A to access the switched network through port fa0/1. If any other device is detected，the port is to drop frames from this device. The administrator configured the interface and tested it with successful pings from PC_A to RouterA，and then observes the output from these two show commands. （　B D　） of these changes are necessary for SwitchA to meet the requirements.

    A. Port security needs to be globally enabled.

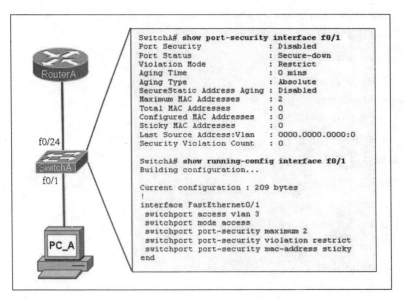

```
SwitchA# show port-security interface f0/1
Port Security               : Disabled
Port Status                 : Secure-down
Violation Mode              : Restrict
Aging Time                  : 0 mins
Aging Type                  : Absolute
SecureStatic Address Aging  : Disabled
Maximum MAC Addresses       : 2
Total MAC Addresses         : 0
Configured MAC Addresses    : 0
Sticky MAC Addresses        : 0
Last Source Address:Vlan    : 0000.0000.0000:0
Security Violation Count    : 0

SwitchA# show running-config interface f0/1
Building configuration...

Current configuration : 209 bytes
!
interface FastEthernet0/1
 switchport access vlan 3
 switchport mode access
 switchport port-security maximum 2
 switchport port-security violation restrict
 switchport port-security mac-address sticky
end
```

图 2-7　端口安全

B. Port security needs to be enabled on the interface.

C. Port security needs to be configured to shut down the interface in the event of a violation.

D. Port security needs to be configured to allow only one learned MAC address.

E. Port security interface counters need to be cleared before using the show command.

F. The port security configuration needs to be saved to NVRAM before it can become active.

（8）A network administrator needs to configure port security on a switch.（　C　D　）of these statements are true(choose two).

A. The network administrator can apply port security to dynamic access ports

B. The network administrator can configure static secure or sticky secure MAC addresses in the voice vlan.

C. The sticky learning feature allows the addition of dynamically learned addresses to the running configuration.

D. The network administrator can apply port security to EtherChannels.

E. When dynamic MAC address learning is enabled on an interface, the switch can learn new addresses, up to the maximum defined.

（9）下列选项中（　A　C　）准确地描述了二层以太网交换机。

A. 网络分段减少了网络中冲突的数量

B. 如果交换机接收到一个目的地址未知的帧,则使用 ARP 来决定这个地址

C. 创建 VLAN 能够增大广播域数量

D. 交换机的 VLAN 策略配置,是基于二层和三层地址

（10）交换机需要发送数据给一个 MAC 地址为 00B0.D056.EFA4 的主机（MAC 地址表中没有它），交换机处理这个数据的方法是（　B　）。

  A. 终止这个数据，因为它不在此 MAC 地址表中

  B. 发送这个数据给所有端口（除了数据来源端口）

  C. 转发这个数据给默认网关

  D. 发送一个 ARP 请求给所有端口（除了数据来源端口）

2. 问答题

（1）什么是 Native VLAN？它有什么特点？

答：Native VLAN 是指 Trunk 链路中的本地 VLAN。在 Trunk 链路上传输属于 Native VLAN 的数据帧时，不添加帧标记。即当交换机在 Trunk 链路上收到未加 Tag 的数据帧时，交换机认为该帧属于 Native VLAN 的帧。

默认情况 Native VLAN 是交换机中必有的 VLAN 1。但可以用命令来改变 Native VLAN，例如为 Trunk 口指定一个 Native VLAN 为 10：

```
Switch(config-if)#switchport trunk native vlan 10
```

（2）基于端口的 VLAN 分哪两类？简述 Port VLAN（Access 口）和 Tag VLAN（Trunk 口）的特点及应用环境。

答：基于端口的 VLAN 分为 Port VLAN 和 Tag VLAN。

Port-VLAN 有以下特点：

- VLAN 是划分出来的逻辑网络，是第二层网络。
- VLAN 端口不受物理位置的限制。
- VLAN 隔离广播域。

Tag-VLAN 有以下特点：

- 传输多个 VLAN 的信息。
- 实现同一 VLAN 跨越不同的交换机。
- 要求 Trunk 连接端口至少要 100MB/s。

3. 操作题

如图 2-8 所示，一个园区网络通过两台三层交换机连接园区内的局域网，为防止拥塞，在两台三层交换机之间增加一条聚合链路，在这里由 f0/23 和 f0/24 两条链路聚合而成。要求如下：

（1）聚合链路采用 Trunk 连接。

（2）配置 S1 交换机为 VTP 的服务器，其余交换机为 VTP 的客户端。

（3）在 S22 上配置端口安全性，最大安全地址数量为 1，违例处理方式为 protect。

（4）在路由器 R 上增加一个环回口，代表外网。

（5）为了更好地理解静态路由及 VLAN 的工作原理，要求 VLAN 2 和 VLAN 3 用二层交换数据。

（6）从 S1 交换机所有子网到达 VLAN 4 必须经过 Trunk 聚合链路。

（7）从 S1 交换机所有子网到达 VLAN 5 必须经过路由器 R。

（8）用 Tracert 跟踪路径，并说明之。

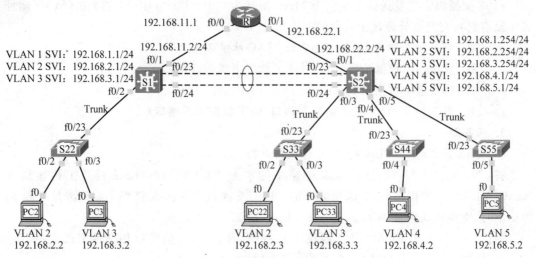

图 2-8 链路聚合和静态路由

（9）如果在 S1 和 S2 之间使用三层聚合链路或 Access 聚合链路，其他配置不变，VLAN 2 和 VLAN 3 之间还互通吗？其他网络还互通吗？如果在 S1 和 S2 之间使用三层聚合链路或 Access 聚合链路，适合什么样的拓扑结构？

答：主要配置步骤如下。

（1）在 S1 上配置聚合口：

```
S1(config)#int range f0/23-24
S1(config-if-range)#sw trunk encapsulation dot1q
S1(config-if-range)#sw m trunk
S1(config-if-range)#channel-group 1 mode desirable
S1(config-if-range)#ex
S1(config)#int port-channel 1
S1(config-if)#sw trunk encapsulation dot1q
S1(config-if)#sw m trunk
S1(config-if)#no shut
S1(config-if)#ex
```

（2）在 S1 上配置 VTP 服务器，并创建 VLAN 2～VLAN 5（具体过程略）。

```
S1(config)#vtp mode server
S1(config)#vtp domain cisco
```

（3）在 S1 上定义 3 个 VLAN——VLAN 1～VLAN 3 的 SVI 和 f0/1 的路由口。由于 VLAN 4 和 VLAN 5 仅为 VTP 服务器传递到 VTP 客户机上使用，因此在 S1 上不创建 VLAN 4 和 VLAN 5 的 SVI，S1 下的所有二层交换机也不接 VLAN 4 和 VLAN 5 的子网。而 VLAN 1 的 SVI 主要用于聚合链路上指定下一跳的路径。

```
S1(config)#int vlan 1
/*定义 VLAN 1 的 SVI*/
S1(config-if)#ip address 192.168.1.1 255.255.255.0
```

```
S1(config-if)#ex
S1(config)#int vlan 2
/*定义 VLAN 2 的 SVI*/
S1(config-if)#ip address 192.168.2.1 255.255.255.0
S1(config-if)#ex
S1(config)#int vlan 3
/*定义 VLAN 3 的 SVI*/
S1(config-if)#ip address 192.168.3.1 255.255.255.0
S1(config-if)#ex
S1(config)#int f0/1
/*定义 f0/1 为路由口*/
S1(config-if)#ip addr 192.168.11.2 255.255.255.0
S1(config-if)#no switchport
S1(config-if)#no shut
```

(4) 在 S1 上定义静态路由:

```
/*定义一条默认路由,经过路由器 R1,可以到达外网(路由器的环回口)*/
S1(config)#ip route 0.0.0.0 0.0.0.0 192.168.11.1
/*定义一条静态路由,使左边的 VLAN 2 和 VLAN 3 子网能通过聚合链路访问右边的 VLAN 4,但没有
  定义该路由到达 VLAN 5,所以 VLAN 5 只能从上面的默认路由走 R 再到 S2*/
S1(config)#ip route 192.168.4.0 255.255.255.0 vlan 1
/*由于 S1 与 S2 之间 Trunk 互连,左边的 VLAN 2 和 VLAN 3 与右边的 VLAN 2 和 VLAN 3 在同一个
  广播域内,进行二层数据交换*/
```

(5) 在 S22 上配置端口安全:

```
S22(config)#int f0/2
S22(config-if)#switchport access vlan 2
S22(config-if)#switchport port-security
S22(config-if)#switchport port-security max 1
S22(config-if)#switchport port-security violation protect
```

(6) 在 S2 上除设置为 VTP 客户机外,其余与 S1 上的设置类似。由于在 S2 下方连接的二层交换机中有 VLAN 2 和 VLAN 3,所以在 S2 上不仅要定义 VLAN 4 和 VLAN 5 的 SVI,也必须定义 3 个 VLAN——VLAN 1~VLAN 3 的 SVI,且 VLAN 1~VLAN 3 的 SVI 应该不同于 S1。具体配置如图 2-8 所示。

```
S2(config)#vtp m client
S2(config)#vtp domain cisco
```

(7) 在路由器 R 上,除定义 f0/0、f0/1 和 loopback 1 的端口外,还需增加 4 条静态路由。

```
int f0/0
ip addr 192.168.11.1 255.255.255.0
no shut
int f0/1
```

```
ip addr 192.168.22.1 255.255.255.0
no shut
int loopback 1
ip addr 10.1.1.1 255.0.0.0
ip route 192.168.2.0 255.255.255.0 192.168.11.2
ip route 192.168.3.0 255.255.255.0 192.168.11.2
ip route 192.168.4.0 255.255.255.0 192.168.22.2
ip route 192.168.5.0 255.255.255.0 192.168.22.2
```

(8) 在其他交换机上的端口配置等见图 2-8(具体过程略)。

验证与检测过程如下。

(1) 检测路由表。

在 R 上：

```
R# show ip route
C 10.0.0.0/8 is directly connected, Loopback1
S 192.168.2.0/24 [1/0] via 192.168.11.2
S 192.168.3.0/24 [1/0] via 192.168.11.2
S 192.168.4.0/24 [1/0] via 192.168.22.2
S 192.168.5.0/24 [1/0] via 192.168.22.2
C 192.168.11.0/24 is directly connected, FastEthernet0/0
C 192.168.22.0/24 is directly connected, FastEthernet0/1
```

在 S1 上：

```
S1# show ip route
C 192.168.1.0/24 is directly connected, Vlan 1
C 192.168.2.0/24 is directly connected, Vlan 2
C 192.168.3.0/24 is directly connected, Vlan 3
S 192.168.4.0/24 is directly connected, Vlan 1
C 192.168.11.0/24 is directly connected, FastEthernet0/1
S * 0.0.0.0/0 [1/0] via 192.168.11.1
```

在 S2 上：

```
S2# show ip route
C 192.168.1.0/24 is directly connected, Vlan 1
C 192.168.2.0/24 is directly connected, Vlan 2
C 192.168.3.0/24 is directly connected, Vlan 3
C 192.168.4.0/24 is directly connected, Vlan 4
C 192.168.5.0/24 is directly connected, Vlan 5
C 192.168.22.0/24 is directly connected, FastEthernet0/1
S * 0.0.0.0/0 [1/0] via 192.168.22.1
```

(2) 检测路径。

- 在 PC2 上到达 VLAN 2(同一 VLAN)的 PC22(另一三层交换机 S2 下),如图 2-9 所示,路径为 PC2→PC22。

```
PC>tracert 192.168.2.3

Tracing route to 192.168.2.3 over a maximum of 30 hops:

  1   1 ms        0 ms        1 ms        192.168.2.3

Trace complete.
```

图 2-9　同一网络通过 Trunk 链路广播互通

- 在 PC2 上到达 VLAN 3(不同 VLAN)的 PC33(另一三层交换机 S2 下),如图 2-10 所示,路径为 PC2→S1→PC33。

```
PC>tracert 192.168.3.3

Tracing route to 192.168.3.3 over a maximum of 30 hops:

  1   0 ms        0 ms        0 ms        192.168.2.1
  2   *           *           0 ms        192.168.3.3

Trace complete.
```

图 2-10　不同网络在 S1 上三层交换再通过 Trunk 链路互通

- 在 PC2 上到达 VLAN 4(不同 VLAN)的 PC4(另一三层交换机 S2 下),如图 2-11 所示,路径为 PC2→S1→S2→PC4。

```
PC>tracert 192.168.4.2

Tracing route to 192.168.4.2 over a maximum of 30 hops:

  1   0 ms        0 ms        0 ms        192.168.2.1
  2   *           0 ms        0 ms        192.168.2.254
  3   *           0 ms        1 ms        192.168.4.2

Trace complete.
```

图 2-11　通过 S1 上静态路由到达 S2 再三层交换互通

- 在 PC2 上到达 VLAN 5(不同 VLAN)的 PC5(另一三层交换机 S2 下),如图 2-12 所示,路径为 PC2→S1→R→S2→PC5。

```
PC>tracert 192.168.5.2

Tracing route to 192.168.5.2 over a maximum of 30 hops:

  1   1 ms        8 ms        0 ms        192.168.2.1
  2   0 ms        0 ms        0 ms        192.168.11.1
  3   *           0 ms        0 ms        192.168.2.254
  4   *           0 ms        0 ms        192.168.5.2

Trace complete.
```

图 2-12　通过 S1 上默认路由到达 R,通过静态路由到达 S2,再三层交换互通

- 在 PC2 上到达路由器的环回口,如图 2-13 所示,路径为 PC2→S1→R。
- 在 VLAN 4 的 PC4 上到达 VLAN 2 的 PC2,如图 2-14 所示,路径为 PC4→S2→PC2。

注意在 S2 三层交换机上定义了 VLAN 1～VLAN 5 的 SVI,在 S2 上有这 5 条直连路由,所以先在 S2 上三层交换从 VLAN 4 到 VLAN 2,发往 VLAN 2 的广播通过 Trunk 链路

```
PC>tracert 10.1.1.1

Tracing route to 10.1.1.1 over a maximum of 30 hops:

  1    0 ms       0 ms       0 ms       192.168.2.1
  2    0 ms       0 ms       0 ms       10.1.1.1

Trace complete.
```

图 2-13　通过 S1 上的默认路由到达 R 再转发

到达对端交换机 S1 上的 VLAN 2。PC2 到达 PC4 的路径与此不同，在 S1 上没有 VLAN 4、VLAN 5 的直连，只有 VLAN 4 的静态和一条默认路由，且静态优先于默认路由，所以路径是 PC2→S1→S2→PC4。

```
PC>tracert 192.168.2.2

Tracing route to 192.168.2.2 over a maximum of 30
hops:

  1    0 ms       0 ms       0 ms       192.168.4.1
  2    0 ms       0 ms       1 ms       192.168.2.2

Trace complete.
```

图 2-14　在 S2 上三层交换再通过 Trunk 链路互通

- 在 VLAN 5 的 PC5 上到达 VLAN 3 的 PC3，如图 2-15 所示，路径为 PC5→S2→PC3。

```
PC>tracert 192.168.3.2

Tracing route to 192.168.3.2 over a maximum of 30 hops:

  1    0 ms       2 ms       0 ms       192.168.5.1
  2    *          10 ms      0 ms       192.168.3.2

Trace complete.
```

图 2-15　在 S2 上三层交换再通过 Trunk 链路互通

如果在 S1 和 S2 之间使用三层聚合链路，其他配置不变，则 S1 的配置如下：

```
S1(config)#int vlan 1
S1(config-if)#no ip addr            /*删除 VLAN 1 的 SVI,为聚合路由口准备 IP 地址*/
S1(config-if)#ex
S1(config)#no int port-channel 1                    /*先删除聚合口 1*/
S1(config)#int range f0/23-24                        /*进入 f0/23-24*/
S1(config-if-range)#no channel-group 1               /*删除捆绑*/
S1(config-if-range)#no switchport                     /*将 f0/23-24 定义为路由口*/
S1(config-if-range)#no ip addr                        /*f0/23-24 无 IP 地址*/
S1(config-if-range)#channel-group 3 mode desirable   /*聚合到 3 号口*/
S1(config-if-range)#ex
S1(config)#int port-channel 3
S1(config-if)#no switchport
S1(config-if)#ip addr 192.168.1.1 255.255.255.0
S1(config-if)#no shut
```

同理修改 S2 的配置。

路径检测情况如下。

- PC2 上无法到达同是 VLAN 2 的 PC22，也不能到达 PC33，如图 2-16 所示，因为 S1 和 S2 之间只能三层交换，不能二层交换。

```
PC>tracert 192.168.2.3

Tracing route to 192.168.2.3 over a maximum of 30 hops:

  1   *         *         *          Request timed out.
  2   *         *         *          Request timed out.
  3
Control-C
^C
PC>
```

图 2-16　相同 VLAN 在三层口中不能转发

- VLAN 2 的 PC2 能到达 PC3，如图 2-17 所示，路径是 PC2→S1→PC3。

```
PC>tracert 192.168.3.2

Tracing route to 192.168.3.2 over a maximum of 30 hops:

  1   0 ms      0 ms      0 ms       192.168.2.1
  2   *         0 ms      0 ms       192.168.3.2

Trace complete.
```

图 2-17　在 S2 上三层直连路由交换

- 在 S2 上也必须指定到达 VLAN 2 和 VLAN 3 的路径，否则 PC2 和 PC4 之间不通，如图 2-18 所示。

```
PC>tracert 192.168.4.2

Tracing route to 192.168.4.2 over a maximum of 30 hops:

  1   1 ms      0 ms      0 ms       192.168.2.1
  2   *         *         *          Request timed out.
  3   *         *         *          Request timed out.
  4   *         *         *          Request timed out.
  5   *
Control-C
^C
PC>
```

图 2-18　在 PC2 上无法到达 PC4

在 S1 和 S2 之间使用三层聚合链路或 Access 聚合链路，仅适合于把两台三层交换机当路由器使用，它们之间不能进行二层数据转发，左右两台三层交换机连接的是不同的网络。修改后的拓扑结构如图 2-19 所示。

在园区网中，内网之间的数据交换在这两台三层交换机中转发，使内网的路由都经过 S1 和 S2 之间的聚合链路，只有出口的路由到路由器 R，从而减轻路由器 R 的压力。

在 S1 上的配置：

```
S1(config)#ip route 192.168.4.0 255.255.255.0 192.168.1.254
S1(config)#ip route 192.168.5.0 255.255.255.0 192.168.1.254
S1(config)#ip route 0.0.0.0 0.0.0.0 192.168.11.1
```

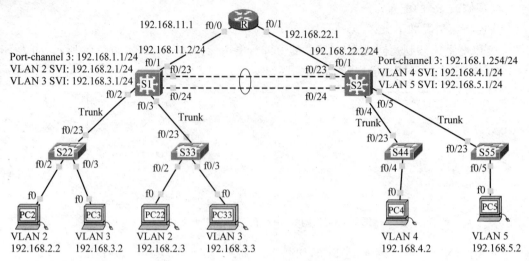

图 2-19 三层交换机之间的三层聚合链路

在 S2 上的配置：

```
S1(config)#ip route 192.168.2.0 255.255.255.0 192.168.1.1
S1(config)#ip route 192.168.3.0 255.255.255.0 192.168.1.1
S1(config)#ip route 0.0.0.0 0.0.0.0 192.168.22.1
```

在 S1 上的路由表：

```
S1#show ip route
    C 192.168.1.0/24 is directly connected, Port-channel 3
    C 192.168.2.0/24 is directly connected, Vlan 2
    C 192.168.3.0/24 is directly connected, Vlan 3
    S 192.168.4.0/24 [1/0] via 192.168.1.254
    S 192.168.5.0/24 [1/0] via 192.168.1.254
    C 192.168.11.0/24 is directly connected, FastEthernet0/1
    S * 0.0.0.0/0 [1/0] via 192.168.11.1
```

在 S2 上的路由表：

```
S2#show ip route
    C 192.168.1.0/24 is directly connected, Port-channel 3
    S 192.168.2.0/24 [1/0] via 192.168.1.1
    S 192.168.3.0/24 [1/0] via 192.168.1.1
    C 192.168.4.0/24 is directly connected, Vlan 4
    C 192.168.5.0/24 is directly connected, Vlan 5
    C 192.168.22.0/24 is directly connected, FastEthernet0/1
    S * 0.0.0.0/0 [1/0] via 192.168.22.1
```

路径检测：

- PC2 到 PC22，直接二层转发，路径是 PC2→PC22，见图 2-9。
- PC2 到 PC3 和 PC33，经过 S1 三层转发，路径是 PC2→S1→PC3（或 PC33），见

图 2-10。

- PC2 到 PC4 和 PC5，经过 S1，聚合链路 port-channel 3，到达 S2，经 S2 三层转发到 PC4 和 PC5，路径是 PC2→S1→S2→PC4(PC5)，如图 2-20 所示。

```
PC>tracert 192.168.5.2

Tracing route to 192.168.5.2 over a maximum of 30 hops:

  1   1 ms        0 ms        0 ms        192.168.2.1
  2   *           0 ms        0 ms        192.168.1.254
  3   *           0 ms        0 ms        192.168.5.2

Trace complete.
```

图 2-20　内网所有路由经过两台三层交换机转发

- 内网到外网的路由全部经过路由器 R 转发，见图 2-13。

在 S1 和 S2 之间使用 Access 聚合链路，左右用 VLAN 1 SVI 的方式，这里不再赘述。

第 3 章　RIP 路由协议

3.1　RIP 高级配置

3.1.1　被动接口与单播更新

如果不希望内部子网的信息传播出去,但又能接收外网的路由更新信息,有很多种方法,其中之一就是指定被动接口,还可使用静态路由、NAT 等。

被动接口只接收路由更新但不发送路由更新,在不同的路由协议中被动接口的工作方式也不相同。例如,RIP 只接收路由更新不发送路由更新;EIGRP 和 OSPF 不发送 Hello 分组,不能建立邻居关系。

总之,被动接口能接收外面的路由更新,不能以广播或多播的方式发送路由更新,但可以定义单播对某一特定目标网络发送路由更新,也就是将路由更新只发给某个特定的路由器,这就是单播更新。

当某企业的广域网络是一个 NBMA 网(非广播多路访问网,如帧中继),如果网络上配置的路由协议是 RIP,由于 RIP 一般是采用广播或多播方式发送路由更新信息,但在非广播网和 NBMA 网上,默认是不能发送广播或多播包的,此时,网络管理员只能采用单播方式向跨地区企业内部的其他子网通告自己的 RIP 路由更新信息。也就是说,在帧中继中,若使用 RIP 作为三层路由协议,则必须向每一个邻居使用 neighbor 命令来发送路由更新。注意:

(1) 在配置 NBMA 网时,如果在帧中继中作地址映射时使用了关键字 broadcast,则无须配 neighbor 命令。

(2) 即使是被动接口,仍然不影响单播更新,同样可以实现 NBMA 网中点对点的路由更新信息。

(3) 单播路由不受水平分割的影响。

由于以太网是一个广播型的网络,为使一台路由器把自己的路由信息发送到某台路由器上,而不是将路由更新发送给以太网上的每一个设备,首先将此路由器的接口配置成被动接口,再采用单播更新,将自己的路由信息发送到以太网上的另一路由器上。

例如,在一台交换机的 3 个接口 f0/1、f0/2、f0/3 上分别连接 3 台路由器 R1、R2、R3 的 f1/0 口,并设置 3 台路由器 f1/0 口的地址分别为 192.168.0.1、192.168.0.2、192.168.0.3,使它们在同一网段内,如图 3-1 所示,为每台路由器增加一个环回接口。本例在 GNS3 下实现。

1. 实验目的

(1) 掌握被动接口的含义、配置和应用场合。

(2) 掌握单播更新的含义、配置和应用场合。

2. 实验拓扑

实验拓扑如图 3-1 所示。

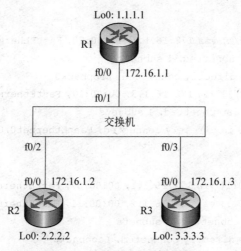

图 3-1　被动接口与单播更新

3. 实验配置步骤

如图 3-1 所示。路由器 R1 只想把路由更新送到路由器 R3 上，为了防止路由更新发送给以太网上的其他设备，如 R2，先把路由器 R1 的 f1/0 口配置成被动接口，并采用单播更新，把路由更新只发送给 R3，R2 将不会收到 R1 的路由更新信息。

路由器 R1 的主要配置如下：

```
R1(config)#router rip
R1(config-router)#network 1.1.1.1
R1(config-router)#network 172.16.1.1
```

路由器 R2 的主要配置如下：

```
R2(config)#router rip
R2(config-router)#network 2.2.2.2
R2(config-router)#network 172.16.1.2
```

路由器 R3 的主要配置如下：

```
R3(config)#router rip
R3(config-router)#network 3.3.3.3
R3(config-router)#network 172.16.1.3
```

4. 检测结果及说明

（1）在未设置被动接口之前，各路由表如下。

R1：

```
     1.0.0.0/24 is subnetted, 1 subnets
C       1.1.1.0 is directly connected, Loopback0
R    2.0.0.0/8 [120/1] via 172.16.1.2, 00:00:12, FastEthernet0/0
R    3.0.0.0/8 [120/1] via 172.16.1.3, 00:00:07, FastEthernet0/0
     172.16.0.0/24 is subnetted, 1 subnets
C       172.16.1.0 is directly connected, FastEthernet0/0
```

R2：

R   1.0.0.0/8 [120/1] via 172.16.1.1, 00:00:20, FastEthernet0/0

     2.0.0.0/24 is subnetted, 1 subnets

C   2.2.2.0 is directly connected, Loopback0

R   3.0.0.0/8 [120/1] via 172.16.1.3, 00:00:17, FastEthernet0/0

     172.16.0.0/24 is subnetted, 1 subnets

C   172.16.1.0 is directly connected, FastEthernet0/0

R3：

R   1.0.0.0/8 [120/1] via 172.16.1.1, 00:00:07, FastEthernet0/0

R   2.0.0.0/8 [120/1] via 172.16.1.2, 00:00:11, FastEthernet0/0

     3.0.0.0/24 is subnetted, 1 subnets

C   3.3.3.0 is directly connected, Loopback0

     172.16.0.0/24 is subnetted, 1 subnets

C   172.16.1.0 is directly connected, FastEthernet0/0

（2）在 R1 f0/0 端口设置被动端口及对 R3 的单播更新：

```
R1(config-router)#passive-interface f0/0
R1(config-router)#neighbor 172.16.1.3
```

（3）在设置被动接口及单播更新之后，各路由表如下。

R1：

     1.0.0.0/24 is subnetted, 1 subnets

C   1.1.1.0 is directly connected, Loopback0

R   2.0.0.0/8 [120/1] via 172.16.1.2, 00:00:12, FastEthernet0/0

R   3.0.0.0/8 [120/1] via 172.16.1.3, 00:00:07, FastEthernet0/0

     172.16.0.0/24 is subnetted, 1 subnets

C   172.16.1.0 is directly connected, FastEthernet0/0

R1 仍然能收到来自 R2 和 R3 的路由更新信息。

R2：

     2.0.0.0/24 is subnetted, 1 subnets

C   2.2.2.0 is directly connected, Loopback0

R   3.0.0.0/8 [120/1] via 172.16.1.3, 00:00:01, FastEthernet0/0

     172.16.0.0/24 is subnetted, 1 subnets

C   172.16.1.0 is directly connected, FastEthernet0/0

R1 f0/0 端口为被动且只对 R3 单播，所以 R2 不能收到 R1 的路由信息。

R3：

R   1.0.0.0/8 [120/1] via 172.16.1.1, 00:00:01, FastEthernet0/0

R   2.0.0.0/8 [120/1] via 172.16.1.2, 00:00:20, FastEthernet0/0

     3.0.0.0/24 is subnetted, 1 subnets

C   3.3.3.0 is directly connected, Loopback0

     172.16.0.0/24 is subnetted, 1 subnets

```
C         172.16.1.0 is directly connected, FastEthernet0/0
```

R3 能收到 R1 和 R2 的路由信息。

（4）在 R1、R2、R3 上分别用 debug ip rip 查看路由更新情况，用 ping 命令检测能否连通另两台路由器的环回接口。

3.1.2　RIP 与浮动静态路由

浮动静态路由是一种定义了管理距离的静态路由。当两台路由器之间有两条冗余链路时，为使一条链路成为主链路，另一条链路作为备份链路，要采用浮动静态路由的方法。

由于静态路由相对于动态路由更能够在路由选择行为上进行控制，可以人为地控制数据的行走路线，因而在冗余链路中进行可控选择时使用。

由于默认静态路由的管理距离最小，为 0，为使某一静态路由仅作为备份路由，通过配置一个比主路由的管理距离更大的静态路由，以保证当网络中主路由失效时能提供一条备份路由，而在主路由存在的情况下此备份路由不会出现在路由表中。所以，不同于其他的静态路由，浮动静态路由不会永久保留在路由选择表中，它仅仅在主路由发生故障（连接失败）时才会出现在路由表中。

1. 实验目的

（1）了解冗余链路中路径的选择和路由表中的条目。

（2）掌握 RIP 协议与浮动静态路由对备份链路的配置。

（3）掌握浮动静态路由原理及备份应用。

2. 实验拓扑

实验拓扑如图 3-2 所示。

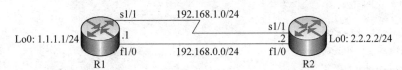

图 3-2　浮动静态路由

路由器 R1、R2 上分别定义了环回接口，代表两个不同的网络。路由器 R1 和路由器 R2 之间有两条链路，主链路 192.168.0.0 上运行 RIP，备份链路 192.168.1.0 上定义静态路由。定义浮动静态路由 192.168.1.0 的管理距离为 130，大于 RIP 的管理距离 120，从而使得路由器在选路时优先选择以太网链路上的 RIP，而串行链路上的静态路由作为备份。只有当主链路 192.168.0.0 发生故障时，指引流量经过备份链路 192.168.1.0。

3. 实验配置步骤

（1）路由器 R1 的主要配置（接口配置略）：

```
R1(config)#ip route 2.2.2.0 255.255.255.0 192.168.1.2 130
/*将静态路由的管理距离设置为 130*/
R1(config)#router rip
R1(config-router)#version 2
R1(config-router)#no auto-summary
R1(config-router)#network 1.0.0.0
```

```
R1(config-router)#network 192.168.0.0
```

（2）路由器 R2 的主要配置（接口配置略）：

```
R2(config)#ip route 1.1.1.0 255.255.255.0 192.168.1.1 130
R2(config)#router rip
R2(config-router)#version 2
R2(config-router)#no auto-summary
R2(config-router)#network 192.168.0.0
R2(config-router)#network 2.0.0.0
```

4. 检测结果及说明

（1）在 R1 上查看路由表：

```
R1#show ip route
C    192.168.1.0/24 is directly connected, Serial1/1
     1.0.0.0/24 is subnetted, 1 subnets
C    1.1.1.0 is directly connected, Loopback0
     2.0.0.0/24 is subnetted, 1 subnets
R    2.2.2.0 [120/1] via 192.168.0.2, 00:00:25, FastEthernet1/0
C    192.168.0.0/24 is directly connected, FastEthernet1/0
```

从以上输出可以看出，路由器只将 RIP 的路由放入路由表中，按路由决策原则，在相同长度掩码的情况下，选管理距离小的 RIP(120)，此时 2.2.2.0 的网络通过主链路 192.168.0.2 到达。

（2）在 R1 上将 f1/0 接口关闭，然后查看 R1 路由表，同时在 R2 上用 clear ip route * 和 debug ip rip 两条命令查看效果。

```
R1(config)#interface f1/0
R1(config-if)#shutdown
R1#show ip route
C    192.168.1.0/24 is directly connected, Serial1/1
     1.0.0.0/24 is subnetted, 1 subnets
C    1.1.1.0 is directly connected, Loopback0
     2.0.0.0/24 is subnetted, 1 subnets
S    2.2.2.0 [130/0] via 192.168.1.2
```

以上输出说明，当主路由 192.168.0.2 中断后，备份的静态路由 192.168.1.0 被放入路由表中，而目标网络 2.2.2.0 通过备份路由 192.168.1.0 到达。

（3）在 R1 上启动 f1/0 接口，然后查看路由表：

```
R1(config)#interface f1/0
R1(config-if)#no shutdown
R1#show ip route
C    192.168.1.0/24 is directly connected, Serial1/1
     1.0.0.0/24 is subnetted, 1 subnets
C    1.1.1.0 is directly connected, Loopback0
     2.0.0.0/24 is subnetted, 1 subnets
```

```
R    2.2.2.0 [120/1] via 192.168.0.2, 00:00:25, FastEthernet1/0
C    192.168.0.0/24 is directly connected, FastEthernet1/0
```

以上输出表明,当主路由恢复后,浮动静态路由又恢复到备份的地位。

3.1.3 RIPv2 认证和触发更新

随着网络应用的日益广泛和深入,企业对网络安全越来越关心和重视,路由器设备的安全是网络安全的一个重要组成部分,为了防止攻击者利用路由更新信息包对路由器进行攻击和破坏,通过配置 RIPv2 路由邻居认证,以加强网络的安全性。

有关认证,有以下说明:

(1) RIPv1 不支持路由认证;RIPv2 支持两种认证:明文认证和 MD5 认证,但默认不进行认证。

(2) 在配置密钥的接收/发送时间前,应该先校正路由器的时钟。

(3) 在认证的过程中,可以配置多个密钥,在不同的时间应用不同的密钥。

(4) 如果定义多个 key ID,明文认证和 MD5 认证的匹配原则是不一样的。

① 明文认证的匹配原则是:

- 发送方发送最小 Key ID 的密钥。
- 不携带 Key ID 号码。
- 接收方会和所有密钥链(Key Chain)中的密钥匹配,如果有一个匹配成功,则通过认证。

例如,路由器 R1 有一个 Key ID,key1＝cisco;路由器 R2 有两个 Key ID(密钥链),key1＝ccie,key2＝cisco。根据明文认证的匹配原则,R1 认证失败(因为 R2 发送最小 Key ID 的密钥为 key1＝ccie),R2 认证成功(因为 R1 发送最小 Key ID 的密钥为 key1＝cisco),所以在 RIP 中有可能出现单边路由。

② MD5 认证的匹配原则是:

- 发送方发送最小 Key ID 的密钥。
- 携带 Key ID 号码。
- 接收方首先会查找是否有相同的 Key ID。如果有,只匹配一次,决定认证是否成功;如果没有,只向下查找下一跳,若匹配则认证成功,否则认证失败。

例如,路由器 R1 密钥链中有 3 个 Key ID,key1＝cisco,key3＝ccie,key5＝cisco;路由器 R2 有一个 Key ID,key2＝cisco。根据上面的原则,R1 认证失败(R1 收到 R2 的 key2＝cisco,开始验证,但 R1 没有 key2,虽有 key1＝cisco,Key ID 相同,但必须是下一跳 key3＝ccie,不匹配);R2 认证成功(R2 收到 R1 的 key1＝cisco,开始验证,R2 没有 key1,但有 key2＝cisco(下一跳),Key ID 相同,匹配)。

有关触发更新,有以下说明:

(1) 在以太网接口下,不支持触发更新。

(2) 触发更新需要协商,链路的两端都需要配置。

1. 实验目的

(1) 掌握 RIPv2 的明文认证配置方法。

(2) 掌握 RIPv2 的 MD5 认证配置方法。

（3）理解 RIPv2 的触发更新。

2. 实验拓扑

实验拓扑如图 3-3 所示。

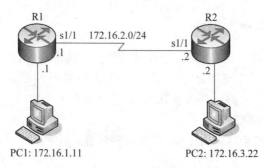

图 3-3　RIP 认证

两台路由器 R1 和 R2 通过串口连接。PC1、PC2 分别接在路由器的 f1/0 口，PC1 的 IP
地址和默认网关分别为 172.16.1.11 和 172.16.1.1，PC2 的 IP 地址和默认网关分别为
172.16.3.22 和 172.16.3.2，子网掩码都是 255.255.255.0。

3. 实验配置步骤

按图 3-3 配置好两台路由器的接口 IP 地址和 RIPv2 路由协议。

（1）在路由器 R1 上定义密钥链和密钥串：

```
R1(config)#key chain test            /*定义一个密钥链 test,进入密钥链配置模式*/
R1(config-keychain)#key 1            /*定义密钥序号 1,进入密钥配置模式*/
R1(config-keychain-key)#key-string sspu   /*定义密钥 1 的密钥内容为 sspu*/
```

（2）在接口模式下定义认证模式，指定要引用的密钥链：

```
R1(config)#interface s1/1
R1(config-if)#ip rip authentication mode md5
/*定义认证模式为 MD5,若用 ip rip authentication mode text 则表示明文认证,若不指明模式
    则默认为明文认证*/
R1(config-if)#ip rip authentication key-chain test
                            /*在接口上引用密钥链 test*/
```

（3）同理配置 R2。在路由器 R2 定义密钥链和密钥串：

```
R2(config)#key chain test
R2(config-keychain)#key 1
R2(config-keychain-key)#key-string sspu
R2(config)#interface s1/1
R2(config-if)# ip rip authentication mode md5
R2(config-if)# ip rip authentication key-chain test
```

4. 检测结果及说明

（1）调试路由更新认证，即验证两端的认证是否匹配，是否有无效（invalid）的路由
更新。

```
R1# debug ip rip                    /* 打开 RIP 调试功能,结果显示接收和发送路由更新都正常 */
RIP protocol debugging is on
00:16:48: RIP: received packet with MD5 authentication
00:16:48: RIP: received v2 update from 172.16.2.2 on Serial1/1
00:16:48:      172.16.3.0/24 via 0.0.0.0 in 1 hops
00:17:11: RIP: sending v2 update to 224.0.0.9 via Serial1/1(172.16.2.1)
00:17:11: RIP: sending v2 update to 224.0.0.9 via FastEthernet1/0(172.16.1.1)
……
```

无效(invalid)的路由更新显示如下(注意画线部分):

```
00:01:07: RIP: ignored v2 packet from 172.16.2.2(invalid authentication)
00:01:07: RIP: sending v2 update to 224.0.0.9 via Serial1/1(172.16.2.1)
00:01:07: RIP: build update entries
00:01:07:       172.16.1.0/24 via FastEthernet1/0, metric 1, tag 0
00:01:07: RIP: sending v2 update to 224.0.0.9 via f1/0Loopback0(172.16.1.1)
00:01:07: RIP: build update entries
00:01:07:       172.16.1.0/24 via FastEthernet1/0, metric 1, tag 0
00:01:07: RIP: ignored v2 packet from 172.16.1.1(sourced from one of our addresses)
……
R1# undebug all                     /* 调试完毕必须关闭调试功能 */
```

同理可以验证 R2 路由更新认证。

(2) 显示路由表:

```
R1# show ip route                   /* 结果显示 R1 具有全网路由 */
C 172.16.1.0 is directly connected, FastEthernet1/0
C 172.16.2.0 is directly connected, Serial1/1
R 172.16.3.0 [120/1] via 172.16.2.2, 00:00:05, Serial1/1
```

同理可以验证 R2 具有全网路由。

(3) 分别在 R1 和 R2 的串行接口上启动触发更新(以太网接口不支持触发更新):

```
R1(config)# interface s1/1
R1(config-if)# ip rip triggered     /* 在接口上启动触发更新 */
R2(config)# interface s1/1
R2(config-if)# ip rip triggered     /* 在接口上启动触发更新 */
```

(4) 用 show ip protocols 验证认证和触发更新已启动:

```
R1# show ip protocols
Routing Protocol is "rip"
Outgoing update filter list for all interfaces is not set
Incoming update filter list for all interfaces is not set
Sending updates every 30 seconds, next due in 4 seconds
Invalid after 180 seconds, hold down 0, flushed after 240
/* 由于触发更新,hold down 计时器自动为 0 */
Redistributing: rip
```

Default version control: send version 2, receive version 2
Interface   Send   Recv   Triggered RIP Key-chain
Serial1/1   2   2   Yes   test
/＊上面一行表明 s1/1 接口启用了认证和触发更新＊/

(5) 使用 debug ip rip 查看触发更新:

```
R1#clear ip route *
R1#debug ip rip
R1#conf t
R1(config)#int f1/0
R1(config-if)#shut          /＊关闭一个接口,从而引起触发更新＊/
```

显示如下(注意画线部分):

```
00:40:31: RIP: send v2 triggered update to 172.16.2.1 on Serial1/1
00:40:31: RIP: build update entries
00:40:31:      route 15: 172.16.1.0/24 metric 16, tag 0
00:40:31: RIP: Update contains 1 routes, start 15, end 15
00:40:31: RIP: start retransmit timer of 172.16.2.1
00:40:31: RIP: received packet with MD5 authentication
00:40:31: RIP: received v2 triggered ack from 172.16.2.1 on Serial1/1
……
00:40:31: RIP: send v2 triggered update to 172.16.2.1 on Serial1/1
00:40:31: RIP: build update entries
00:40:31:      route 15: 172.16.1.0/24 metric 16, tag 0
00:40:31: RIP: Update contains 1 routes, start 15, end 15
00:40:31: RIP: start retransmit timer of 172.16.2.1
00:40:31: RIP: received packet with MD5 authentication
00:40:31: RIP: received v2 triggered ack from 172.16.2.1 on Serial1/1
```

在路由器 R1 上通过 debug ip rip 命令可以看出,由于启用了触发更新,所以并没有看到每 30s 更新一次的信息,而是在所有的更新信息中都有 triggered 的字样,同时在接收的更新中带有 MD5 authentication 的字样,证明接口 s1/1 启用了触发更新和 MD5 认证。

3.2 小型园区网 RIP 配置

一个园区网络,通过两台三层交换机汇聚连接园区内局域网,为防止拥塞,在两台三层交换机之间增加一条聚合链路,这里由 f0/23 和 f0/24 两条链路聚合而成。要求:

(1) 园区中的一个专用子网,有一台应用服务器 Server,这里使用 VLAN 1,该子网分布在整个园区内不同的汇聚层,要求此子网能够快速二层转发(如代表无线网,或移动互联网,或园区一卡通等某一应用类子网)。

(2) 聚合链路采用 Access VLAN 1 连接。

(3) 在路由器 R 上增加一个环回口,代表外网。

(4) 内部局域网之间的路由全部由两台交换机完成转发。

1. 实验拓扑

实验拓扑如图 3-4 所示。

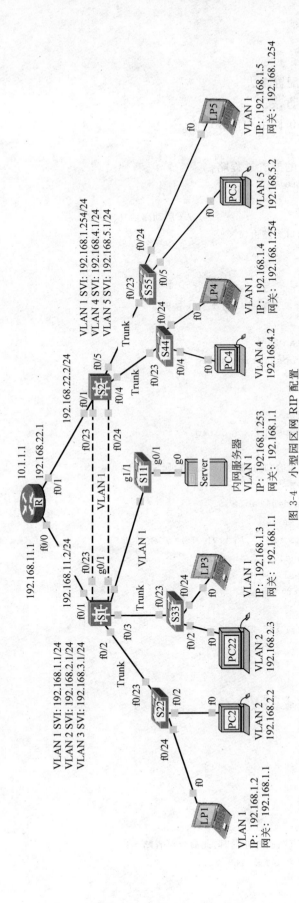

图 3-4　小型园区网 RIP 配置

2. 实验目的

(1) 掌握聚合链路的配置方法。

(2) 掌握 RIP 的配置方法。

(3) 理解 RIP 中的等价路由和负载均衡。

3. 配置步骤

在所有二层交换机上的配置过程略。

(1) 在 S1 上的主要配置：

```
ip routing                          /* 启动路由功能 */
/* 定义连接到路由器的口为路由口 */
interface f0/1
no switchport
ip address 192.168.11.2 255.255.255.0
/* 创建 VLAN 2 和 VLAN 3,指定端口为 Trunk 链路 */
interface f0/2
switchport access vlan 2
switchport trunk encapsulation dot1q
switchport mode trunk
interface f0/3
switchport access vlan 3
switchport trunk encapsulation dot1q
switchport mode trunk
/* 将 F0/23-24 捆绑为聚合口 2,为 Access 口,属于 VLAN 1 */
interface range f0/23-24
channel-group 2 mode desirable
switchport mode access
/* 将聚合口 2 定义为 Access 口,属于 VLAN 1 */
interface Port-channel 2
switchport mode access
/* 定义 VLAN 1~VLAN 3 的 SVI */
interface vlan1
ip address 192.168.1.1 255.255.255.0
interface vlan2
ip address 192.168.2.1 255.255.255.0
interface vlan3
ip address 192.168.3.1 255.255.255.0
/* 启动 RIP,第 2 版 */
router rip
version 2
network 192.168.1.0
network 192.168.2.0
network 192.168.3.0
network 192.168.11.0
/* 启动默认路由,在没有明确的外网时,此命令可省略 */
ip route 0.0.0.0 0.0.0.0 192.168.11.1
```

在 S2 上的配置与上面类似（略）。

（2）在 R 上的配置：

```
/*定义环回口和物理口*/
interface lo1
ip address 10.1.1.1 255.0.0.0
interface f0/0
ip address 192.168.11.1 255.255.255.0
interface f0/1
ip address 192.168.22.1 255.255.255.0
/*启动 RIP,第 2 版*/
router rip
version 2
network 10.0.0.0
network 192.168.11.0
network 192.168.22.0
```

4. 检测

（1）显示路由表：

```
S1#show ip route
R 10.0.0.0/8 [120/1] via 192.168.11.1, 00:00:02, FastEthernet0/1
C 192.168.1.0/24 is directly connected, Vlan 1
C 192.168.2.0/24 is directly connected, Vlan 2
C 192.168.3.0/24 is directly connected, Vlan 3
R 192.168.4.0/24 [120/1] via 192.168.1.254, 00:00:18, Vlan 1
R 192.168.5.0/24 [120/1] via 192.168.1.254, 00:00:18, Vlan 1
C 192.168.11.0/24 is directly connected, FastEthernet0/1
R 192.168.22.0/24 [120/1] via 192.168.1.254, 00:00:18, Vlan 1
                  [120/1] via 192.168.11.1, 00:00:02, FastEthernet0/1
S* 0.0.0.0/0 [1/0] via 192.168.11.1
```

注意：从 S1 到 192.168.22.0/24 有两条等价路由,一条经过 192.168.11.1(即 R),另一条经过 192.168.1.254(即 S2)。

```
R#show ip route
C 10.0.0.0/8 is directly connected, Loopback1
R 192.168.1.0/24 [120/1] via 192.168.11.2, 00:00:07, FastEthernet0/0
                 [120/1] via 192.168.22.2, 00:00:24, FastEthernet0/1
R 192.168.2.0/24 [120/1] via 192.168.11.2, 00:00:07, FastEthernet0/0
R 192.168.4.0/24 [120/1] via 192.168.22.2, 00:00:24, FastEthernet0/1
R 192.168.5.0/24 [120/1] via 192.168.22.2, 00:00:24, FastEthernet0/1
C 192.168.11.0/24 is directly connected, FastEthernet0/0
C 192.168.22.0/24 is directly connected, FastEthernet0/1
```

注意：从 R 到 192.168.1.0/24,有两条等价路由,一条经过 192.168.11.2(即 S1),另一条经过 192.168.22.2(即 S2)。

S2# **show ip route**

R 10.0.0.0/8 [120/1] via 192.168.22.1, 00:00:25, FastEthernet0/1

C 192.168.1.0/24 is directly connected, Vlan 1

S 192.168.2.0/24 [1/0] via 192.168.1.1

S 192.168.3.0/24 [1/0] via 192.168.1.1

C 192.168.4.0/24 is directly connected, Vlan 4

C 192.168.5.0/24 is directly connected, Vlan 5

R 192.168.11.0/24 [120/1] via 192.168.1.1, 00:00:07, Vlan1

                 [120/1] via 192.168.22.1, 00:00:25, FastEthernet0/1

C 192.168.22.0/24 is directly connected, FastEthernet0/1

S* 0.0.0.0/0 [1/0] via 192.168.22.1

注意：从 S2 到 192.168.11.0/24 有两条等价路由，一条经过 192.168.1.1（即 S1），另一条经过 192.168.22.1（即 R）。

（2）路径跟踪。

- 从任意一台 LP 机器上到达服务器或其他属于 VLAN 1 的 LP 均二层转发，直接到达，如图 3-5 所示。

```
PC>tracert 192.168.1.253
Tracing route to 192.168.1.253 over a maximum of 30 hops:
 1    25 ms      0 ms       0 ms       192.168.1.253
Trace complete.
```

图 3-5　VLAN 之间二层转发

- 局域网内任意两台主机通信，经过两台三层交换机汇聚转发，路径为 PC2→S1→S2→PC5，如图 3-6 所示。

```
PC>tracert 192.168.5.2
Tracing route to 192.168.5.2 over a maximum of 30 hops:
 1    0 ms       0 ms       0 ms       192.168.2.1
 2    1 ms       0 ms       0 ms       192.168.1.254
 3    *          0 ms       0 ms       192.168.5.2
Trace complete.
```

图 3-6　局域网内部三层交换机汇聚转发

- 局域网到外网有两条链路负载均衡。

从 PC2 到环回口，路径为 PC2→S1→R，如图 3-7 所示。

```
PC>tracert 10.1.1.1
Tracing route to 10.1.1.1 over a maximum of 30 hops:
 1    1 ms       0 ms       0 ms       192.168.2.1
 2    0 ms       0 ms       0 ms       10.1.1.1
Trace complete.
```

图 3-7　左部子网到外网的路径

从 LP5 到环回口,路径为 LP5→S2→R,如图 3-8 所示。

```
PC>tracert 10.1.1.1

Tracing route to 10.1.1.1 over a maximum of 30 hops:

  1    1 ms       0 ms       0 ms     192.168.1.254
  2    *          0 ms       0 ms     10.1.1.1

Trace complete.
```

图 3-8　右部子网到外网的路径

3.3　主教材第 4 章习题与实验解答

1. 选择题

(1) 禁止 RIP 的路由聚合功能的命令是(　C　)。

  A. no route rip   B. auto-summary

  C. no auto-summary   D. no network 10.0.0.0

(2) 关于 RIPv1 和 RIPv2,下列说法中不正确的是(　A　)。

  A. RIPv1 报文支持子网掩码

  B. RIPv2 报文支持子网掩码

  C. RIPv2 默认使用路由聚合功能

  D. RIPv1 只支持报文的简单密码认证,而 RIPv2 支持 MD5 认证

(3) RIP 在收到某一邻居网关发布的路由信息后,对度量值不正确的处理是(　B　)。

  A. 对本路由表中没有的路由项,只在度量值小于不可达时增加该路由项

  B. 对本路由表中已有的路由项,当发送报文的网关相同时,只在度量值减少时更新该路由项的度量值

  C. 对本路由表中已有的路由项,当发送报文的网关不同时,只在度量值减少时更新该路由项的度量值

  D. 对本路由表中已有的路由项,当发送报文的网关相同时,只要度量值有改变,就一定会更新该路由项的度量值

(4) 以下(　D　)不是 RIPv1 和 RIPv2 的共同特性。

  A. 定期通告整个路由表

  B. 以跳数来计算路由权

  C. 最大跳数为 15

  D. 支持协议报文的认证

(5) 当使用 RIP 到达某个目标地址有 2 条跳数相等但带宽不等的链路时,默认情况下在路由表中(　C　)。

  A. 只出现带宽大的那条链路的路由

  B. 只出现带宽小的那条链路的路由

  C. 同时出现两条路由,两条链路分担负载

  D. 带宽大的链路作为主要链路,带宽小的链路作为备份链路

（6）关于 RIP 正确的说法是（ D ）。

    A. RIP 通过 UDP 数据报交换路由信息

    B. RIP 适用于小型网络

    C. RIPv1 使用广播方式发送报文

    D. 以上说法都正确

（7）以下关于 RIP 的说法中正确的是（ A ）。

    A. RIP 的度量的含义是经过路由器的跳数，最大值是 15,16 为不可达

    B. RIP 的度量的含义是经过路由的跳数，最大值是 16,17 为不可达

    C. RIP 的度量的含义是带宽，最大值是 15,16 为不可达

    D. RIP 的度量的含义是距离，最大值是 100m,1000m 为不可达

（8）RIP 是（ A ）路由协议。

    A. 距离向量   B. 链路状态   C. 分散通信量   D. 固定查表

（9）以下说法中正确的是（ C ）。

    A. RIPv2 使用 224.0.0.5（多播地址）来发送路由更新

    B. RIPv2 使用 224.0.0.6（多播地址）来发送路由更新

    C. RIPv2 使用 224.0.0.9（多播地址）来发送路由更新

    D. RIPv2 使用 255.255.255.255（广播地址）来发送路由更新

（10）RIP 使用（ B ）。

    A. TCP 的 250 端口   B. UDP 的 520 端口

    C. TCP 的 520 端口   D. UDP 的 250 端口

2. 问答题

（1）简述 RIP 的配置步骤及注意事项。

答：RIP 的配置步骤如下。

```
Router(config)#router rip              /*设置路由协议为 RIP*/
Router(config-router)#version {1|2}    /*定义版本号为 1 或 2,通常 1 为默认*/
Router(config-router)#network 直连网络号       /*宣告网络*/
```

（2）如何解决路由环路的问题？

答：解决路由环路问题有 6 种方法：定义最大值、水平分割技术、路由中毒、反向路由中毒、控制更新时间、触发更新。

（3）RIP 目前有两个版本，RIPv1 和 RIPv2 的区别是什么？

答：RIPv1 和 RIPv2 的比较如下。

RIPv1	RIPv2
是一个有类别路由协议,不支持不连续子网设计（在同一路由器中其子网掩码相同）,不支持全 0 全 1 子网	是一个无类别路由协议,支持不连续子网设计（在同一路由器中其子网掩码可以不同）,支持全 0 全 1 子网
不支持 VLSM 和 CIDR	支持 VLSM 和 CIDR
每 30s 采用广播地址 255.255.255.255 发送路由更新	每 30s 采用多播地址 224.0.0.9 发送路由更新

续表

RIPv1	RIPv2
不提供认证	提供明文和 MD5 认证
通常：在路由选择更新包中最多可以携带 25 条路由条目，不包含子网掩码信息。但在同属一个主类网络(如 172.16.0.0/16)且子网掩码长度都为 24 时(172.16.1.0/24、172.16.1.0/24 属不同子网)，RIPv1 仍能识别；其接收子路由的原则是以接收接口的掩码长度作为子网路由条目的掩码长度	在路由选择更新包中在有认证的情况下最多只能携带 24 条路由，包含子网掩码信息、下一跳路由器的 IP 地址
默认自动汇总，且不能关闭自动汇总	默认自动汇总，但能用命令 no auto-summary 关闭自动汇总
路由表查询方式由大类到小类(即先查询主类网络，把属同一主类的全找出来，再在其中查询子网号)	路由表中每个路由条目都携带自己的子网掩码、下一跳地址，查询机制是由小类到大类(按位查询，最长匹配，精确匹配，先检查 32 位掩码)

（4）简述 RIP 路由更新的几个计时器的作用。

答：RIP 中一共使用了 5 个计时器：

更新计时器(update timer)：30s 发一次路由更新。

无效计时器(timeout timer)：在该计时器所规定的时间内，路由器还没有收到此路由信息的更新，则路由器标记此路由失效(不可达)，并向所有接口广播不可达更新报文。

废除计时器(garbage timer)：设置某个路由成为无效路由将它从路由表中删除的时间间隔。

抑制计时器(holddown timer)：某一路由标记为不可达时，才在此路由上启动抑制计时器，在此时间内保持失效状态，直到无效计时器的时间到期，或有度量值更好的更新数据包到达。

触发更新计时器(sleep timer)：触发更新计时器使用 1～5s 的随机值来避免触发更新风暴。

（5）简述 RIP 的工作机制。

答：RIP 的工作机制如下。

① RIP 启动时，初始 RIP 数据库仅包含本路由器声明的直连路由。

② RIP 协议启动后，向各个接口广播或多播一个 RIP 请求(Request)报文。

③ 邻居路由器的 RIP 协议从某接口收到此请求(Request)报文，根据自己的 RIP 数据库，形成 RIP 更新(Update)报文向该接口对应的网络广播。

④ RIP 接收到邻居路由器回复的包含邻居路由器 RIP 数据库的更新(Update)报文后，重新生成自己的 RIP 数据库。

3. 操作题

某公司总部由路由器 R1 和三层交换机 S1 连接内部网络，公司的一个分部由路由器 R2 连接二层交换机 S2 组成。为使公司网络互通，启用 RIP，如图 3-9 所示。

答：（1）主要配置。

在 S1 上配置如下：

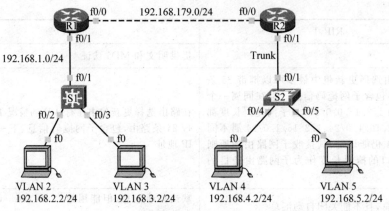

VLAN 2　　　　　　VLAN 3　　　　　　VLAN 4　　　　　　VLAN 5
192.168.2.2/24　　 192.168.3.2/24　　 192.168.4.2/24　　 192.168.5.2/24

图 3-9　操作题图

```
ip routing
int f0/1                    /* 把连接路由器的接口定义为路由口 */
no switchport
ip address 192.168.1.2 255.255.255.0
/* 定义两个 SVI */
int vlan2
ip address 192.168.2.1 255.255.255.0
int vlan3
ip address 192.168.3.1 255.255.255.0
/* 启动 RIP,宣告所有直连路由 */
router rip
version 2
network 192.168.1.0
network 192.168.2.0
network 192.168.3.0
```

在 R1 上配置如下:

```
int f0/0
ip address 192.168.179.1 255.255.255.0
int f0/1
ip address 192.168.1.1 255.255.255.0
router rip
version 2
network 192.168.1.0
network 192.168.179.0
```

在 R2 上配置如下:

```
int f0/0
ip address 192.168.179.2 255.255.255.0
int f0/1
no ip address
```

```
/*定义两个子接口*/
int f0/1.4
encapsulation dot1q 4
ip address 192.168.4.1 255.255.255.0
int f0/1.5
encapsulation dot1q 5
ip address 192.168.5.1 255.255.255.0
/*启动 RIP 协议,宣告所有直连路由*/
router rip
version 2
network 192.168.4.0
network 192.168.5.0
network 192.168.179.0
```

在 S2 上配置如下：

```
int f0/1
switchport mode trunk
int f0/4
switchport access vlan 4
int f0/5
switchport access vlan 5
```

(2) 检测与验证。

显示路由表：

```
R1# show ip route
    C 192.168.1.0/24 is directly connected, FastEthernet0/1
    R 192.168.2.0/24 [120/1] via 192.168.1.2, 00:00:09, FastEthernet0/1
    R 192.168.3.0/24 [120/1] via 192.168.1.2, 00:00:09, FastEthernet0/1
    R 192.168.4.0/24 [120/1] via 192.168.179.2, 00:00:25, FastEthernet0/0
    R 192.168.5.0/24 [120/1] via 192.168.179.2, 00:00:25, FastEthernet0/0
    C 192.168.179.0/24 is directly connected, FastEthernet0/0
R2# show ip route
    R 192.168.1.0/24 [120/1] via 192.168.179.1, 00:00:29, FastEthernet0/0
    R 192.168.2.0/24 [120/2] via 192.168.179.1, 00:00:29, FastEthernet0/0
    R 192.168.3.0/24 [120/2] via 192.168.179.1, 00:00:29, FastEthernet0/0
    C 192.168.4.0/24 is directly connected, FastEthernet0/1.4
    C 192.168.5.0/24 is directly connected, FastEthernet0/1.5
    C 192.168.179.0/24 is directly connected, FastEthernet0/0
S1# show ip route
    C 192.168.1.0/24 is directly connected, FastEthernet0/1
    C 192.168.2.0/24 is directly connected, Vlan2
    C 192.168.3.0/24 is directly connected, Vlan3
    R 192.168.4.0/24 [120/2] via 192.168.1.1, 00:00:01, FastEthernet0/1
    R 192.168.5.0/24 [120/2] via 192.168.1.1, 00:00:01, FastEthernet0/1
    R 192.168.179.0/24 [120/1] via 192.168.1.1, 00:00:01, FastEthernet0/1
```

跟踪路径：

- 从 PC2 到 PC4，路径为 PC2→S1→R1→PC4，如图 3-10 所示。

```
PC>tracert 192.168.4.2

Tracing route to 192.168.4.2 over a maximum of 30 hops:

  1   1 ms      0 ms      0 ms      192.168.2.1
  2   0 ms      0 ms      0 ms      192.168.1.1
  3   0 ms      1 ms      0 ms      192.168.179.2
  4   *         0 ms      0 ms      192.168.4.2

Trace complete.
```

图 3-10   连通检测 1

- 从 PC5 到 PC3，路径为 PC5→R1→S1→PC5，如图 3-11 所示。

```
PC>tracert 192.168.3.2

Tracing route to 192.168.3.2 over a maximum of 30 hops:

  1   0 ms      0 ms      0 ms      192.168.5.1
  2   0 ms      0 ms      0 ms      192.168.179.1
  3   0 ms      0 ms      1 ms      192.168.1.2
  4   *         1 ms      0 ms      192.168.3.2

Trace complete.
```

图 3-11   连通检测 2

第4章 OSPF路由协议

4.1 OSPF 的认证

4.1.1 基于区域的 OSPF 认证配置

在 OSPF 路由协议中,所有的路由信息交换都必须经过验证。在 OSPF 协议数据包结构中,包含一个验证域及一个 64 位长度的验证数据域,用于特定的验证方式的计算。

如果 OSPF 数据交换的验证是基于每一个区域来定义的,则在该区域的所有路由器上定义相同的协议验证方式。如果 OSPF 数据交换的验证是基于端口来定义的,则只要在此链路上进行认证即可。基于链路的 OSPF 认证优于基于区域的。

OSPF 定义了 3 种认证类型:

- 0:表示不认证,为默认的配置。在 OSPF 的数据包头内 64 位的验证数据位可以包含任何数据,OSPF 接收到路由数据后对数据包头内的验证数据位不作任何处理。
- 1:表示简单口令认证。每一个发送至该网络的数据包的包头内都必须具有相同的 64 位长度的验证数据位。
- 2:表示 MD5 认证。

1. 实验目的

认识 OSPF 认证的类型和意义。

2. 实验拓扑

实验拓扑如图 4-1 所示。

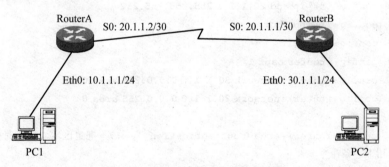

RouterA　S0: 20.1.1.2/30　　S0: 20.1.1.1/30　RouterB

Eth0: 10.1.1.1/24　　　　Eth0: 30.1.1.1/24

PC1　　　　　　　　　　　　　　　　　PC2

图 4-1　基于区域的 OSPF 认证配置

3. 实验配置步骤

RouterA 的配置:

```
RouterA(config)#int f1/0
RouterA(config-if)#ip add 10.1.1.1 255.255.255.0
RouterA(config-if)#no shut
RouterA(config-if)#exit
RouterA(config)#int s1/2
```

```
RouterA(config-if)#ip add 20.1.1.2 255.255.255.0
RouterA(config-if)#clock rate 64000
RouterA(config-if)#no shut
RouterA(config-if)#exit
RouterA(config)#router ospf 1
RouterA(config-router)#network 10.1.1.0 0.0.0.255 area 0
RouterA(config-router)#network 20.1.1.0 0.0.0.255 area 0
!
RouterA(config-router)#area 0 authentication          /*配置区域 0 启用简单口令认证*/
/*或者用下一条命令*/
RouterA(config-router)#area 0 authentication message-digest
                                                      /*区域 0 启用加密认证*/
RouterA(config-router)#Ctrl+ Z
RouterA(config)#int s1/2
RouterA(config-if)#ip ospf authentication-key abc
/*配置简单口令认证密码为 abc*/
/*或者用下一条命令*/
RouterA(config-if)#ip ospf message-digest-key 1 md5 abc
                                                      /*配置加密认证密码*/
```

RouterB 的配置：

```
RouterB(config)#int f1/0
RouterB(config-if)#ip add 30.1.1.1 255.255.255.0
RouterB(config-if)#no shut
RouterB(config-if)#exit
RouterB(config)#int s1/2
RouterB(config-if)#ip add 20.1.1.1 255.255.255.252
RouterB(config-if)#no shut
RouterB(config-if)#exit
RouterB(config)#router ospf 1
RouterB(config-router)#network 30.1.1.0 0.0.0.255 area 0
RouterB(config-router)#network 20.1.1.0 0.0.0.255 area 0
!
RouterB(config-router)#area 0 authentication          /*配置区域 0 启用简单口令认证*/
/*或者用下一条命令*/
RouterB(config-router)#area 0 authentication message-digest
                                                      /*区域 0 启用加密认证*/
RouterB(config-router)#Ctrl+ Z
RouterB(config)#int s1/2
RouterB(config-if)#ip ospf authentication-key abc
/*配置简单口令认证密码为 abc*/
/*或者用下一条命令*/
RouterB(config-if)#ip ospf message-digest-key 1 md5 abc
                                                      /*配置加密认证密码*/
```

4. 检测

检查已启用了区域认证的信息：

```
show ip ospf interface
show ip ospf
```

4.1.2　基于链路的 OSPF 认证配置

1. 实验目的

(1) 认识 OSPF 认证的类型和意义。

(2) 区别基于区域和基于链路的 OSPF 认证的不同。

2. 实验拓扑

实验拓扑如图 4-1 所示。

3. 实验配置步骤

RouterA 的配置：

```
RouterA(config)#int f1/0
RouterA(config-if)#ip add 10.1.1.1 255.255.255.0
RouterA(config-if)#no shut
RouterA(config-if)#exit
RouterA(config)#int s1/2
RouterA(config-if)#ip add 20.1.1.2 255.255.255.0
RouterA(config-if)#clock rate 64000
RouterA(config-if)#no shut
RouterA(config-if)#exit
RouterA(config)#router ospf 1
RouterA(config-router)#network 10.1.1.0 0.0.0.255 area 0
RouterA(config-router)#network 20.1.1.0 0.0.0.255 area 0
RouterA(config-router)#Ctrl+ Z
RouterA(config)#int s1/2
/* 以下在链路上启用简单口令认证 */
RouterA(config-if)#ip ospf authentication
RouterA(config-if)#ip ospf authentication-key abc
/* 或者用下一条命令 */
/* 以下在链路上启用 MD5 加密认证 */
RouterA(config-if)#ip ospf authentication message-digest
RouterA(config-if)#ip ospf message-digest-key 1 md5 abc
```

RouterB 的配置：

```
RouterB(config)#int f1/0
RouterB(config-if)#ip add 30.1.1.1 255.255.255.0
RouterB(config-if)#no shut
RouterB(config-if)#exit
RouterB(config)#int s1/2
RouterB(config-if)#ip add 20.1.1.1 255.255.255.252
```

```
RouterB(config-if)#no shut
RouterB(config-if)#exit
RouterB(config)#router ospf 1
RouterB(config-router)#network 30.1.1.0 0.0.0.255 area 0
RouterB(config-router)#network 20.1.1.0 0.0.0.255 area 0
RouterB(config)#int s1/2
/*以下在链路上启用简单口令认证*/
RouterB(config-if)#ip ospf authentication
RouterB(config-if)#ip ospf authentication-key abc
/*或者用下一条命令*/
/*以下在链路上启用 MD5 加密认证*/
RouterB(config-if)#ip ospf authentication message-digest
RouterB(config-if)#ip ospf message-digest-key 1 md5 abc
```

4. 检测

检查已启用了区域认证的信息:

```
show ip ospf interface
show ip ospf
```

4.2 OSPF 高级配置

4.2.1 多区域 OSPF 的基本配置

1. 实验目的

(1) 熟悉 OSPF 协议多区域的启用方法。

(2) 掌握不同路由器类型的功能。

(3) 熟悉 LSA 的类型和特征。

(4) 学会查看 OSPF 路由信息。

2. 实验拓扑

实验拓扑如图 4-2 所示。

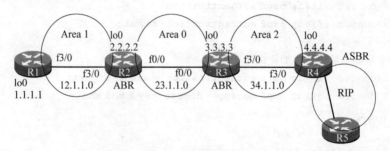

图 4-2 多区域 OSPF 基本配置

本实验在思科模拟器 Packet Tracer 上完成。

(1) 将 4 台路由器 R1、R2、R3、R4 相连构成 3 个区域，R4 连接外部区域。

(2) 其中 R2、R3 是区域边界路由器，R4 是自治系统边界路由器。

（3）R4、R5 之间运行 RIP 协议。

（4）网络接口及地址配置如图 4-2 所示。

3. 主要配置步骤

（1）R1 的配置：

```
interface lo0
ip address 1.1.1.1 255.255.255.0
interface f3/0
 ip address 12.1.1.1 255.255.255.0
 duplex half
router ospf 100
 router-id 1.1.1.1
 log-adjacency-changes
 network 1.1.1.0 0.0.0.255 area 1
 network 12.1.1.0 0.0.0.255 area 1
```

（2）R2 的配置：

```
interface lo0
 ip address 2.2.2.2 255.255.255.0
interface f0/0
 ip address 23.1.1.2 255.255.255.0
 duplex full
interface f3/0
 ip address 12.1.1.2 255.255.255.0
 duplex half
router ospf 100
 router-id 2.2.2.2
 log-adjacency-changes
 network 2.2.2.0 0.0.0.255 area 0
 network 12.1.1.0 0.0.0.255 area 1
 network 23.1.1.0 0.0.0.255 area 0
```

（3）R3 的配置：

```
interface lo0
 ip address 3.3.3.3 255.255.255.0
interface f0/0
 ip address 23.1.1.3 255.255.255.0
 duplex full
interface f3/0
 ip address 34.1.1.3 255.255.255.0
 duplex half
router ospf 100
 router-id 3.3.3.3
 log-adjacency-changes
 network 3.3.3.0 0.0.0.255 area 0
```

network 23.1.1.0 0.0.0.255 area 0
network 34.1.1.0 0.0.0.255 area 2

（4）R4 的配置：

interface lo0
 ip address 4.4.4.4 255.255.255.0
interface f3/0
 ip address 34.1.1.4 255.255.255.0
 duplex half
router ospf 100
 router-id 4.4.4.4
 log-adjacency-changes
 redistribute static metric-type 1 subnets
/*路由重分布,R4 为自治系统边界路由器,把后面通往外部的静态路由重分布到 OSPF 中*/
 network 34.1.1.0 0.0.0.255 area 2
ip route 202.121.241.0 255.255.255.0 lo0

4. 检测

R1# **show ip route**
Gateway of last resort is not set
    34.0.0.0/24 is subnetted, 1 subnets
O IA   34.1.1.0 [110/3] via 12.1.1.2, 00:11:14, FastEthernet3/0
    1.0.0.0/24 is subnetted, 1 subnets
C   1.1.1.0 is directly connected, Loopback0
    2.0.0.0/32 is subnetted, 1 subnets
O IA   2.2.2.2 [110/2] via 12.1.1.2, 00:11:42, FastEthernet3/0
    3.0.0.0/32 is subnetted, 1 subnets
O IA   3.3.3.3 [110/3] via 12.1.1.2, 00:11:24, FastEthernet3/0
    23.0.0.0/24 is subnetted, 1 subnets
O IA   23.1.1.0 [110/2] via 12.1.1.2, 00:11:42, FastEthernet3/0
O E1 202.121.241.0/24 [110/23] via 12.1.1.2, 00:09:46, FastEthernet3/0
    12.0.0.0/24 is subnetted, 1 subnets
C   12.1.1.0 is directly connected, FastEthernet3/0
/*O 为域内路由,O IA 为域间路由,O E1 为外部路由类型 1,O E2 为外部路由类型 2。外部路由类型
   1 和 2 的区别在于路由代价的计算方法不同。类型 1 的路由代价等于外部代价与内部代价之和；
   类型 2 的路由只是计算外部代价,无论它穿越多少内部链路,都不计算内部代价*/
R3# **show ip os database**
/*输出显示,R3 路由器同时维护了 Area 0 和 Area 2 的 OSPF 数据库*/
            OSPF router with ID(3.3.3.3) (Process ID 100)
                router Link States(Area 0)   /*类型 1 的 LSA*/
Link ID   ADV router   Age   Seq#   Checksum Link count
2.2.2.2   2.2.2.2   884   0x80000003 0x009C34 2
3.3.3.3   3.3.3.3   878   0x80000004 0x009032 2

            Net Link States(Area 0)   /*类型 2 的 LSA*/

Link ID	ADV router	Age	Seq#	Checksum
23.1.1.2	2.2.2.2	883	0x80000001	0x00E61C

```
                    Summary Net Link States(Area 0)      /* 类型 3 的 LSA */
```

Link ID	ADV router	Age	Seq#	Checksum
1.1.1.1	2.2.2.2	897	0x80000001	0x0033FB
12.1.1.0	2.2.2.2	934	0x80000001	0x00A382
34.1.1.0	3.3.3.3	877	0x80000001	0x0066A5

/* 以上列出了 Area 0 中的 LSA3。输出显示,R2、R3 两个 ABR 分别将 Area 1、Area 2 的路由信息概括后通告给主干区域 Area 0,用目标网络号代表 link ID */

```
                    Summary ASB Link States(Area 0)      /* 类型 4 的 LSA */
```

Link ID	ADV router	Age	Seq#	Checksum
4.4.4.4	3.3.3.3	785	0x80000001	0x0072AC

/* 以上列出了 Area 0 中的 LSA4。输出显示,区域边界路由器 R3 向 Area 0 中通告了到达自治系统外的出口路由器是 R4(Link ID=4.4.4.4) */

```
                    router Link States(Area 2)           /* 类型 1 的 LSA */
```

Link ID	ADV router	Age	Seq#	Checksum	Link count
3.3.3.3	3.3.3.3	819	0x80000002	0x00EADE	1
4.4.4.4	4.4.4.4	792	0x80000003	0x00AD11	1

```
                    Net Link States(Area 2)              /* 类型 2 的 LSA */
```

Link ID	ADV router	Age	Seq#	Checksum
34.1.1.4	4.4.4.4	820	0x80000001	0x004B9A

```
                    Summary Net Link States(Area 2)      /* 类型 3 的 LSA */
```

Link ID	ADV router	Age	Seq#	Checksum
1.1.1.1	3.3.3.3	883	0x80000001	0x001F0B
2.2.2.2	3.3.3.3	883	0x80000001	0x00E640
3.3.3.3	3.3.3.3	883	0x80000001	0x00AE75
12.1.1.0	3.3.3.3	883	0x80000001	0x008F91
23.1.1.0	3.3.3.3	883	0x80000001	0x00F521

```
                    Type-5 AS External Link States       /* 类型 5 的 LSA */
```

Link ID	ADV router	Age	Seq#	Checksum	Tag
202.121.241.0	4.4.4.4	791	0x80000001	0x008852	0

/* 以上列出的是 LSA5,输出显示,路由信息是由路由器 R4 通告的,用外部目标网络号作为 Link ID,它被传播到各个区域。下面这条命令更详细地报告了外部路由信息 */

R3# **show ip ospf database external**

```
OSPF router with ID(3.3.3.3)(Process ID 100)

  Type-5 AS External Link States

  Routing Bit Set on this LSA

  LS age: 1262

  Options:(No TOS-capability, DC)

  LS Type: AS External Link

  Link State ID: 202.121.241.0(External Network Number)
```

Advertising router: 4.4.4.4

LS Seq Number: 80000001

Checksum: 0x8852

Length: 36

Network Mask: /24

Metric Type: 1(Comparable directly to link state metric)

    TOS: 0

    Metric: 20

Forward Address: 0.0.0.0

External Route Tag: 0

4.2.2 配置远离骨干区域的 OSPF 虚链路

1. 实验目的

(1) 熟悉 OSPF 协议的启用方法。

(2) 掌握指定各网络接口所属区域号的方法。

(3) 掌握非主干区域通过虚链路与主干区域(Area 0)相连接的方法。

(4) 熟悉 OSPF 路由信息的查看与调试。

2. 实验拓扑

实验拓扑如图 4-3 所示。

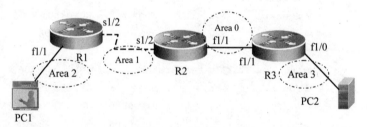

图 4-3　OSPF 的虚链路

(1) 将 3 台 RG-R2632 路由器相连接,其中 R1 与 R2 的串口 s1/2 连接 s1/2,路由器 R1 为 DCE,路由器 R2 为 DTE,形成的子网工作在 Area 1。

(2) 路由器 R2 与 R3 通过以太网口相连,它们工作在 OSPF 的 Area 0,即为主干路由器。

(3) 两台计算机分别用一根 RJ-45 网线将计算机网卡与路由器 R1 与 R2 的以太网口相连,形成的两个子网,分别工作在 Area 2 和 Area 3。

3. 主要配置步骤

(1) R1 的配置:

```
R2632(config)#host R1
R1(config)#interface f1/1
R1(config-if)#ip address 192.168.0.1 255.255.255.0
R1(config-if)#no shut
R1(config-if)#exit
R1(config)#interface s1/2
```

```
R1(config-if)#ip address 192.168.1.1 255.255.255.252
R1(config-if)#clock rate 64000
R1(config-if)#no shut
R1(config-if)#exit
R1(config)#router ospf
R1(config-router)#router-id 1.1.1.1
R1(config-router)#network 192.168.0.0 0.0.0.255 area 2
R1(config-router)#network 192.168.1.0 0.0.0.255 area 1
R1(config-router)#end
```

（2）R2 的配置：

```
R2632(config)#host R2
R2(config)#interface f1/1
R2(config-if)#ip address 219.220.237.1 255.255.255.0
R2(config-if)#no shut
R2(config-if)#exit
R2(config)#interface s1/2
R2(config-if)#ip address 192.168.1.2 255.255.255.252
R2(config-if)#no shut
R2(config-if)#exit
R2(config)#router ospf
R2(config-router)#router-id 2.2.2.2
R2(config-router)#network 219.220.237.0 0.0.0.255 area 0
R2(config-router)#network 192.168.1.0 0.0.0.255 area 1
R2(config-router)#end
```

（3）R3 的配置：

```
R2632#config terminal
R2632(config)#host R3
R3(config)#interface f1/0
R3(config-if)#ip address 219.220.236.1 255.255.255.0
R3(config-if)#no shut
R3(config-if)#exit
R3(config)#interface f1/1
R3(config-if)#ip address 219.220.237.2 255.255.255.0
R3(config-if)#no shut
R3(config-if)#exit
R3(config)#router ospf
R3(config-router)#network 219.220.236.0 0.0.0.255 area 3
R3(config-router)#network 219.220.237.0 0.0.0.255 area 0
R3(config-router)#end
```

4．检测

（1）在加入虚链路前分别在 R1、R2、R3 上显示路由表。

（2）分别在 R1 和 R2 上执行以下命令，virtual-link 后面一定要给出对方的路由器 ID，再分别在 R1、R2、R3 上显示路由表，比较两者的区别。

```
R1(config-router)#area 1 virtual-link 2.2.2.2
R2(config-router)#area 1 virtual-link 1.1.1.1
```

（3）用 show ip ospf virtual-link 命令显示虚链路的信息。

4.2.3 验证 OSPF 在不同区域间的选路

1. 实验目的

（1）验证 OSPF 非主干区域间的路由选路必须经过主干区域 Area 0。

（2）验证 OSPF 非主干区域到主干区域 Area 0 的路由选路按最优路径。

（3）验证当非主干区域与主干区域 Area 0 不连续时必须建立虚链路。

2. 实验拓扑

实验拓扑如图 4-4 所示。

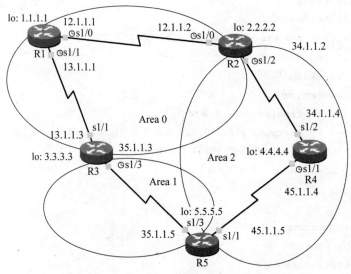

图 4-4　验证 OSPF 在不同区域间的路由选路

3. 配置步骤

（1）R1 的主要配置：

```
hostname R1
interface lo0
 ip address 1.1.1.1 255.255.255.255
interface s1/0
 ip address 12.1.1.1 255.255.255.0
 clock rate 64000
interface s1/1
 ip address 13.1.1.1 255.255.255.0
 clock rate 64000
```

```
router ospf 1
 log-adjacency-changes
 network 1.1.1.0 0.0.0.255 area 0
 network 12.1.1.0 0.0.0.255 area 0
 network 13.1.1.0 0.0.0.255 area 0
```

（2）R2 的主要配置：

```
hostname R2
interface lo0
 ip address 2.2.2.2 255.255.255.255
interface s1/0
 ip address 12.1.1.2 255.255.255.0
interface s1/2
 ip address 24.1.1.2 255.255.255.0
 clock rate 64000
router ospf 1
 log-adjacency-changes
 network 2.2.2.0 0.0.0.255 area 0
 network 12.1.1.0 0.0.0.255 area 0
 network 24.1.1.0 0.0.0.255 area 2
```

（3）R3 的主要配置：

```
hostname R3
interface lo0
 ip address 3.3.3.3 255.255.255.255
interface s1/1
 ip address 13.1.1.3 255.255.255.0
interface s1/3
 ip address 35.1.1.3 255.255.255.0
 clock rate 64000
router ospf 1
 log-adjacency-changes
network 13.1.1.0 0.0.0.255 area 0
 network 3.3.3.0 0.0.0.255 area 0
 network 35.1.1.0 0.0.0.255 area 1
```

（4）R4 的主要配置：

```
hostname R4
interface lo0
 ip address 4.4.4.4 255.255.255.255
interface s1/1
 ip address 45.1.1.4 255.255.255.0
 clock rate 64000
interface s1/2
 ip address 24.1.1.4 255.255.255.0
```

```
router ospf 1
 log-adjacency-changes
 network 24.1.1.0 0.0.0.255 area 2
 network 4.4.4.0 0.0.0.255 area 2
 network 45.1.1.0 0.0.0.255 area 2
```

（5）R5 的主要配置：

```
hostname R5
interface lo0
 ip address 5.5.5.5 255.255.255.255
interface s1/1
 ip address 45.1.1.5 255.255.255.0
interface s1/3
 ip address 35.1.1.5 255.255.255.0
 router ospf 1
 log-adjacency-changes
 network 45.1.1.0 0.0.0.255 area 2
 network 35.1.1.0 0.0.0.255 area 1
 network 5.5.5.0 0.0.0.255 area 1
```

4. 检测

（1）非主干区域间的选路。

在 Area 2 中的 R4 上，对 Area 1 中的 R5 进行路由跟踪。

```
R4# traceroute 35.1.1.5
Type escape sequence to abort.
Tracing the route to 35.1.1.5
    1   24.1.1.2        31 msec    31 msec    31 msec
    2   12.1.1.1        62 msec    62 msec    62 msec
    3   13.1.1.3        94 msec    65 msec    94 msec
    4   35.1.1.5        62 msec    79 msec    64 msec
```

虽然 R4 与 R5 在物理链路上相邻，但分属不同的区域，且都为非主干区域，虽然 Area 1、Area 2 也相邻，R5 作为区域边界路由器，但从上述路由跟踪（R4→R2→R1→R3→R5）可以看出，两者的选路不能经过 45.1.1.5 路径，而必须通过 Area 0 转发。

（2）非主干区域到主干区域的选路。

在区域边界路由器 R5 上，对 Area 0 上的 R1 和 R2 进行路由跟踪。

```
R5# traceroute 1.1.1.1
Type escape sequence to abort.
Tracing the route to 1.1.1.1
    1   35.1.1.3        31 msec    19 msec    32 msec
    2   13.1.1.1        47 msec    31 msec    62 msec
```

从路由跟踪结果（R5→R3→R1）可知，此时的路由是根据最优路径的区域进行选路的。

```
R5# traceroute 2.2.2.2
```

```
Type escape sequence to abort.
Tracing the route to 2.2.2.2
  1    45.1.1.4        32 msec   31 msec   18 msec
  2    24.1.1.2        62 msec   56 msec   62 msec
```

从路由跟踪结果(R5→R4→R2)可知,此时的路由是根据最优路径的区域进行选路的。

(3) 未经区域 0 的跨区域选路。

显示 R4 上的路由表:

```
R4#show ip route
Gateway of last resort is not set
     1.0.0.0/32 is subnetted, 1 subnets
O IA    1.1.1.1 [110/1563] via 24.1.1.2, 00:12:30, Serial1/2
     2.0.0.0/32 is subnetted, 1 subnets
O IA    2.2.2.2 [110/782] via 24.1.1.2, 00:12:30, Serial1/2
     3.0.0.0/32 is subnetted, 1 subnets
O IA    3.3.3.3 [110/2344] via 24.1.1.2, 00:12:30, Serial1/2
     4.0.0.0/32 is subnetted, 1 subnets
C       4.4.4.4 is directly connected, Loopback0
     5.0.0.0/32 is subnetted, 1 subnets
O IA    5.5.5.5 [110/3125] via 24.1.1.2, 00:08:36, Serial1/2
     12.0.0.0/24 is subnetted, 1 subnets
O IA    12.1.1.0 [110/1562] via 24.1.1.2, 00:12:30, Serial1/2
     13.0.0.0/24 is subnetted, 1 subnets
O IA    13.1.1.0 [110/2343] via 24.1.1.2, 00:12:30, Serial1/2
     24.0.0.0/24 is subnetted, 1 subnets
C       24.1.1.0 is directly connected, Serial1/2
     35.0.0.0/24 is subnetted, 1 subnets
O IA    35.1.1.0 [110/3124] via 24.1.1.2, 00:12:30, Serial1/2
     45.0.0.0/24 is subnetted, 1 subnets
C       45.1.1.0 is directly connected, Serial1/1
```

强行关闭 R2 上的 s1/2 端口:

```
R2(config)#int s1/2
R2(config-if)#shut
```

再在 R4 上显示路由表:

```
R4#show ip route
Gateway of last resort is not set
     4.0.0.0/32 is subnetted, 1 subnets
C       4.4.4.4 is directly connected, Loopback0
     45.0.0.0/24 is subnetted, 1 subnets
C       45.1.1.0 is directly connected, Serial1/1
```

从以上结果可以看出,R4 只有直连路由,而失去了所有其他路由信息。

通过 Area 1 建立 Area 2 到 Area 0 的虚链路:

```
R3(config)#router ospf 1
R3(config-router)#area 1 virtual 5.5.5.5

R5(config)#router ospf 1
R5(config-router)#area 1 virtual-link 3.3.3.3
```

再在 R4 上显示路由表:

```
R4#show ip route
Gateway of last resort is not set
      1.0.0.0/32 is subnetted, 1 subnets
O IA    1.1.1.1 [110/2344] via 45.1.1.5, 00:01:06, Serial1/1
      2.0.0.0/32 is subnetted, 1 subnets
O IA    2.2.2.2 [110/3125] via 45.1.1.5, 00:01:06, Serial1/1
      3.0.0.0/32 is subnetted, 1 subnets
O IA    3.3.3.3 [110/1563] via 45.1.1.5, 00:01:06, Serial1/1
      4.0.0.0/32 is subnetted, 1 subnets
C       4.4.4.4 is directly connected, Loopback0
      5.0.0.0/32 is subnetted, 1 subnets
O IA    5.5.5.5 [110/782] via 45.1.1.5, 00:01:26, Serial1/1
      12.0.0.0/24 is subnetted, 1 subnets
O IA    12.1.1.0 [110/3124] via 45.1.1.5, 00:01:06, Serial1/1
      13.0.0.0/24 is subnetted, 1 subnets
O IA    13.1.1.0 [110/2343] via 45.1.1.5, 00:01:06, Serial1/1
      35.0.0.0/24 is subnetted, 1 subnets
O IA    35.1.1.0 [110/1562] via 45.1.1.5, 00:01:26, Serial1/1
      45.0.0.0/24 is subnetted, 1 subnets
C       45.1.1.0 is directly connected, Serial1/1
```

从上述结果可以看出,R4 已经通过虚链路学会了所有的路由信息。并且,R4 对 R3 的选路原来是(R4→R2→R1→R3 路径,通过路由表中显示 R2 的接口 24.1.1.2)

```
      35.0.0.0/24 is subnetted, 1 subnets
O IA    35.1.1.0 [110/3124] via 24.1.1.2, 00:12:30, Serial1/2
```

现在变成了(R4→R5→R3 路径,通过路由表中显示 R5 的接口 45.1.1.5)

```
      35.0.0.0/24 is subnetted, 1 subnets
O IA    35.1.1.0 [110/1562] via 45.1.1.5, 00:01:26, Serial1/1
```

注意:在 Packet Tracer 中,如果在 R4 的路由表中看不到 35.0.0.0 的路由,在建立虚链路的同时,以 R4 作为末节点,在 R4 上加一条默认路由到 R5,即 ip route 0.0.0.0 0.0.0.0 45.1.1.15,类似图 4-3 中 PC1 的默认网关配置。

通过 traceroute 也验证了 R4 对 R3 的选路:

```
R4#traceroute 35.1.1.3
Type escape sequence to abort.
Tracing the route to 35.1.1.3
```

```
1   45.1.1.5         31 msec    31 msec    32 msec
2   35.1.1.3         62 msec    62 msec    62 msec
```

4.2.4　特殊末端区域 OSPF 的配置案例

1. 实验目的

(1) 掌握和验证多区域 OSPF 中 5 种 LSA 类型的数据包。

(2) 掌握和验证 Stub 区域不接收外部路由的特点。

(3) 掌握和验证：Stub no-summary 不接收外部路由，也不接收其他区域的汇总路由。

(4) 掌握和验证：NSSA 不接收外部路由，但自身可以向 OSPF 区域内重分布外部路由，ABR 不会向 NSSA 区域内通告默认路由。

(5) 掌握和验证：NSSA no-summary 不接收外部路由和区域间的汇总路由，ABR 会向 NSSA 区域内通告默认路由。

(6) 掌握 OSPF 的路由汇总。

2. 实验拓扑

实验拓扑如图 4-5 所示。

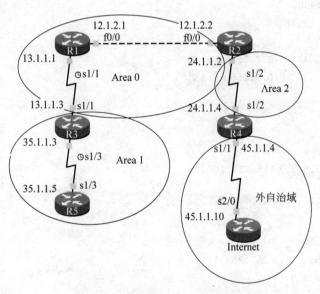

图 4-5　多区域 OSPF 的高级配置

3. 实验配置步骤

R1 的配置：

```
hostname R1
interface lo0
 ip address 1.1.1.1 255.255.255.255
interface f0/0
 ip address 12.1.2.1 255.255.255.0
 clock rate 64000
 no shut
```

```
interface s1/1
 ip address 13.1.1.1 255.255.255.0
 clock rate 64000
 no shut
router ospf 1
 network 12.1.2.0 0.0.0.255 area 0
 network 13.1.1.0 0.0.0.255 area 0
```

R2 的配置：

```
hostname R2
interface lo0
 ip address 2.2.2.2 255.255.255.255
interface f0/0
 ip address 12.1.2.2 255.255.255.0
 no shut
interface s1/2
 ip address 24.1.1.2 255.255.255.0
 clock rate 64000
 no shut
router ospf 1
 network 12.1.1.0 0.0.0.255 area 0
 network 24.1.1.0 0.0.0.255 area 2
```

R3 的配置：

```
hostname R3
interface lo0
 ip address 3.3.3.3 255.255.255.255
interface s1/1
 ip address 13.1.1.3 255.255.255.0
 no shut
interface s1/3
 ip address 35.1.1.3 255.255.255.0
 clock rate 64000
 no shut
router ospf 1
network 13.1.1.0 0.0.0.255 area 0
network 35.1.1.0 0.0.0.255 area 1
```

R4 的配置：

```
hostname R4
interface lo0
 ip address 4.4.4.4 255.255.255.255
interface s1/1
 ip address 45.1.1.4 255.255.255.0
 no shut
```

```
interface s1/2
 ip address 24.1.1.4 255.255.255.0
 no shut
router ospf 1
 network 24.1.1.0 0.0.0.255 area 2
 redistribute rip metric 10 metric-type 1 subnets
router rip
 network 45.0.0.0
```

R5 的配置：

```
hostname R5
interface lo0
 ip address 5.5.5.5 255.255.255.255
interface s1/1
 ip address 45.1.1.5 255.255.255.0
 no shut
interface s1/3
 ip address 35.1.1.5 255.255.255.0
 no shut
router ospf 1
network 35.1.1.0 0.0.0.255 area 1
```

Internet 的配置：

```
hostname internet
interface lo1
 ip address 212.11.1.1 255.255.255.0
interface s2/0
 ip address 45.1.1.10 255.255.255.0
 no shut
 clock rate 64000
router rip
 network 45.0.0.0
 network 212.11.1.0
```

4. 检测结果及说明

（1）在 R2 显示链路状态数据库，同理在其他路由器上显示链路状态数据库（具体过程略），各路由器把全网拓扑结构以链路状态数据库的形式保存，网络稳定时，它们保持一致。

```
R2# show ip ospf data        /* 在 R2 上显示链路状态数据库 */
          OSPF Router with ID(2.2.2.2)(Process ID 1)
          Router Link States(Area 0)              /* Area 0 的 LSA1 */
Link ID       ADV Router      Age       Seq#        Checksum    Link count
2.2.2.2       2.2.2.2         1181      0x8000000f  0x008490    1
3.3.3.3       3.3.3.3         1713      0x8000000d  0x005889    2
1.1.1.1       1.1.1.1         1180      0x8000050d  0x00efc2    3

          Net Link States(Area 0)                 /* Area 0 的 LSA2 */
```

Link ID	ADV Router	Age	Seq#	Checksum
12.1.2.2	2.2.2.2	1181	0x80000003	0x00b022

Summary Net Link States(Area 0)　　　　　　　　/ * Area 0 的 LSA3 * /

Link ID	ADV Router	Age	Seq#	Checksum
24.1.1.0	2.2.2.2	1714	0x80000015	0x0081a1
35.1.1.0	3.3.3.3	1704	0x8000000b	0x00dd3b

Summary ASB Link States(Area 0)　　　　　　　　/ * Area 0 的 LSA4 * /

Link ID	ADV Router	Age	Seq#	Checksum
4.4.4.4	2.2.2.2	1333	0x80000016	0x000922

Router Link States(Area 2)　　　　　　　　　　/ * Area 2 的 LSA1 * /

Link ID	ADV Router	Age	Seq#	Checksum	Link count
2.2.2.2	2.2.2.2	1713	0x8000000c	0x004a7f	2
4.4.4.4	4.4.4.4	1340	0x8000000d	0x008a33	2

Summary Net Link States(Area 2)　　　　　　　　/ * Area 2 的 LSA3 * /

Link ID	ADV Router	Age	Seq#	Checksum
12.1.2.0	2.2.2.2	852	0x80000020	0x0060cb
13.1.1.0	2.2.2.2	1172	0x8000001e	0x00fe1e
35.1.1.0	2.2.2.2	1172	0x8000001f	0x007d78

Type-5 AS External Link States　　　　　　　　/ * LSA5 * /

Link ID	ADV Router	Age	Seq#	Checksum	Tag
45.1.1.0	4.4.4.4	1340	0x80000015	0x00ed14	0
212.11.1.0	4.4.4.4	1182	0x80000016	0x00ef5f	0

从上面的显示结果可以看出,共有 5 种类型的 LSA。其中,不同类型的 LSA,其 Link ID 的含义不同。

LSA1 中 Link ID 为路由器的 ID(router-id),LSA2 中 Link ID 为 DR 的接口 IP,LSA3 中 Link ID 为目的网络号,LSA4 中 Link ID 为自治系统边界路由器 ASBR 的 ID,LSA5 中 Link ID 为外部网络号, LSA7 中的 Link ID 为外部网络号。

(2) 在 R2 上显示路由表:

```
    2.0.0.0/32 is subnetted, 1 subnets
C       2.2.2.2 is directly connected, Loopback0
    12.0.0.0/24 is subnetted, 1 subnets
C       12.1.2.0 is directly connected, FastEthernet0/0
    13.0.0.0/24 is subnetted, 1 subnets
O       13.1.1.0 [110/782] via 12.1.2.1, 01:39:38, FastEthernet0/0
    24.0.0.0/24 is subnetted, 1 subnets
C       24.1.1.0 is directly connected, Serial1/2
    35.0.0.0/24 is subnetted, 1 subnets
O IA    35.1.1.0 [110/1563] via 12.1.2.1, 01:39:38, FastEthernet0/0
```

```
         45.0.0.0/24 is subnetted, 1 subnets
O E1     45.1.1.0 [110/791] via 24.1.1.4, 05:45:27, Serial1/2
O E1     212.11.1.0/24 [110/791] via 24.1.1.4, 05:42:46, Serial1/2
```

（3）在每一个路由器上用 show ip os nei 命令观察链接是否建立，检查 DR 是否正确。

5. 把 Area 1 配置为 Stub 区域

（1）在 R3 上配置：

```
R3(config)#router ospf 1
R3(config-router)#area 1 stub
R3(config-router)#area 1 default-cost 35
```

（2）在 R5 上配置：

```
R5(config)#router ospf 1
R5(config-router)#area 1 stub
```

（3）在 R5 上显示路由表：

```
R5#show ip route
         5.0.0.0/32 is subnetted, 1 subnets
C        5.5.5.5 is directly connected, Loopback0
         12.0.0.0/24 is subnetted, 1 subnets
O IA     12.1.2.0 [110/1563] via 35.1.1.3, 00:00:24, Serial1/3
         13.0.0.0/24 is subnetted, 1 subnets
O IA     13.1.1.0 [110/1562] via 35.1.1.3, 00:00:24, Serial1/3
         35.0.0.0/24 is subnetted, 1 subnets
C        35.1.1.0 is directly connected, Serial1/3
O * IA 0.0.0.0/0 [110/782] via 35.1.1.3, 00:00:34, Serial1/3
```

以上输出显示，Stub 区域内被注入一条默认路由，而且只能学习到本自治域内的其他区域的路由，但学习不到外部路由，无下面两条外部路由：

```
O E1     45.1.1.0 [110/791] via 24.1.1.4, 05:45:27, Serial1/2
O E1     212.11.1.0/24 [110/791] via 24.1.1.4, 05:42:46, Serial1/2
```

（4）在 R5 上显示链路状态数据库：

```
R5#show ip ospf data
            OSPF Router with ID(5.5.5.5) (Process ID 1)
                Router Link States(Area 1)
```

Link ID	ADV Router	Age	Seq#	Checksum	Link count
5.5.5.5	5.5.5.5	19	0x80000002	0x00c4dd	2
3.3.3.3	3.3.3.3	19	0x80000003	0x008624	2

```
                Summary Net Link States(Area 1)
```

Link ID	ADV Router	Age	Seq#	Checksum
0.0.0.0	3.3.3.3	24	0x80000001	0x003919
13.1.1.0	3.3.3.3	14	0x80000002	0x000a29
12.1.2.0	3.3.3.3	14	0x80000003	0x00141d

6. 把 Area 1 配置为完全末节区域

（1）在 R3 上配置：

R3(config)# **router ospf 1**
R3(config-router)# **area 1 stub no-summary**

（2）在 R5 上配置：

R5(config)# **router ospf 1**
R5(config-router)# **area 1 stub no-summary**

（3）在 R5 上显示路由表：

R5# **show ip rout**
    5.0.0.0/32 is subnetted, 1 subnets
C   5.5.5.5 is directly connected, Loopback0
    35.0.0.0/24 is subnetted, 1 subnets
C   35.1.1.0 is directly connected, Serial1/3
O * IA 0.0.0.0/0 [110/782] via 35.1.1.3, 00:17:22, Serial1/3

以上输出显示，此区域不接收外部路由，同时也不接收其他区域的汇总路由。
（4）在 R5 上显示链路状态数据库：

R5# **show ip ospf data**
        OSPF Router with ID(5.5.5.5)(Process ID 1)
          Router Link States(Area 1)   / * LSA1 * /

Link ID	ADV Router	Age	Seq#	Checksum	Link count
5.5.5.5	5.5.5.5	1131	0x80000002	0x00c4dd	2
3.3.3.3	3.3.3.3	1131	0x80000003	0x008624	2

          Summary Net Link States(Area 1)   / * LSA3 * /

Link ID	ADV Router	Age	Seq#	Checksum
0.0.0.0	3.3.3.3	1136	0x80000001	0x003919
0.0.0.0	5.5.5.5	150	0x80000001	0x0052d5

从上面的显示结果可以看出，同时失去了区域间路由和外部路由，所有非本区域路由完全靠默认路由转发，而 LSA3 的信息也变成了 0.0.0.0。

7. 把 Area 1 配置为 nssa

（1）在 R3 上配置：

R3(config)# **router ospf 1**
R3(config-router)# **area 1 nssa**

（2）在 R5 上配置：

R5(config)# **router ospf 1**
R5(config-router)# **area 1 nssa**

（3）在 R5 上显示路由表：

R5# **show ip route**

```
         5.0.0.0/32 is subnetted, 1 subnets
C        5.5.5.5 is directly connected, Loopback0
         12.0.0.0/24 is subnetted, 1 subnets
O IA     12.1.2.0 [110/1563] via 35.1.1.3, 00:00:54, Serial1/3
         13.0.0.0/24 is subnetted, 1 subnets
O IA     13.1.1.0 [110/1562] via 35.1.1.3, 00:00:54, Serial1/3
         24.0.0.0/24 is subnetted, 1 subnets
O IA     24.1.1.0 [110/2344] via 35.1.1.3, 00:00:54, Serial1/3
         35.0.0.0/24 is subnetted, 1 subnets
C        35.1.1.0 is directly connected, Serial1/3
O * IA 0.0.0.0/0 [110/782] via 35.1.1.3, 00:00:54, Serial1/3
```

（4）在 R5 上显示链路状态数据库：

```
R5# show ip ospf data
            OSPF Router with ID(5.5.5.5)(Process ID 1)
                Router Link States(Area 1)
Link ID        ADV Router       Age        Seq#          Checksum      Link count
5.5.5.5        5.5.5.5          92         0x80000005    0x00bee0      2
3.3.3.3        3.3.3.3          92         0x80000006    0x008027      2


                Summary Net Link States(Area 1)        / * LSA3 * /
Link ID        ADV Router       Age        Seq#          Checksum
0.0.0.0        5.5.5.5          1009       0x80000001    0x0052d5
0.0.0.0        3.3.3.3          195        0x80000005    0x00f803
12.1.2.0       3.3.3.3          165        0x80000006    0x000e20
13.1.1.0       3.3.3.3          165        0x80000007    0x00ff2e
24.1.1.0       3.3.3.3          165        0x80000008    0x0016fa
```

从上面的显示结果可以看出，NSSA 不接收外部路由，但自身可以向 OSPF 区域内重分布外部路由，ABR 不会向 NSSA 区域内通告默认路由。

8. 把 Area 1 配置为 nssa no-summary

（1）在 R3 上配置：

```
R3(config)# router ospf 1
R3(config-router)# area 1 nssa no-summary
```

（2）在 R5 上配置：

```
R5(config)# router ospf 1
R5(config-router)# area 1 nssa no-summary
```

（3）在 R5 上显示路由表：

```
R5# show ip route
5.0.0.0/32 is subnetted, 1 subnets
C        5.5.5.5 is directly connected, Loopback0
         35.0.0.0/24 is subnetted, 1 subnets
```

```
C        35.1.1.0 is directly connected, Serial1/3
O * IA 0.0.0.0/0 [110/782] via 35.1.1.3, 00:22:06, Serial1/3
```

（4）在 R5 上显示链路状态数据库：

```
R5# show ip ospf data
            OSPF Router with ID(5.5.5.5)(Process ID 1)
              Router Link States(Area 1)
Link ID         ADV Router       Age      Seq#         Checksum    Link count
5.5.5.5         5.5.5.5          1357     0x80000005   0x00bee0    2
3.3.3.3         3.3.3.3          1357     0x80000006   0x008027    2

              Summary Net Link States(Area 1)
Link ID         ADV Router       Age      Seq#         Checksum
0.0.0.0         5.5.5.5          473      0x80000002   0x00feff
0.0.0.0         3.3.3.3          1460     0x80000005   0x00f803
```

从上面的显示结果可知，nssa no-summary 不接收外部路由和区域间的汇总路由，ABR 会向 NSSA 区域内通告默认路由。

9. 路由汇总

在 R1 和 R2 上增加 s1/0 接口互连，分别在其接口上定义接口地址 12.1.1.1 和 12.1.1.2，并将此路由在 OSPF 中宣告出来：network 12.1.1.1 0.0.0.255 area 0。此时在 R5 上显示路由表，12.0.0.0/24 的信息有两条，如下：

```
12.0.0.0/24 is subnetted, 2 subnets
O IA    12.1.1.0 [110/2343] via 35.1.1.3, 00:06:10, Serial1/3
O IA    12.1.2.0 [110/1563] via 35.1.1.3, 00:26:06, Serial1/3
```

在 R3 上进行路由归纳：

```
R3(config-router)# area 0 range 12.1.0.0 255.255.0.0        / * 在 PT 中不能用此命令 * /
```

再在 R5 上显示路由表，此时 12.0.0.0/16 只有一条：

```
    12.0.0.0/16 is subnetted, 1 subnets
O IA    12.1.0.0 [110/129] via 35.1.1.3, 00:00:01, Serial1/3
```

4.3 园区网 OSPF 配置案例

一个小型园区网络，由两台三层交换机把内部不同区域的子网互连，再连接到一台出口路由器上，与外网路由连接。

1. 实验目的

（1）熟悉园区网 OSPF 的综合配置。

（2）掌握内网数据交换和出口路由的配置方法。

（3）理解邻居表、拓扑表、路由表的含义。

2. 实验拓扑

实验拓扑如图 4-6 所示。

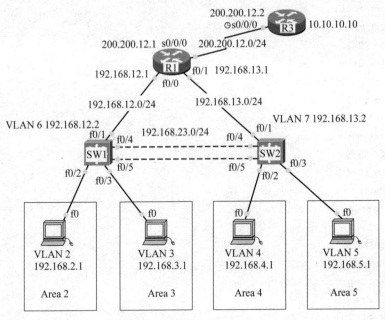

图 4-6　园区网 OSPF 的配置

3. 配置步骤

（1）IP 地址配置如图 4-6 所示，在外部路由器 R3 上创建环回口 10.10.10.10，代表外部网络。

（2）在两台三层交换机上启用三层路由功能，在 SW1 上创建 VLAN 2、VLAN 3、VLAN 6，在 SW2 上创建 VLAN 4、VLAN 5、VLAN 7，按图 4-6 将对应接口配置为 Access，并划入相应的 VLAN 内；配置 SVI 口，向下作为各区域 PC 的网关，向上与出口路由器 R1 相连。

（3）在两台交换机之间做三层捆绑，打开 f0/4 和 f0/5 的三层功能（no sw），将接口划入捆绑口内（channel-group 1 mode active），对捆绑口 port-channel 机型进行配置，打开三层功能（no sw），在两边配置同一网段的 IP 地址。

（4）在出口路由器 R1 和两台三层交换机上启动 OSPF，按区域将 4 台代表 VLAN 的 PC 分别划进 Area 2～Area 5，其他接口都划进 Area 0。

（5）在出口路由器 R1 配置默认路由，指向外网，并将默认路由重分布到 OSPF 中（本案例在内网中的 SW1、SW2、R1 上都定义默认路由，可以达到同样效果。对大型网络，在内网中的每台三层设备上都定义默认路由会增加配置的工作量，可只在自治系统边界路由器 R1 上做路由重分布，将全部路由分发到内网 OSPF 的各设备上，见后面的案例）。

（6）在出口路由器 R1 上定义 NAT。

（7）在外网路由器 R3 上定义默认路由，使外网能访问内网。

在 SW1 上配置如下：

```
ip routing
/*配置各 VLAN 的 Access 口*/
interface f0/1
```

```
switchport access vlan 6
switchport mode access
interface f0/2
switchport access vlan 2
switchport mode access
interface f0/3
switchport access vlan 3
switchport mode access
/*配置聚合链路*/
interface f0/4
no switchport
channel-group 1 mode active
no ip address
interface f0/5
no switchport
channel-group 1 mode active
no ip address
/*定义聚合口为路由口*/
interface port-channel 1
no switchport
ip address 192.168.23.1 255.255.255.0
/*定义 SVI*/
interface vlan 2
ip address 192.168.2.254 255.255.255.0
interface vlan 3
ip address 192.168.3.254 255.255.255.0
interface vlan 6
ip address 192.168.12.2 255.255.255.0
/*启动 OSPF*/
router ospf 1
log-adjacency-changes
network 192.168.12.2 0.0.0.0 area 0
network 192.168.23.0 0.0.0.255 area 0
network 192.168.2.0 0.0.0.255 area 2
network 192.168.3.254 0.0.0.0 area 3
/*定义默认路由*/
ip route 0.0.0.0 0.0.0.0 192.168.12.1
```

在 SW2 上配置如下：

```
ip routing
interface f0/1
switchport access vlan 7
switchport mode access
interface f0/2
switchport access vlan 4
```

```
switchport mode access
interface f0/3
switchport access vlan 5
switchport mode access
interface f0/4
no switchport
channel-group 1 mode active
no ip address
interface f0/5
no switchport
channel-group 1 mode active
no ip address
interface port-channel 1
no switchport
ip address 192.168.23.2 255.255.255.0
interface vlan 4
ip address 192.168.4.254 255.255.255.0
interface vlan 5
ip address 192.168.5.254 255.255.255.0
interface vlan 7
ip address 192.168.13.2 255.255.255.0
router ospf 1
network 192.168.13.2 0.0.0.0 area 0
network 192.168.23.0 0.0.0.255 area 0
network 192.168.4.254 0.0.0.0 area 4
network 192.168.5.254 0.0.0.0 area 5
ip route 0.0.0.0 0.0.0.0 192.168.13.1
```

在 R1 上的配置如下：

```
/＊NAT 入口＊/
interface f0/0
ip address 192.168.12.1 255.255.255.0
ip nat inside
interface f0/1
ip address 192.168.13.1 255.255.255.0
ip nat inside
/＊NAT 出口＊/
interface s0/0/0
ip address 200.200.12.1 255.255.255.0
ip nat outside
/＊启动 OSPF＊/
router ospf 1
network 192.168.12.0 0.0.0.255 area 0
network 192.168.13.0 0.0.0.255 area 0
/＊NAT 转换＊/
```

```
ip nat pool cisco 200.200.12.10 200.200.12.15 netmask 255.255.255.0
ip nat inside source list 1 pool cisco
access-list 1 permit 192.168.0.0 0.0.255.255
/*定义默认路由*/
ip route 0.0.0.0 0.0.0.0 200.200.12.2
```

在 R3 上配置如下：

```
interface lo0
ip address 10.10.10.10 255.255.255.255
interface s0/0/0
ip address 200.200.12.2 255.255.255.0
clock rate 2000000
/*定义默认路由*/
ip route 0.0.0.0 0.0.0.0 200.200.12.1
```

4. 检测

（1）显示 R1、SW1、SW2 上的邻居表（这里以 SW1 为例，其余略）：

```
Switch# show ip ospf neighbor    /*邻居表，192.168.23.2 为 SW2 的 ID*/
Neighbor ID    Pri   State      Dead Time      Address         Interface
192.168.23.2    1    FULL/DR    00:00:32       192.168.23.2    Port-channel 1
200.200.12.1    1    FULL/DR    00:00:33       192.168.12.1    Vlan6
/*192.168.23.2 为 SW2 的 ID, 200.200.12.1 为 R1 的 ID*/
```

（2）显示 R1、SW1、SW2 上的拓扑表（这里以 SW1 为例，其余略）：

```
Switch# show ip ospf database
OSPF Router with ID(192.168.23.1) (Process ID 1)
                    Router Link States(Area 0)
Link ID         ADV Router      Age      Seq#          Checksum     Link count
192.168.23.1    192.168.23.1    1560     0x80000008    0x00d86f     2
200.200.12.1    200.200.12.1    1560     0x80000007    0x0079ac     2
192.168.23.2    192.168.23.2    1559     0x80000008    0x00033f     2


                    Net Link States(Area 0)
Link ID         ADV Router      Age      Seq#          Checksum
192.168.13.1    200.200.12.1    1565     0x80000005    0x00beca
192.168.13.2    192.168.23.2    1564     0x80000005    0x003a6a
192.168.12.1    200.200.12.1    1560     0x80000006    0x0070ef
192.168.23.2    192.168.23.2    1559     0x80000006    0x001775


                    Summary Net Link States(Area 0)
Link ID         ADV Router      Age      Seq#          Checksum
192.168.2.0     192.168.23.1    1555     0x80000005    0x00105d
192.168.3.0     192.168.23.1    1555     0x80000006    0x000368
192.168.5.0     192.168.23.2    1599     0x80000005    0x00e880
192.168.4.0     192.168.23.2    1549     0x80000006    0x00f177
```

```
                        Router Link States(Area 2)

   Link ID          ADV Router       Age      Seq#          Checksum    Link count
   192.168.23.1     192.168.23.1     1604     0x80000004    0x0027ba    1


                      Summary Net Link States(Area 2)

   Link ID          ADV Router       Age      Seq#          Checksum
   192.168.12.0     192.168.23.1     1555     0x8000000d    0x0091c9
   192.168.23.0     192.168.23.1     1555     0x8000000e    0x001639
   192.168.13.0     192.168.23.1     1555     0x8000000f    0x008cca
   192.168.5.0      192.168.23.1     1555     0x80000010    0x00e27b
   192.168.3.0      192.168.23.1     1555     0x80000011    0x00ec73
   192.168.4.0      192.168.23.1     1545     0x80000012    0x00e973


                        Router Link States(Area 3)

   Link  ID         ADV  Router      Age      Seq#          Checksum    Link count
   192.168.23.1     192.168.23.1     1604     0x80000003    0x0032af    1


                      Summary Net Link States(Area 3)

   Link ID          ADV Router       Age      Seq#          Checksum
   192.168.12.0     192.168.23.1     1555     0x8000000d    0x0091c9
   192.168.23.0     192.168.23.1     1555     0x8000000e    0x001639
   192.168.13.0     192.168.23.1     1555     0x8000000f    0x008cca
   192.168.5.0      192.168.23.1     1555     0x80000010    0x00e27b
   192.168.2.0      192.168.23.1     1555     0x80000011    0x00f769
   192.168.4.0      192.168.23.1     1545     0x80000012    0x00e973
```

（3）显示 R1、SW1、SW2 上的路由表（这里以 SW1 为例，其余略）：

```
Switch# show ip route
C 192.168.2.0/24 is directly connected, Vlan 2
C 192.168.3.0/24 is directly connected, Vlan 3
O IA 192.168.4.0/24 [110/2] via 192.168.23.2, 01:44:18, Port-channel 1
O IA 192.168.5.0/24 [110/2] via 192.168.23.2, 01:44:28, Port-channel 1
C 192.168.12.0/24 is directly connected, Vlan 6
O 192.168.13.0/24 [110/2] via 192.168.23.2, 01:44:28, Port-channel 1
C 192.168.23.0/24 is directly connected, Port-channel 1
S* 0.0.0.0/0 [1/0] via 192.168.12.1
```

（4）内网互通，在 VLAN 2 上，跟踪到达 VLAN 4 的路径（为 PC2→SW1→SW2→PC4）：

```
PC> tracert 192.168.4.1
Tracing route to 192.168.4.1 over a maximum of 30 hops:
1   0 ms   0 ms   0 ms   192.168.2.254
2   0 ms   1 ms   0 ms   192.168.23.2
3   *      0 ms   0 ms   192.168.4.1
```

Trace complete.

（5）内网到外网的访问测试，在 VLAN 2 上，跟踪到达外网的路径（为 PC2→SW1→R1→R3）：

```
PC>tracert 10.10.10.10
Tracing route to 10.10.10.10 over a maximum of 30 hops:
1    1 ms    0 ms    0 ms    192.168.2.254
2    1 ms    0 ms    0 ms    192.168.12.1
3    1 ms    0 ms    0 ms    10.10.10.10
Trace complete.
```

其余略。

4.4 主教材第 5 章习题与实验解答

1. 选择题

（1）显示 OSPF 的链路状态数据库的命令是（　D　）。

    A. show ip ospf lsa database　　　　　　B. show ip ospf link-state

    C. show ip ospf neighbors　　　　　　　D. show ip ospf database

（2）OSPF 将不同的网络拓扑抽象为几种类型，下面的选项中（　A　）不属于其中之一。

    A. 存根网络　　　　B. 点到点　　　　C. 点到多点　　　　D. NBMA

（3）OSPF 有 5 种区域，以下（　D　）不是其中之一。

    A. 主干区域　　　　B. 存根区域　　　　C. 完全存根区域　　　　D. 非标准区域

（4）在 OSPF 的报文中，（　A　）可用于选举 DR 和 BDR。

    A. Hello　　　　B. DD　　　　C. LSR　　　　D. LSU

    E. LSAck

（5）下面（　D　）不是分层路由的优势。

    A. 降低了 SPF 运算的频率　　　　　　B. 减小了路由表

    C. 减少了链路状态更新报文　　　　　　D. 节省了链路间的开销

（6）要成为存根或者完全存根区域要满足的条件中不包括（　D　）。

    A. 只有一个默认路由作为其区域的出口

    B. 区域不能作为虚链路的穿越区域

    C. 存根区域里无自治系统边界路由器

    D. 其中一台路由器可以在主干区域 Area 0 中

（7）配置虚链路要遵守的规则中不包括（　D　）。

    A. 虚链路必须配置在两台 ABR 之间

    B. 虚链路所经过的区域称为传送区域，在此区域中必须有一台路由器连接到主干区域，另一台路由器连接到远离的区域

    C. 传送区域不能是一个存根区域

    D. 在一台主干区域的路由器与存根区域的路由器之间进行配置即可

（8）OSPF 地址汇总是（　A　）。

  A. 区域间路由汇总和外部路由汇总

  B. 内部路由汇总

  C. 手工汇总

  D. 自动汇总

（9）OSPF 中标识一台路由器的 ID 有优先次序。假设有以下路由器的 ID：

① 通过 router-id 命令指定的路由器 ID。

② 选择具有最高 IP 地址的环回接口。

③ 选择具有最高 IP 地址的已激活的物理接口。

则正确的优先次序是（　A　）。

  A. ①→②→③   B. ②→①→③

  C. ③→②→①   D. ①→③→②

2. 问答题

（1）距离矢量协议和链路状态协议有什么区别？

答：OSPF 不同于距离矢量协议（RIP），它有如下特性：

- 支持大型网络，路由收敛快，占用网络资源少。
- 无路由环路。
- 支持 VLSM 和 CIDR。
- 支持等价路由。
- 支持区域划分，构成结构化的网络，提供路由分级管理。

（2）什么是最短路径优先算法？

答：SPF 计算路由的过程如下：

① 各路由器发送自己的 LSA，其中描述了自己的链路状态信息。

② 各路由器汇总收到的所有 LSA，生成 LSDB。

③ 各路由器以自己为根节点计算出最小生成树，依据是链路的代价。

④ 各路由器按照自己的最小生成树得出路由条目并安装到路由表中。

（3）如何定义路由器的 ID？什么是 DR 和 BDR？其作用是什么？

答：路由器的 ID 依次根据以下原则确定。

- 通过 router-id 命令指定的路由器 ID 最为优先。
- 选择具有最高 IP 地址的环回接口。
- 选择具有最高 IP 地址的已激活的物理接口。

DR 具有接口最高优先级和最高路由器 ID。

BDR 具有接口次高优先级和次高路由器 ID。

（4）简述 OSPF 的基本工作过程。

答：OSPF 的基本工作过程如下。

① 建立路由器的邻居关系。

② 进行必要的 DR/BDR 选举。

③ 保持链路状态数据库的同步。

④ 产生路由表。

⑤ 维护路由信息。

（5）简述 OSPF 中的 LSA 类型和每种 LSA 的传播范围。

答：见表 4-1。

表 4-1　OSPF 中的 LSA 类型

类型代码	描　述	始发的路由	作　用
1	路由器 LSA	域内的所有路由器	列出路由器所有的链路或接口
2	网络 LSA	DR	列出与之相连的所有路由器，在产生这条网络 LSA 的区域内部进行泛洪
3	网络汇总 LSA	ABR	将发送网络一个区域，用来通告该区域外部的目的地址
4	ASBR 汇总 LSA	ABR	通告汇总 LSA 的目的地是一个 ASBR 路由器
5	自治系统外部 LSA	ABR	用来通告到达 OSPF 自治系统外部的目的地或者到 OSPF 自治系统外部的默认路由的 LSA
7	NSSA 外部 LSA	ASBR	通告仅在始发这个 NSSA 不完全存根区域内部进行泛洪

（6）ABR、ASBR 的作用是什么？

答：ABR 向主干区域发送本区域的链路状态信息，再把外部区域的信息发回本区域。ASBR 是 OSPF 自治系统和非 OSPF 网络之间的边界路由器，同时运行两种路由协议，由 ASBR 把 OSPF 上的路由发布到外部其他路由协议上。

（7）每一条到达一个网络目的地的路由都可以归入 4 种类型之一，写出这 4 种类型。

答：这 4 种类型如下。

- 区域内路径（intra-area path）。
- 区域间路径（inter-area path）。
- 类型 1 的外部路径（E1）。
- 类型 2 的外部路径（E2）。

（8）E1 与 E2 的区别是什么？

答：E1 是把外部和内部的路径代价都计算出来，而 E2 只计算内部代价，对于外部的代价不做计算。

（9）成为存根区域或者完全存根区域要满足的条件是什么？

答：要满足以下条件。

- 只有一个默认路由作为其区域的出口。
- 区域不能作为虚链路的穿越区域。
- Stub 区域里无自治系统边界路由器。
- 不是主干区域 Area 0。

3. 操作题

如图 4-7 所示，某公司总部由路由器 R1 和三层交换机 S1 连接内部网络，公司的一个分部由路由器 R2 连接二层交换机 S2 组成。为使公司网络互通，启用 OSPF 协议。要求显示邻居表、拓扑表、路由表，并解释表项的含义。

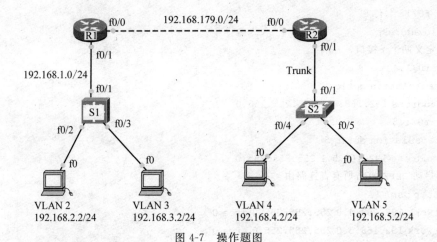

图 4-7　操作题图

答：（1）主要配置。
在 S1 上配置如下：

```
ip routing
int f0/1                           /*把连接路由器的接口定义为路由口*/
no switchport
ip address 192.168.1.2 255.255.255.0
/*定义两个 SVI*/
int vlan 2
ip address 192.168.2.1 255.255.255.0
int vlan 3
ip address 192.168.3.1 255.255.255.0
/*启动 OSPF,宣告所有直连路由*/
router ospf 1
network 192.168.1.0 255.255.255.0 area 0
network 192.168.2.0 255.255.255.0 area 0
network 192.168.3.0 255.255.255.0 area 0
```

在 R1 上配置如下：

```
int f0/0
ip address 192.168.179.1 255.255.255.0
int f0/1
ip address 192.168.1.1 255.255.255.0
/*启动 OSPF,宣告所有直连路由*/
router ospf 1
network 192.168.1.0 255.255.255.0 area 0
network 192.168.179.0 255.255.255.0 area 0
```

在 R2 上配置如下：

```
int f0/0
ip address 192.168.179.2 255.255.255.0
```

```
int f0/1
no ip address
/*定义两个子接口*/
int f0/1.4
encapsulation dot1q 4
ip address 192.168.4.1 255.255.255.0
int f0/1.5
encapsulation dot1q 5
ip address 192.168.5.1 255.255.255.0
/*启动 OSPF,宣告所有直连路由*/
router ospf 1
network 192.168.4.0 255.255.255.0 area 0
network 192.168.5.0 255.255.255.0 area 0
network 192.168.179.0 255.255.255.0 area 0
```

在 S2 上配置如下：

```
int f0/1
switchport mode trunk
int f0/4
switchport access vlan 4
int f0/5
switchport access vlan 5
```

（2）检测。

本实验没有指定路由器的 ID,则取最大的口地址为 ID,192.168.179.1 是 R1 的 ID,192.168.179.2 是 R2 的 ID,192.168.3.1 是 S1 的 ID。

在 R1 上显示邻居表,如图 4-8 所示,有两个邻居,R2(ID：192.168.179.2)和 S1(ID：192.168.3.1),且 R2(ID：192.168.179.2)是 R2 与 R1 之间连接的以太网的 DR,S1(ID：192.168.3.1)是 S1 与 R1 之间连接的以太网的 BDR,也意味着 R1(192.168.179.1)是 DR。

```
R1#show ip ospf neighbor

Neighbor ID     Pri  State      Dead Time   Address        Interface
192.168.179.2    1   FULL/DR    00:00:39    192.168.179.2  FastEthernet0/0
192.168.3.1      1   FULL/BDR   00:00:39    192.168.1.2    FastEthernet0/1
```

图 4-8　R1 的邻居表

在 S1 上显示邻居表,如图 4-9 所示,表明 R1(192.168.179.1)是它的邻居,且 R1 是 S1 与 R1 之间连接的以太网的 DR。

```
S1#show ip ospf neighbor

Neighbor ID     Pri  State      Dead Time   Address        Interface
192.168.179.1    1   FULL/DR    00:00:35    192.168.1.1    FastEthernet0/1
```

图 4-9　S1 的邻居表

在 R2 上显示邻居表,如图 4-10 所示,表明 R1(192.168.179.1)是它的邻居,且 R1 为

R2 与 R1 之间连接的以太网的 BDR。

```
R2#show ip ospf neighbor

Neighbor ID      Pri   State        Dead Time    Address         Interface
192.168.179.1     1    FULL/BDR     00:00:31     192.168.179.1   FastEthernet0/0
```

图 4-10　R2 的邻居表

显示 R1 的拓扑表，如图 4-11 所示。

```
R1#show ip ospf database
            OSPF Router with ID (192.168.179.1) (Process ID 1)

               Router Link States (Area 0)

Link ID           ADV Router         Age        Seq#        Checksum Link
count
192.168.179.1     192.168.179.1      998        0x80000006 0x002dc2 2
192.168.179.2     192.168.179.2      1003       0x80000006 0x00eaea 3
192.168.3.1       192.168.3.1        999        0x80000006 0x00950e 3

               Net Link States (Area 0)
Link ID           ADV Router         Age        Seq#        Checksum
192.168.1.1       192.168.179.1      998        0x80000002 0x00e9ba
192.168.179.2     192.168.179.2      1003       0x80000002 0x00e1b1
```

图 4-11　R1 的拓扑表

显示 R2 的拓扑表，如图 4-12 所示。

```
R2#show ip ospf database
            OSPF Router with ID (192.168.179.2) (Process ID 1)

               Router Link States (Area 0)

Link ID           ADV Router         Age        Seq#        Checksum Link
count
192.168.179.2     192.168.179.2      1208       0x80000006 0x00eaea 3
192.168.3.1       192.168.3.1        1204       0x80000006 0x00950e 3
192.168.179.1     192.168.179.1      1204       0x80000006 0x002dc2 2

               Net Link States (Area 0)
Link ID           ADV Router         Age        Seq#        Checksum
192.168.179.2     192.168.179.2      1208       0x80000002 0x00e1b1
192.168.1.1       192.168.179.1      1204       0x80000002 0x00e9ba
```

图 4-12　R2 的拓扑表

显示 S1 的拓扑表，如图 4-13 所示。

```
S1#show ip ospf database
            OSPF Router with ID (192.168.3.1) (Process ID 1)

               Router Link States (Area 0)

Link ID           ADV Router         Age        Seq#        Checksum Link count
192.168.3.1       192.168.3.1        1268       0x80000006 0x00950e 3
192.168.179.2     192.168.179.2      1273       0x80000006 0x00eaea 3
192.168.179.1     192.168.179.1      1268       0x80000006 0x002dc2 2

               Net Link States (Area 0)
Link ID           ADV Router         Age        Seq#        Checksum
192.168.179.2     192.168.179.2      1273       0x80000002 0x00e1b1
192.168.1.1       192.168.179.1      1268       0x80000002 0x00e9ba
```

图 4-13　S1 的拓扑表

从 R1、R2、S1 的拓扑表可以看出，在 OSPF 收敛时，其拓扑表相同。拓扑表中 Router Link States 显示在区域 0 中有 3 台路由器。Net Link States 显示有两个网络（分别显示两个网络的 DR）：R2 与 R1 之间连接的以太网 192.168.179.0/24（以 R2 的 ID：192.168.179.2 显示）和 S1 与 R1 之间连接的以太网 192.168.1.0/24（以 R1 的 ID：192.168.179.1 显示）。

显示 R1、R2、S1 路由表：

```
R1# show ip route
C 192.168.1.0/24 is directly connected, FastEthernet0/1
O 192.168.2.0/24 [110/2] via 192.168.1.2, 00:00:25, FastEthernet0/1
O 192.168.3.0/24 [110/2] via 192.168.1.2, 00:00:25, FastEthernet0/1
O 192.168.4.0/24 [110/2] via 192.168.179.2, 00:01:36, FastEthernet0/0
O 192.168.5.0/24 [110/2] via 192.168.179.2, 00:01:26, FastEthernet0/0
C 192.168.179.0/24 is directly connected, FastEthernet0/0
R2# show ip route
O 192.168.1.0/24 [110/2] via 192.168.179.1, 00:01:10, FastEthernet0/0
O 192.168.2.0/24 [110/3] via 192.168.179.1, 00:01:10, FastEthernet0/0
O 192.168.3.0/24 [110/3] via 192.168.179.1, 00:01:10, FastEthernet0/0
C 192.168.4.0/24 is directly connected, FastEthernet0/1.4
C 192.168.5.0/24 is directly connected, FastEthernet0/1.5
C 192.168.179.0/24 is directly connected, FastEthernet0/0
S1# show ip route
C 192.168.1.0/24 is directly connected, FastEthernet0/1
C 192.168.2.0/24 is directly connected, Vlan 2
C 192.168.3.0/24 is directly connected, Vlan 3
O 192.168.4.0/24 [110/3] via 192.168.1.1, 00:02:13, FastEthernet0/1
O 192.168.5.0/24 [110/3] via 192.168.1.1, 00:02:13, FastEthernet0/1
O 192.168.179.0/24 [110/2] via 192.168.1.1, 00:02:13, FastEthernet0/1
```

从 VLAN 2 的 PC2 上 ping 其他网络（VLAN 3～VLAN 5），全通（具体过程略）。

第 5 章 EIGRP 和路由重分布

5.1 EIGRP 的负载均衡

1. 实验目的
(1) 掌握 EIGRP 等价负载均衡的实现方法。
(2) 掌握 EIGRP 非等价负载均衡的实现方法。
(3) 掌握修改 EIGRP 度量值的方法。
(4) 理解可行距离(FD)、通告距离(RD)以及可行性条件(FC)的深层含义。

2. 实验拓扑
实验拓扑如图 5-1 所示。

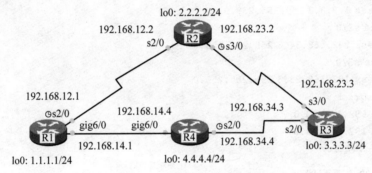

图 5-1 EIGRP 的负载均衡

3. 实验配置步骤
在 R1 上的主要配置:

```
hostname R1
interface lo0
 ip address 1.1.1.1 255.255.255.0
interface s2/0
 ip address 192.168.12.1 255.255.255.0
 clock rate 64000
interface gig6/0
 ip address 192.168.14.1 255.255.255.0
router eigrp 1
 network 192.168.12.0
 network 192.168.14.0
 no auto-summary
```

在 R2 上的主要配置:

```
hostname R2
```

```
interface lo0

      ip address 2.2.2.2 255.255.255.0
   interface s2/0
    ip address 192.168.12.2 255.255.255.0
   interface s3/0
    ip address 192.168.23.2 255.255.255.0
    clock rate 64000
   router eigrp 1
    network 192.168.12.0
    network 192.168.23.0
    network 2.2.2.0 0.0.0.255
    no auto-summary
```

在 R3 上的主要配置：

```
hostname R3
interface lo0
 ip address 3.3.3.3 255.255.255.0
interface s2/0
 ip address 192.168.34.3 255.255.255.0
interface s3/0
 ip address 192.168.23.3 255.255.255.0
router eigrp 1
 network 192.168.23.0
 network 192.168.34.0
 no auto-summary
```

在 R4 上的主要配置：

```
hostname R4
interface lo0
 ip address 4.4.4.4 255.255.255.0
interface s2/0
 ip address 192.168.34.4 255.255.255.0
 clock rate 64000
interface gig6/0
 ip address 192.168.14.4 255.255.255.0
router eigrp 1
 network 192.168.14.0
 network 192.168.34.0
 network 4.4.4.0 0.0.0.255
 no auto-summary
```

4. 检测结果及说明

（1）在 R2 上查看路由表：

```
    2.0.0.0/24 is subnetted, 1 subnets
C      2.2.2.0 is directly connected, Loopback0
```

```
        4.0.0.0/24 is subnetted, 1 subnets
D          4.4.4.0 [90/20640256] via 192.168.12.1, 00:21:39, Serial2/0
C       192.168.12.0/24 is directly connected, Serial2/0
D       192.168.14.0/24 [90/20512256] via 192.168.12.1, 00:25:14, Serial2/0
C       192.168.23.0/24 is directly connected, Serial3/0
D       192.168.34.0/24 [90/21024000] via 192.168.23.3, 00:24:06, Serial3/0
```

从 R2 到 R4 的 Loopback0 有两条路径，路由器将 FD 最小的放入路由表，最佳路由选的是 R2→R1→R4，另外一条路径是不是可行后继路由呢？

（2）在路由器 R2 上查看拓扑表：

```
P 192.168.12.0/24, 1 successors, FD is 20512000
        via Connected, Serial2/0
P 192.168.14.0/24, 1 successors, FD is 20512256
        via 192.168.12.1(20512256/2816), Serial2/0
P 192.168.23.0/24, 1 successors, FD is 20512000
        via Connected, Serial3/0
P 192.168.34.0/24, 1 successors, FD is 21024000
        via 192.168.23.3(21024000/20512000), Serial3/0
        via 192.168.12.1(21024256/20512256), Serial2/0
P 4.4.4.0/24, 1 successors, FD is 20640256
        via 192.168.12.1(20640256/130816), Serial2/0
        via 192.168.23.3(21152000/20640000), Serial3/0
P 2.2.2.0/24, 1 successors, FD is 128256
        via Connected, Loopback0
```

从上面的输出中可以看到，FD 为 20640256，选 s2/0 为最佳路由，R2 到达 R4 的第二条路径（走 s3/0 接口）的 AD 为 20640000（拓扑表中括号内的数字表示将全路径度量值放入 FD 字段，FD/AD），AD＜FD，满足可行性条件，所以第二条路径是可行后继。

（3）配置等价路由。

通过适当的配置，使得在路由器 R2 上看 R4 的 Loopback0 的路由条目为等价路由，从而实现等价负载均衡。根据主教材讲的 EIGRP 度量值的计算公式，这两条路径的最小带宽都是 128kb/s 是相同的，因而只要使得 R1 与 R4 之间的 gig6/0 的延迟（原来为 $10\mu s$）变为与右边串行接口的延时（$2000\mu s$）相同，就能使两条路径的延迟之和相同，就能产生等价路由。

在 R1、R4 上修改 gig6/0 的延迟，结果如下：

```
R1(config)#interface gig6/0
R1(config-if)#delay 20000        /＊在接口下用 delay 命令修改的延迟在计算度量值时
                                   不需要再除以 10＊/
```

再在 R2 上查看路由表：

```
        2.0.0.0/24 is subnetted, 1 subnets
C          2.2.2.0 is directly connected, Loopback0
        4.0.0.0/24 is subnetted, 1 subnets
D          4.4.4.0 [90/21152000] via 192.168.23.3, 01:00:46, Serial3/0
```

```
            [90/21152000] via 192.168.12.1, 00:00:07, Serial2/0
C    192.168.12.0/24 is directly connected, Serial2/0
D    192.168.14.0/24 [90/21024000] via 192.168.12.1, 00:00:09, Serial2/0
C    192.168.23.0/24 is directly connected, Serial3/0
D    192.168.34.0/24 [90/21024000] via 192.168.23.3, 01:03:12, Serial3/0
```

可以发现从 R2 到达 R4 有两条等价路由,都出现在路由表中。

(4) 配置非等价路由。

先把 R1、R4 的 gig6/0 的延迟恢复为原来的值:

```
R1(config)#interface gig6/0
R1(config-if)#no delay
```

通过 variance 命令来研究 EIGRP 的非等价负载均衡。variance 的值默认为 1,代表等价链路的负载均衡。variance 的取值范围是 1~128,1 以外的值代表不等价链路的度量值的倍数。若某条路由的度量值小于此 variance 的值乘以 FD 的值(最小路由的度量值,即可行距离),则也将这条不等价的路由放入路由表。在 R2 的拓扑表中有如下的记录:

```
P 4.4.4.0/24, 1 successors, FD is 20640256
          via 192.168.12.1(20640256/130816), Serial2/0
          via 192.168.23.3(21152000/20640000), Serial3/0
```

第二条路由的度量值为 21152000,21152000/20640256=1.05,因而只要取 variance 的值大于 1.05 的一个整数,就能使得这两条路径在路由表中都可见和可用,实现不等价负载均衡。

现在只需要在 R2 的路由器上调整 variance 的值。

对 R2 的配置如下:

```
R2(config)#router eigrp 1
R2(config-router)#variance 2
```

再在 R2 上查看路由表:

```
     2.0.0.0/24 is subnetted, 1 subnets
C      2.2.2.0 is directly connected, Loopback0
     4.0.0.0/24 is subnetted, 1 subnets
D      4.4.4.0 [90/20640256] via 192.168.12.1, 00:01:31, Serial2/0
              [90/21152000] via 192.168.23.3, 00:01:28, Serial3/0
C    192.168.12.0/24 is directly connected, Serial2/0
D    192.168.14.0/24 [90/20512256] via 192.168.12.1, 00:02:54, Serial2/0
C    192.168.23.0/24 is directly connected, Serial3/0
D    192.168.34.0/24 [90/21024000] via 192.168.23.3, 00:02:58, Serial3/0
              [90/21024256] via 192.168.12.1, 00:01:31, Serial2/0
```

5.2 园区网 EIGRP、路由重分布综合案例分析

如图 5-2 所示,一个园区网络,通过两台三层交换机汇聚连接园区内所有子网,为防止拥塞,在两台三层交换机之间增加一条聚合链路,这里由 f0/23 和 f0/24 两条聚合而成。

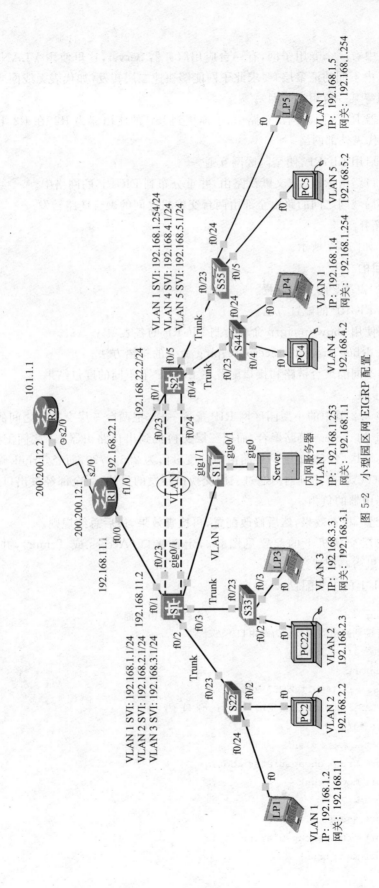

图 5-2　小型园区网 EIGRP 配置

（1）园区中有一个专用子网，有一台应用服务器 Server，这里使用 VLAN 1，该子网分布在整个园区内不同的汇聚层，要求此子网能够快速二层转发（如代表无线网或移动互联网或园区一卡通等某一应用类子网）。

（2）路由器 R1 为园区网出口路由，上连接到 ISP 的路由器为 R2，在 R2 上有一个环回口 10.1.1.1，代表外部网络。

（3）内网启用 EIGRP，使全园区网互通。

（4）在出口路由 R1 上定义默认路由，并重分布到 EIGRP 的网络中。

（5）内部局域网之间的路由全部由两台交换机之间的聚合链路转发。

1. 实验拓扑

实验拓扑如图 5-2 所示。

2. 实验目的

（1）理解 EIGRP 的工作过程。

（2）熟悉 EIGRP 的配置方法。

（3）熟练使用 show ip eigrp 命令检测 EIGRP 的各表项。

（4）掌握 debug、tracert、traceroute、ping 命令的排错方法。

（5）了解不同的聚合链路和接口配置在 EIGRP 下不同的度量结果。

3. 配置步骤

首先按照 3.2 节中的小型园区网 RIP 配置一样，把两台三层交换机之间的聚合链路定义为 VLAN 1 的 Access 链路聚合，而把三层交换机到出口路由器 R1 之间配置为路由口，结果发现到达园区网内部的子网经路由口的度量值为 25630720，而经 Trunk 聚合链路的度量值为 51225600，没有达到内网通过三层交换机转发的目的，而全部经过出口路由器转发，加重了出口路由器的负担。

下面先配置，检查效果，然后修改配置，再检查效果，最后总结规则。

在所有二层交换机上的配置见图 5-2，定义接口（Access 或 Trunk），并划入相应的 VLAN 中，这里省略配置过程。

（1）在 S1 上的主要配置：

```
ip routing                      /*启动路由功能*/
/*定义连接到路由器的端口为路由口*/
interface f0/1
no switchport
ip address 192.168.11.2 255.255.255.0
/*创建 VLAN 2 和 VLAN 3,指定端口为 Trunk 口*/
interface f0/2
switchport access vlan 2
switchport trunk encapsulation dot1q
switchport mode trunk
interface f0/3
switchport access vlan 3
switchport trunk encapsulation dot1q
switchport mode trunk
```

```
/*将 f0/23 和 f0/24 捆绑为聚合口 2,定义为 Access 口,属于 VLAN 1*/
interface range f0/23-24
channel-group 2 mode desirable
switchport mode access
/*将聚合口 2 定义为 Access 口,属于 VLAN 1*/
interface port-channel 2
switchport mode access
/*定义 VLAN 1～VLAN 3 的 SVI*/
interface vlan1
ip address 192.168.1.1 255.255.255.0
interface vlan2
ip address 192.168.2.1 255.255.255.0
interface vlan3
ip address 192.168.3.1 255.255.255.0
/*启动 EIGRP, AS 为 10*/
router eigrp 10
network 192.168.1.0 0.0.0.255
network 192.168.2.0 0.0.0.255
network 192.168.3.0 0.0.0.255
network 192.168.11.0 0.0.0.255
```

在 S2 上的配置与上面类似(具体过程略)。

(2) 在 R1 上的配置:

```
interface f0/0
ip address 192.168.11.1 255.255.255.0
interface f0/1
ip address 192.168.22.1 255.255.255.0
interface s2/0
ip address 200.200.12.1 255.255.255.0
/*启动 EIGRP, AS 为 10*/
router eigrp 10
/*将静态路由重分布到 EIGRP 中*/
redistribute static metric 1000 100 255 1 1500
network 192.168.11.0
network 192.168.22.0
/*定义默认路由*/
ip route 0.0.0.0 0.0.0.0 200.200.12.2
/*为减小复杂度,重点放在 EIGRP 的选路上,本案例省略出口路由的 NAT 转换部分*/
```

(3) 在 R2 上的配置:

```
/*定义环回口和物理口*/
interface lo1
ip address 10.1.1.1 255.0.0.0
interface s2/0
ip address 200.200.12.2 255.255.255.0
```

/＊定义默认路由＊/

ip route 0.0.0.0 0.0.0.0 200.200.12.1

4. 检测

(1) 显示邻居表。

在 S1 上显示有两个邻居，R1(连接地址 192.168.11.1)和 S2(连接地址 192.168.1.254)，如图 5-3 所示。

```
S1#show ip eigrp neighbors
IP-EIGRP neighbors for process 10
H   Address          Interface      Hold Uptime      SRTT   RTO    Q    Seq
                                    (sec)            (ms)          Cnt  Num
0   192.168.11.1     Fa0/1          12   00:37:39    40     1000   0    13
1   192.168.1.254    Vlan           11   00:36:34    40     1000   0    10
```

图 5-3　S1 的邻居表

在 S2 上显示有两个邻居，R1(连接地址 192.168.22.1)和 S1(连接地址 192.168.1.1)，如图 5-4 所示。

```
S2#show ip eigrp neighbors
IP-EIGRP neighbors for process 10
H   Address          Interface      Hold Uptime      SRTT   RTO    Q    Seq
                                    (sec)            (ms)          Cnt  Num
0   192.168.22.1     Fa0/1          11   00:38:33    40     1000   0    13
1   192.168.1.1      Vlan           14   00:37:28    40     1000   0    10
```

图 5-4　S2 的邻居表

在 R1 上显示有两个邻居，S1(连接地址 192.168.11.2)和 S2(连接地址 192.168.22.2)，如图 5-5 所示。

```
R1#show ip eigrp neighbors
IP-EIGRP neighbors for process 10
H   Address          Interface      Hold Uptime      SRTT   RTO    Q    Seq
                                    (sec)            (ms)          Cnt  Num
0   192.168.11.2     Fa0/0          12   00:39:14    40     1000   0    9
1   192.168.22.2     Fa1/0          10   00:39:14    40     1000   0    9
```

图 5-5　R1 的邻居表

(2) 显示拓扑表和路由表。

在 S1 上显示拓扑表，如图 5-6 所示，"P 0.0.0.0/0, 1 successors, FD is 2588160 via Rstatic(2588160/2585600)"是由 R1 上静态默认路由重分布到 EIGRP 上的默认路由。且 192.168.4.0/24、192.168.5.0/24、192.168.22.0/24 都有两条不等价路径到达。例如从 S1 到达 192.168.4.0/24，经过聚合链路(VLAN 1)的代价是 51225600，而经路由口(从 R1)的代价是 25630720，其 FD 为 25630720。从后面 S1 的路由表中(D 192.168.4.0/24 [90/25630720] via 192.168.11.1, 00:26:20, FastEthernet0/1)也可以看出，到达 192.168.4.0/24 的路由是从路由口经出口路由转发的。

在 S1 上显示路由表，"D ＊ EX 0.0.0.0/0 [170/2588160] via 192.168.11.1, 00:26:13, FastEthernet0/1"是一条外部重分布来的默认路由，192.168.4.0/24、192.168.5.0/24 和 192.168.22.0/24 取了代价最小的路径作为路由。

S1 #**show ip route**

```
S1#show ip eigrp top
IP-EIGRP Topology Table for AS 10/ID(192.168.11.2)

Codes: P - Passive, A - Active, U - Update, Q - Query, R - Reply,
       r - Reply status

P 0.0.0.0/0, 1 successors, FD is 2588160
        via Rstatic (2588160/2585600)
P 192.168.1.0/24, 1 successors, FD is 25625600
        via Connected, Vlan1
P 192.168.2.0/24, 1 successors, FD is 25625600
        via Connected, Vlan2
P 192.168.3.0/24, 1 successors, FD is 25625600
        via Connected, Vlan3
P 192.168.4.0/24, 1 successors, FD is 25630720
        via 192.168.11.1 (25630720/25628160), FastEthernet0/1
        via 192.168.1.254 (51225600/25625600), Vlan1
P 192.168.5.0/24, 1 successors, FD is 25630720
        via 192.168.11.1 (25630720/25628160), FastEthernet0/1
        via 192.168.1.254 (51225600/25625600), Vlan1
P 192.168.11.0/24, 1 successors, FD is 28160
        via Connected, FastEthernet0/1
P 192.168.22.0/24, 1 successors, FD is 30720
        via 192.168.11.1 (30720/28160), FastEthernet0/1
        via 192.168.1.254 (25628160/28160), Vlan1
```

图 5-6　S1 的拓扑表

C   192.168.1.0/24 is directly connected, Vlan 1

C   192.168.2.0/24 is directly connected, Vlan 2

C   192.168.3.0/24 is directly connected, Vlan 3

D   192.168.4.0/24 [90/25630720] via 192.168.11.1, 00:26:20, FastEthernet0/1

D   192.168.5.0/24 [90/25630720] via 192.168.11.1, 00:26:20, FastEthernet0/1

C   192.168.11.0/24 is directly connected, FastEthernet0/1

D   192.168.22.0/24 [90/30720] via 192.168.11.1, 00:26:20, FastEthernet0/1

D * EX 0.0.0.0/0 [170/2588160] via 192.168.11.1, 00:26:13, FastEthernet0/1

同理,在 S2 上显示拓扑表和路由表(略)。

在 R1 上显示拓扑表,如图 5-7 所示,"P 0.0.0.0/0, 1 successors, FD is 2585600 via Rstatic(2585600/0)"是默认路由,且 192.168.1.0/24 有两条等价路径到达。

```
R1#show ip eigrp topology
IP-EIGRP Topology Table for AS 10/ID(200.200.12.1)

Codes: P - Passive, A - Active, U - Update, Q - Query, R - Reply,
       r - Reply status

P 0.0.0.0/0, 1 successors, FD is 2585600
        via Rstatic (2585600/0)
P 192.168.1.0/24, 2 successors, FD is 25628160
        via 192.168.22.2 (25628160/25625600), FastEthernet1/0
        via 192.168.11.2 (25628160/25625600), FastEthernet0/0
P 192.168.2.0/24, 1 successors, FD is 25628160
        via 192.168.11.2 (25628160/25625600), FastEthernet0/0
P 192.168.3.0/24, 1 successors, FD is 25628160
        via 192.168.11.2 (25628160/25625600), FastEthernet0/0
P 192.168.4.0/24, 1 successors, FD is 25628160
        via 192.168.22.2 (25628160/25625600), FastEthernet1/0
P 192.168.5.0/24, 1 successors, FD is 25628160
        via 192.168.22.2 (25628160/25625600), FastEthernet1/0
P 192.168.11.0/24, 1 successors, FD is 28160
        via Connected, FastEthernet0/0
P 192.168.22.0/24, 1 successors, FD is 28160
        via Connected, FastEthernet1/0
```

图 5-7　R1 的拓扑表

在 R1 上显示路由表,192.168.1.0/24 的两条等价路由均在路由表中,"S * 0.0.0.0/0 [1/0] via 200.200.12.2"是自定义的一条默认路由。

```
R1 # show ip route
D    192.168.1.0/24 [90/25628160] via 192.168.22.2, 00:24:59, FastEthernet1/0
                     [90/25628160] via 192.168.11.2, 00:24:59, FastEthernet0/0
D    192.168.2.0/24 [90/25628160] via 192.168.11.2, 00:24:59, FastEthernet0/0
D    192.168.3.0/24 [90/25628160] via 192.168.11.2, 00:24:59, FastEthernet0/0
D    192.168.4.0/24 [90/25628160] via 192.168.22.2, 00:24:59, FastEthernet1/0
D    192.168.5.0/24 [90/25628160] via 192.168.22.2, 00:24:59, FastEthernet1/0
C    192.168.11.0/24 is directly connected, FastEthernet0/0
C    192.168.22.0/24 is directly connected, FastEthernet1/0
C    200.200.12.0/24 is directly connected, Serial2/0
S *    0.0.0.0/0 [1/0] via 200.200.12.2
```

(3) 跟踪路径。

在 S1 下连的园区子网 LP1(192.168.1.0/24 属于 VLAN 1)上,跟踪到达其他子网的路径。从 LP1 到外网的路径是经过出口路由转发的,如图 5-8 所示。

```
PC>tracert 10.1.1.1

Tracing route to 10.1.1.1 over a maximum of 30 hops:

  1    0 ms       4 ms      0 ms        192.168.1.1
  2    0 ms       *         0 ms        192.168.11.1
  3    2 ms       0 ms      0 ms        10.1.1.1

Trace complete.
```

图 5-8   LP1 到达 R2 的路径

从 LP1 到达 LP5 的路径是经过二层通过聚合链路直接转发的,如图 5-9 所示。

```
PC>tracert 192.168.1.5

Tracing route to 192.168.1.5 over a maximum of 30 hops:

  1    0 ms       0 ms      0 ms        192.168.1.5

Trace complete.
```

图 5-9   从 LP1 到达 LP5 的路径

从 LP1 到达 PC2 的路径是经过上层三层交换机路由后转发的,如图 5-10 所示。

```
PC>tracert 192.168.2.2

Tracing route to 192.168.2.2 over a maximum of 30 hops:

  1    0 ms       0 ms      0 ms        192.168.1.1
  2    *          0 ms      0 ms        192.168.2.2

Trace complete.
```

图 5-10   从 LP1 到达 PC2 的路径

从 LP1 到达 PC4 的路径为 LP1→S1→R1→S2→PC4,如图 5-11 所示。

从上面显示的结果发现,园区内部的数据转发也要经过出口路由器,将增加出口路由器

```
PC>tracert 192.168.4.2

Tracing route to 192.168.4.2 over a maximum of 30 hops:

  1   1 ms      0 ms      0 ms      192.168.1.1
  2   0 ms      0 ms      0 ms      192.168.11.1
  3   1 ms      0 ms      0 ms      192.168.1.254
  4   0 ms      0 ms      0 ms      192.168.4.2

Trace complete.
```

图 5-11　LP1 到达 PC4 的路径

的负担与实际要求不符。

5. 第 1 次修改配置

把两台三层交换机之间的聚合链路修改为 Trunk 链路，其余不变，结果和 Access 聚合链路效果一样，这里不再赘述。

6. 第 2 次修改配置

把两台三层交换机之间的聚合链路修改为 Trunk 链路，而三层交换机与出口路由器之间使用 Access 口，分别属于不同的子网 VLAN 11 和 VLAN 22。同性质的接口，其度量值相同。

在 S1 上，先修改 f0/1 接口配置，从路由口变为 Access 口，先去掉 IP 地址（为减少修改内容，后面还要用该地址），再增加 VLAN 11 的 SVI。

```
int f0/1
no ip addr                      /*去掉 IP 地址*/
switchport                      /*变为二层口*/
switchport mode access
switchport access vlan 11       /*属于 VLAN 11*/
int vlan 11
ip address 192.168.11.2 255.255.255.0
```

在 S1 上把 Access 聚合链路改为 Trunk。

```
int range f0/23-24
channel-group 2 mode desirable
switchport trunk encapsulation dot1q
switchport mode trunk
int port-channel 2
switchport trunk encapsulation dot1q
switchport mode trunk
```

S1 的拓扑表如图 5-12 所示。

S1 的路由表如下：

```
C 192.168.1.0/24 is directly connected, Vlan 1
C 192.168.2.0/24 is directly connected, Vlan 2
C 192.168.3.0/24 is directly connected, Vlan 3
D 192.168.4.0/24 [90/51225600] via 192.168.1.254, 00:14:04, Vlan 1
D 192.168.5.0/24 [90/51225600] via 192.168.1.254, 00:14:04, Vlan 1
```

```
S1#show ip eigrp topology
IP-EIGRP Topology Table for AS 10/ID(192.168.11.2)

Codes: P - Passive, A - Active, U - Update, Q - Query, R - Reply,
       r - Reply status

P 0.0.0.0/0, 1 successors, FD is 28185600
        via Rstatic (28185600/2585600)
P 192.168.1.0/24, 1 successors, FD is 25625600
        via Connected, Vlan1
P 192.168.2.0/24, 1 successors, FD is 25625600
        via Connected, Vlan2
P 192.168.3.0/24, 1 successors, FD is 25625600
        via Connected, Vlan3
P 192.168.4.0/24, 1 successors, FD is 51225600
        via 192.168.1.254 (51225600/25625600), Vlan1
        via 192.168.11.1 (51228160/25628160), Vlan11
P 192.168.5.0/24, 1 successors, FD is 51225600
        via 192.168.1.254 (51225600/25625600), Vlan1
        via 192.168.11.1 (51228160/25628160), Vlan11
P 192.168.11.0/24, 1 successors, FD is 25625600
        via Connected, Vlan11
P 192.168.22.0/24, 1 successors, FD is 25628160
        via 192.168.11.1 (25628160/28160), Vlan11
        via 192.168.1.254 (51225600/25625600), Vlan1
```

图 5-12   改变后的 S1 拓扑表

```
C 192.168.11.0/24 is directly connected, Vlan 11
D 192.168.22.0/24 [90/25628160] via 192.168.11.1, 00:14:36, Vlan 11
D * EX 0.0.0.0/0 [170/28185600] via 192.168.11.1, 00:14:36, Vlan 11
```

跟踪 LP1 到 PC4 的路径,结果是园区子网之间数据交换经过两台三层交换机之间的聚合 Trunk 链路,而不经出口路由器,如图 5-13 所示。

```
PC>tracert 192.168.4.2

Tracing route to 192.168.4.2 over a maximum of 30 hops:

  1    1 ms        0 ms        0 ms        192.168.1.1
  2    *           0 ms        0 ms        192.168.1.254
  3    *           0 ms        0 ms        192.168.4.2

Trace complete.
```

图 5-13   改变后从 LP1 到 PC4 的路径

从图 5-13 看出,从 LP1 到 PC4 通过 VLAN 1 子网转发。同理从 PC2 到 PC4 或 PC5 仍然通过 VLAN 1 子网转发。如果左右两台三层交换机之间有 Trunk 链路,没有共同的子网 VLAN 1 跳转,Trunk 链路可以让所有 VLAN 经过,但只能同一子网二层交换数据,而不能不同子网三层转发。

7. 第 3 次修改配置

鉴于以上分析,另一种修改方案是,把两台三层交换机之间的聚合链路修改为 Trunk 链路,而三层交换机与出口路由之间仍然使用路由口。但使两台三层交换机拥有全部园区中所有子网的 VLAN 及 SVI(可把一台三层交换机设为 VTP 服务器,而另一台为 VTP 客户机,在 VTP 服务器创建所有 VLAN 及 SVI,减少创建 VLAN 的工作量)。

即使 S1 下连的子网中没有 VLAN 4,仍然在 S1 上创建 VLAN 4,并设置 VLAN 4 的 SVI 为 192.168.4.254,从 LP1(VLAN 1)、PC2(VLAN 2)到 PC4,先在 S1 上三层交换,再经过 Trunk 聚合链路到达 S2 广播转发到 VLAN 4 中的 PC4,如图 5-14 所示。

园区网中流量的分配和路径的选择关系到网络的性能,还有很多配置可以使用,例如

```
PC>tracert 192.168.4.2

Tracing route to 192.168.4.2 over a maximum of 30
hops:

  1   0 ms      0 ms      0 ms      192.168.1.1
  2   *         *         1 ms      192.168.4.2

Trace complete.
```

图 5-14　在 S1 上增加 VLAN 4 及其 SVI 后的路径

Trunk 链路去掉一些 VLAN、浮动路由、策略路由、ACL 等，这里不再叙述。

5.3　主教材第 6 章、第 7 章习题与实验解答

5.3.1　主教材第 6 章习题与实验解答

1. 选择题

(1) EIGRP 中应答的报文包括（　AD　）。

A. Hello 报文　　　　B. Update 报文　　　C. Query 报文　　　D. Reply 报文

(2) 为指定 EIGRP 在串口 s0(IP:10.0.0.1/30)上工作，正确的命令是（　D　）。

A. Network 10.0.0.1 30　　　　　　　B. Network 10.0.0.1 255.255.255.254
C. Network 10.0.0.1 0.0.0.3　　　　　D. Network 10.0.0.1

(3) EIGRP 将报文直接封装在 IP 报文中，协议号是（　C　）。

A. 35　　　　　　B. 53　　　　　　C. 88　　　　　　D. 89

(4) EIGRP 使用拓扑表来存放得到的路由信息，以下属于拓扑表的内容有（　ABC　）。

A. 目的网络地址　　　　　　　　B. 下一跳地址
C. 邻居到达某目的网络的 Metric　　D. 经由此邻居到达目的网络的度量值

(5) （　AD　）are true about EIGRP successor routes.

A. A successor route is used by EIGRP to forward traffic to a destination

B. Successor routes are saved in the topology table to be used if the primary route fails

C. Successor routes are flagged as "active" in the routing table

D. A successor route may be backed up by a feasible successor route

E. Successor routes are stored in the neighbor table following the discovery process

(6) A router has learned three possible routes that could be used to reach a destination network. One route is from EIGRP and has a composite metric of 20514560. Another route is from OSPF with a metric of 782. The last is from RIPv2 and has a metric of 4. The router will install（　B　）in the routing table.

A. the OSPF route　　　　　　　B. the EIGRP route
C. the RIPv2 route　　　　　　　D. all three routes
E. the OSPF and RIPv2 routes

(7) (BE) are true regarding EIGRP.

A. Passive routes are in the process of being calculated by DUAL

B. EIGRP supports VLSM, route summarization, and routing update authentication

C. EIGRP exchanges full routing table information with neighboring routers with every update

D. If the feasible successor has a higher advertised distance than the successor route, it becomes the primary route

E. A query process is used to discover a replacement for a failed route if a feasible successor is not identified from the current routing information

(8) A medium-sized company has a Class C IP address. It has two Cisco routers and one non-Cisco router. All three routers are using RIP version 1. The company network is using the block of 198.133.219.0/24. The company has decided it would be a good idea to split the network into three smaller subnets and create the option of conserving addresses with VLSM. (D) is the best course of action if the company wants to have 40 hosts in each of the three subnet.

A. Convert all the routers to EIGRP and use 198.133.219.32/27, 198.133.219.64/27, and 198.133.219.92/27 as the new subnetwork

B. Maintain the use of RIP version 1 and use 198.133.219.32/27, 198.133.219.64/27, and 198.133.219.92/27 as the new subnetwork

C. Convert all the routers to EIGRP and use 198.133.219.64/26, 198.133.219.128/26, and 198.133.219.192/26 as the new subnetwork

D. Convert all the routers to RIP version 2 and use 198.133.219.64/26, 198.133.219.128/26, and 198.133.219.192/26 as the new subnetwork

E. Convert all the routers to OSPF and use 198.133.219.16/28, 198.133.219.32/28, and 198.133.219.48/28 as the new subnetwork

F. Convert all the routers to static routes and use 198.133.219.16/28, 198.133.219.32/28, and 198.133.219.48/28 as the new subnetwork

(9) A network administrator is troubleshooting an EIGRP problem on a router and needs to confirm the IP addresses of the devices with which the router has established adjacency. The retransmit interval and the queue counts for the adjacent routers also need to be checked. Command (D) will display the required information.

A. Router♯ show ip eigrp adjacency

B. Router♯ show ip eigrp topology

C. Router♯ show ip eigrp interfaces

D. Router♯ show ip eigrp neighbour

(10) (D) by default uses bandwidth and delay as metrics.

A. RIP   B. BGP   C. OSPF   D. EIGRP

(11) (C) is true, as relates to classful or classless routing.

A. RIPv1 and OSPF are classless routing protocols

  B. Classful routing protocols send the subnet mask in routing updates

  C. Automatic summarization at classful boundaries can cause problems on discontinuous subnets

  D. EIGRP and OSPF are classful routing protocols and summarize routes by default

（12）（ C ）describes a feasible successor.

  A. a primary route, stored in the routing table

  B. a backup route, stored in the routing table

  C. a backup route, stored in the topology table

  D. a primary route, stored in the topology table

（13）（ ABF ）about EIGRP are true?（choose three）.

  A. EIGRP converges fast RIP because of DUAL and backup routes that are stored in the topology table

  B. EIGRP uses a hello protocol to establish neighbor relationships

  C. EIGRP uses split horizon and reverse poisoning to avoid routing loops

  D. EIGRP uses periodic updates to exchange routing information

  E. EIGRP allows routers of different manufacturers to interoperate

  F. EIGRP supports VLSM and authentication for routing updates

  G. EIGRP use a broadcast address to send routing information

2. 问答题

（1）综述 EIGRP 的特点。

答：EIGRP 的特点如下：

- 通过发送和接收 Hello 包来建立和维持邻居关系，并交换路由信息。
- 在拓扑改变时基于多播的路由矢量更新，多播更新地址为 224.0.0.10。
- EIGRP 的管理距离为 90 或 170。
- 它用带宽、延迟、负载、可靠性作为度量值，其最大跳数为 255，默认为 100。
- 带宽占用少。周期性发送的 Hello 报文很小；采用触发更新和增量发送方法进行路由更新；对报文进行控制以减少对接口带宽的占用率，避免连续大量发送路由报文而影响正常数据业务的发生；可以配置任意掩码长度的路由聚合，以减少路由信息传输，节省带宽。
- 支持可变长子网掩码(VLSM)和 CIDR，默认开启自动汇总功能，可关闭，支持手工汇总。
- 支持 IP、IPX、AppleTalk 等多种网络层协议。
- 对每一种网络协议，EIGRP 都维持独立的邻居表、拓扑表和路由表。
- 无环路由和较快的收敛速度。EIGRP 使用 DUAL 算法，在路由计算中不可能产生环路，且只会对发生变化的路由进行重新计算，对一条路由，仅考虑受此影响的路由器，因而收敛时间短。
- 存储整个网络拓扑结构的信息，以便快速适应网络变化。
- 支持等价和非等价的负载均衡，对同一目标，可根据接口速率、连接质量、可靠性等属性，自动生成路由优先级，报文发送时可根据这些信息自动匹配接口的流量，达到几个接口负载分担的目的。

- 使用可靠传输协议(RTP)保证路由信息传输的可靠性。
- 无缝连接数据链路层协议和拓扑结构,不要求对 OSI 参考模型的二层协议做特别的配置。
- 在计算路由时综合考虑网络带宽、网络时延、信道占用率、信道可信度等因素,更能反映网络的实际情况,使得路由计算更为准确。
- 可以配置 MD5 认证,丢弃不符合认证的报文,以确保安全性。
- 协议配置简单,没有复杂的区域设置,无须针对不同网络接口类型实施不同的配置。

(2) 简述 EIGRP 的工作过程。

答:EIGRP 的工作过程如下。

- 建立邻居表。EIGRP 路由器会向网络中以多播地址 224.0.0.10 发送 Hello 数据包。
- 发现路由。邻居路由器收到 Hello 数据包后会返回自身的更新数据包,本地路由器收到后,会返回一个确认数据包,同时建立拓扑结构表。
- 选择路由。本地路由器将会从拓扑结构表中选择一个或者多个后继路由器与可行后继路由器。
- 维护路由。当邻居路由通告一条链路失效时,EIGRP 路由器将选择一条可行后继路由,如果无可行后继路由,EIGRP 会将该链路从消极状态置为活跃状态,然后重新运行 DUAL 算法,查找一条到目标网络的路径。

(3) EIGRP 中 3 个主要的表是什么?

答:EIGRP 中 3 个主要的表如下。

- 邻居表(neighbor table)。在 EIGRP 中,邻居表最为重要,有如下字段:下一跳的路由器(即邻居地址)、接口、保持时间、平稳的往返计时器、队列计数、序列号。用 show ip eigrp nei 显示邻居表。
- 拓扑表(topology table)。在自治系统中,路由表由拓扑表计算,有如下字段:目标网络、度量值、邻居路由、可行距离、报告距离、接口信息、路由状态。用 show ip eigrp top 显示拓扑表。
- 路由表(routing table)。路由表是到达目标网络的最佳路径,EIGRP 用 DUAL 算法从拓扑表中选择到达目的地的最佳路由放入到路由表中。

(4) 什么是可行距离、通告距离、可行条件、后继和可行后继?

答:可行距离(Feasible Distance,FD)指路由器到达目的网络的最小度量。

通告距离(Advertised Distance,AD),也称报告距离(Reported Distance,RD),由下一跳邻居路由器公布。

可行条件(Feasible Condition,FC)指报告距离比可行距离小的条件(AD<FD),此条件是保证无环的基础。

后继(successor)是满足可行条件(FC)并具有到达目的网络最短距离的下一跳路由器。

可行后继(Feasible Successor,FS),满足可行条件(FC)但是没有被选作后继路由器的一个邻居路由器。它与后继路由器一起同时被标识出来,但可行后继仅保留在拓扑表中而不在路由表中。

（5）EIGRP 中有哪两种负载均衡？它们各自的特点是什么？

答：EIGRP 中有以下两种负载均衡。

- 等价负载均衡：当到达目的地有多条路径的度量值相同时，EIGRP 在这几条等价路径上自动做负载均衡，即数据包在这几条路径上均衡转发。
- 非等价负载均衡：多条链路度量值不相同时，度量值较小的链路作为后继路由，放在路由表中，其他的放在拓扑表中，可作为可行后继路由。但 EIGRP 中可以设定 variance 的值，variance 的值默认为 1，代表等价链路的负载均衡。variance 的取值范围是 1～128，1 以外的代表不等价链路的度量值的倍数。若某条路由的度量值小于此 variance 的值乘以 FD 的值（最小路由的度量值，即可行距离），则也将这条不等价的路由放入路由表。EIGRP 在这几条不等价路径上自动做负载均衡，即数据包在这几条路径上均衡转发。

3. 操作题

有一个小型园区网络，由两台三层交换机连接内部不同区域的子网，再连接到一台出口路由器上，与外网路由连接。在内网中启用 EIGRP，使内网互连互通，并把出口的默认路由重分布到内网的 EIGRP 自治系统中。

从前面的案例已知，在 EIGRP 中，路由器端口的度量值小，而 Trunk 和 Access 链路的端口度量值大，为使园区内网之间的数据流量尽量从两台三层交换机之间的聚合链路走，在两台三层交换机之间使用三层路由聚合链路，并位于 192.168.23.0/24 网段；三层交换机与出口路由器之间使用 VLAN 6 和 VLAN 7 的 Access 口，所有的端口和 VLAN 配置如图 5-15 所示。在出口路由器上配置 NAT，区分内外网，进行地址转换。

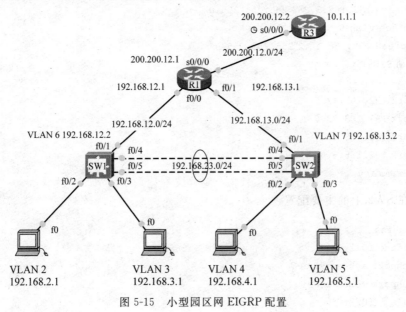

图 5-15　小型园区网 EIGRP 配置

答：主要配置如下。

（1）在 SW1 上的主要配置：

```
ip routing
```

```
/*定义接口和 VLAN*/
interface f0/1
switchport access vlan 6
switchport mode access
interface f0/2
switchport access vlan 2
switchport mode access
interface f0/3
switchport access vlan 3
switchport mode access
/*f0/4 和 f0/5 口组成聚合链路 1*/
interface range f0/4-5
no switchport
channel-group 1 mode active
no ip address
/*为聚合口定义 IP 地址*/
interface port-channel 1
no switchport
ip address 192.168.23.1 255.255.255.0
/*定义 VLAN 的 SVI*/
interface vlan 2
ip address 192.168.2.254 255.255.255.0
interface vlan 3
ip address 192.168.3.254 255.255.255.0
interface vlan 6
ip address 192.168.12.2 255.255.255.0
/*启动 EIGRP*/
router eigrp 1
network 192.168.12.0
network 192.168.23.0
network 192.168.2.0
network 192.168.3.0
auto-summary
```

(2) 在 SW2 上的主要配置：

```
ip routing
interface f0/1
switchport access vlan 7
switchport mode access
interface f0/2
switchport access vlan 4
switchport mode access
interface f0/3
switchport access vlan 5
switchport mode access
```

```
interface range f0/4-5
no switchport
channel-group 1 mode active
no ip address
interface port-channel 1
no switchport
ip address 192.168.23.2 255.255.255.0
interface vlan 4
ip address 192.168.4.254 255.255.255.0
interface vlan 5
ip address 192.168.5.254 255.255.255.0
interface vlan 7
ip address 192.168.13.2 255.255.255.0
router eigrp 1
network 192.168.13.0
network 192.168.23.0
network 192.168.4.0
network 192.168.5.0
auto-summary
```

（3）在 R1 上的主要配置：

```
/*定义接口和 NAT 入口*/
interface f0/0
ip address 192.168.12.1 255.255.255.0
ip nat inside
interface f0/1
ip address 192.168.13.1 255.255.255.0
ip nat inside
/*定义接口和 NAT 出口*/
interface s0/0/0
ip address 200.200.12.1 255.255.255.0
ip nat outside
/*启动 EIGRP*/
router eigrp 1
/*把静态路由重分布到 EIGRP 中*/
redistribute static metric 1000 100 255 1 1500
network 192.168.12.0
network 192.168.13.0
auto-summary
/*NAT 转换*/
ip nat pool cisco 200.200.12.10 200.200.12.15 netmask 255.255.255.0
ip nat inside source list 1 pool cisco
access-list 1 permit 192.168.0.0 0.0.255.255
/*默认路由到外网*/
ip route 0.0.0.0 0.0.0.0 200.200.12.2
```

(4) 检测(在 S1 上做,其余略)。

在 S1 上显示邻居表,如图 5-16 所示,有 R1(192.168.12.1)和 SW2(192.168.23.2)两个邻居。

```
Switch#show ip eigrp neighbors
IP-EIGRP neighbors for process 1
H   Address           Interface      Hold Uptime    SRTT    RTO    Q    Seq
                                     (sec)          (ms)           Cnt  Num
0   192.168.23.2      Po1            12   00:01:16  40      1000   0    9
1   192.168.12.1      Vlan           12   00:00:43  40      1000   0    23
```

图 5-16　S1 的邻居表

在 S1 上显示拓扑表,如图 5-17 所示。有一条重分布来的默认路由,内网路由(到 VLAN 4 和 VLAN 5)只有一条路径经过聚合链路,到 192.168.13.0/24 有两条等价路径。

```
Switch#show ip eigrp top
IP-EIGRP Topology Table for AS 1/ID(192.168.23.1)

Codes: P - Passive, A - Active, U - Update, Q - Query, R - Reply,
       r - Reply status

P 0.0.0.0/0, 1 successors, FD is 28185600
        via Rstatic (28185600/2585600)
P 192.168.2.0/24, 1 successors, FD is 25625600
        via Connected, Vlan2
P 192.168.3.0/24, 1 successors, FD is 25625600
        via Connected, Vlan3
P 192.168.4.0/24, 1 successors, FD is 25628160
        via 192.168.23.2 (25628160/25625600), Port-channel 1
P 192.168.5.0/24, 1 successors, FD is 25628160
        via 192.168.23.2 (25628160/25625600), Port-channel 1
P 192.168.12.0/24, 1 successors, FD is 25625600
        via Connected, Vlan6
P 192.168.13.0/24, 2 successors, FD is 25628160
        via 192.168.23.2 (25628160/25625600), Port-channel 1
        via 192.168.12.1 (25628160/28160), Vlan6
P 192.168.23.0/24, 1 successors, FD is 28160
        via Connected, Port-channel 1
```

图 5-17　S1 的拓扑表

在 S1 上显示路由表:

```
C 192.168.2.0/24 is directly connected, Vlan 2
C 192.168.3.0/24 is directly connected, Vlan 3
D 192.168.4.0/24 [90/25628160] via 192.168.23.2, 00:03:33, Port-channel 1
D 192.168.5.0/24 [90/25628160] via 192.168.23.2, 00:03:33, Port-channel 1
C 192.168.12.0/24 is directly connected, Vlan 6
D 192.168.13.0/24 [90/25628160] via 192.168.23.2, 00:03:33, Port-channel 1
                  [90/25628160] via 192.168.12.1, 00:03:03, Vlan6
C 192.168.23.0/24 is directly connected, Port-channel 1
D * EX 0.0.0.0/0 [170/28185600] via 192.168.12.1, 00:03:04, Vlan6
```

从路由表可证实,有一条外部的默认路由"D * EX 0.0.0.0/0 [170/28185600] via 192.168.12.1,00:03:04,Vlan6",内网路由(到 VLAN 4 和 VLAN 5)只有一条路径经过聚合链路 Port-channel 1,到 192.168.13.0/24 有两条等价路径。

(5) 检测(在 PC2 上做,其余略)。

在 PC2 上检测到达外网的路径 PC2→SW1→R1→R3,如图 5-18 所示。

在 PC2 上检测到达内网的路径 PC2→SW1→SW2→PC5,如图 5-19 所示。

```
PC>tracert 10.1.1.1

Tracing route to 10.1.1.1 over a maximum of 30 hops:

  1    0 ms        0 ms        0 ms        192.168.2.254
  2    0 ms        0 ms        0 ms        192.168.12.1
  3   46 ms        1 ms        1 ms        10.1.1.1

Trace complete.
```

图 5-18　PC2 到外网

```
PC>tracert 192.168.5.1

Tracing route to 192.168.5.1 over a maximum of 30 hops:

  1    0 ms        0 ms        0 ms        192.168.2.254
  2    0 ms        0 ms        0 ms        192.168.23.2
  3    *           0 ms        0 ms        192.168.5.1

Trace complete.
```

图 5-19　PC2 到内网

5.3.2　主教材第 7 章习题与实验解答

1. 问答题

（1）什么是路由重分布？

答：路由重分布就是从一个自治系统学习路由，向另一个自治系统广播。

（2）什么时候用到路由重分布？

答：在一个网络中存在多种路由协议，这些网络要互连互通，就必须至少有一台路由器运行多种路由协议以实现不同网络之间的通信，即使用路由重分布。

（3）使用路由重分布时要考虑的因素有哪些？分别说明之。

答：最常考虑的因素是度量值和管理距离。度量值代表距离，用来在寻找路由时确定最优路径。常用的度量值有跳数、代价、带宽、时延、负载、可靠性、最大传输单元等。管理距离是指一种路由协议的路由可信度，将路由协议按可靠性从高到低依次分配一个信任等级，这个信任等级就叫管理距离。

（4）BGP、EIGRP、OSPF、RIP 的管理距离及度量标准是什么？

答：如表 5-1 所示。

表 5-1　各协议的管理距离及度量值

协议	管理距离	度 量 值
BGP	200	跳数
EIGRP	90	带宽、时延、负载、可靠性、最大传输单元
OSPF	110	带宽
RIP	120	跳数

（5）解释以下命令的含义：

router ospf 1

```
redistribute eigrp 1 metric-type 1 subnets
default-metric 30
```

答：由 EIGRP 派生的路由被重分布到 OSPF 中，外部路由类型为 E1，子网地址也被重分布，代价为 30。

（6）解释以下命令的含义：

```
router ospf 1
redistribute eigrp 1 metric-type 1   subnets
redistribute rip metric-type 1 subnets
default-metric 30
```

答：把由 EIGRP、RIP 派生的路由重分布到 OSPF 中，外部路由类型为 E1，子网地址也被重分布，代价为 30。

（7）解释以下命令的含义：

```
router eigrp 1
redistribute ospf 1 metric 1000 100 255 1 1500
```

答：把由 OSPF 派生的路由重分布到 EIGRP 中，带宽、时延、负载、可靠性、最大传输单元的值分别为 1000、100、255、1、1500。

（8）解释以下命令的含义：

```
router rip
redistribute static metric 3
```

答：把静态路由重分布到 RIP 中，跳数为 3。

（9）解释以下命令的含义：

```
router rip
redistribue eigrp 1
default-metric 4
```

答：把由 EIGRP 自治系统 1 所产生的路由重分布到 RIP 中，跳数为 4。

2. 操作题

网络拓扑如图 5-20 所示，OSPF Area 0 连接主干路由器 R1、R2 和 R3 作为 ASBR，R1 连接一个 RIP 网络（11.1.1.0/16），R2 连接一个 EIGRP 的网络（22.2.0.0/16），R3 通过一个静态及默认路由与外网相连（10.3.0.0/16）。要求：

（1）在 R1 上将 RIP 网络（11.1.1.0/16）重分布到 OSPF 路由中。

（2）在 R2 上将 EIGRP 网络（22.2.0.0/16）重分布到 OSPF 路由中。

（3）在 R2 上定义一个静态路由，指定到达 30.30.30.0/24，并将此静态路由重分布到 OSPF 路由中。

（4）在 R1、R2、R3 上都定义环回接口作为各自的路由器 ID（1.1.1.1、2.2.2.2、3.3.3.3），且 R1、R2、R3 上均有直连路由，但只在 R3 上将其直连路由重分布到 OSPF 路由中。

（5）在 R3 上定义一条默认路由。

给出主要配置，显示每台路由器上的路由表，并解释重分布的情况。

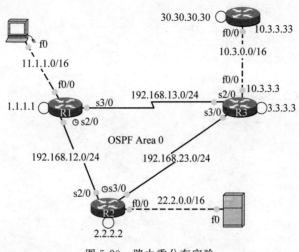

图 5-20　路由重分布实验

答：主要配置步骤如下。

（1）在 R1 上的配置：

```
/*定义接口地址*/
interface lo0
ip address 1.1.1.1 255.255.255.0
interface f0/0
ip address 11.1.1.1   255.255.0.0
interface s2/0
ip address 192.168.12.1 255.255.255.0
clock rate 2000000
interface s3/0
ip address 192.168.13.1 255.255.255.0
clock rate 2000000
/*启用 OSPF,宣告两个直连网络 192.168.12.0 和 192.168.13.0*/
router ospf 1
/*把 RIP 重分布到 OSPF 中*/
redistribute rip metric 30 metric-type 1 subnets
network 192.168.12.0 0.0.0.255 area 0
network 192.168.13.0 0.0.0.255 area 0
/*启用 RIP,宣告直连网络 11.1.0.0*/
router rip
version 2
network 11.1.0.0
```

（2）在 R2 上的配置：

```
interface lo0
ip address 2.2.2.2 255.255.255.0
interface f0/0
ip address 22.2.2.2 255.255.0.0
```

```
interface s2/0
ip address 192.168.12.2 255.255.255.0
interface s3/0
ip address 192.168.23.2 255.255.255.0
clock rate 2000000
/*启用 EIGRP,宣告直连网络 22.2.0.0/16*/
router eigrp 10
network 22.2.0.0
auto-summary
router ospf 1
log-adjacency-changes
/*把 EIGRP 重分布到 OSPF 中*/
redistribute eigrp 10 metric-type 1 subnets
/*把静态路由重分布到 OSPF 中*/
redistribute static metric 10 metric-type 1 subnets
network 192.168.12.0 0.0.0.255 area 0
network 192.168.23.0 0.0.0.255 area 0
/*定义一条静态路由,这条命令是为了测试静态路由能否重分布到 OSPF 中,但结果造成死循环。
    后面再去掉这部分*/
ip route 30.30.30.0 255.255.255.0 192.168.23.3
```

(3) 在 R3 上的配置:

```
interface lo0
ip address 3.3.3.3 255.255.255.0
interface f0/0
ip address 10.3.3.3 255.255.0.0
interface s2/0
ip address 192.168.13.3 255.255.255.0
interface s3/0
ip address 192.168.23.3 255.255.255.0
router ospf 1
redistribute static metric 10 metric-type 1 subnets
/*把直连路由重分布到 OSPF 中,有 10.3.0.0/16 和 3.3.3.0/24 两个直连*/
redistribute connected metric 10 metric-type 1 subnets
network 192.168.23.0 0.0.0.255 area 0
network 192.168.13.0 0.0.0.255 area 0
/*定义一条默认路由*/
ip route 0.0.0.0 0.0.0.0 10.3.3.33
```

以下是检测结果。

R1 的路由表如图 5-21 所示。"C"表示直连产生的路由,共 4 条: 1.1.1.0/24,11.1.0.0/16,192.168.12.0/24,192.168.13.0/24,都是 R1 上的接口定义的。"O"表示 OSPF 直接学习到的路由,有 1 条:192.168.23.0/24(有两条等价路径)。"O E1"是重分布到 OSPF 的外部路由,有 4 条,其中 3.3.3.0/24 和 10.3.0.0/16 是由 R3 的直连路由通过 192.168.13.3 口分发而来的,在 R1 和 R2 上都有直连路由(如 1.1.1.0/24 和 2.2.2.0/24),但在 R1 和

R2 上都没有使用 redistribute connected 命令,所以都没有分配过来。22.2.0.0/16 是由 R2 的 EIGRP 重分布到 OSPF 的外部路由,30.30.30.0/24 是由 R2 的静态路由重分布到 OSPF 的外部路由。

```
Gateway of last resort is not set

     1.0.0.0/24 is subnetted, 1 subnets
C       1.1.1.0 is directly connected, Loopback10
     3.0.0.0/24 is subnetted, 1 subnets
O E1    3.3.3.0 [110/74] via 192.168.13.3, 00:22:31, Serial3/0
     10.0.0.0/16 is subnetted, 1 subnets
O E1   10.3.0.0 [110/74] via 192.168.13.3, 00:22:31, Serial3/0
     11.0.0.0/16 is subnetted, 1 subnets
C      11.1.0.0 is directly connected, FastEthernet0/0
     22.0.0.0/16 is subnetted, 1 subnets
O E1   22.2.0.0 [110/84] via 192.168.12.2, 00:22:31, Serial2/0
     30.0.0.0/24 is subnetted, 1 subnets
O E1   30.30.30.0 [110/74] via 192.168.12.2, 00:22:31, Serial2/0
C    192.168.12.0/24 is directly connected, Serial2/0
C    192.168.13.0/24 is directly connected, Serial3/0
O    192.168.23.0/24 [110/128] via 192.168.12.2, 00:22:31, Serial2/0
                     [110/128] via 192.168.13.3, 00:22:31, Serial3/0
r1#
```

图 5-21　R1 的路由表

实验发现,在 Packet Tracer 6.2 中,R3 上的默认路由无法通过静态路由重分布到 OSPF 中来。前面章节的其他实验表明,通过静态路由能将默认路由重分布到 RIP 及 EIGRP 中来。

R2 的路由表如图 5-22 所示,"O E1 11.1.0.0/16"的路由是由 R1 的 RIP 重分布到 OSPF 中的,其他解释同上。

```
Gateway of last resort is not set

     2.0.0.0/24 is subnetted, 1 subnets
C       2.2.2.0 is directly connected, Loopback0
     3.0.0.0/24 is subnetted, 1 subnets
O E1    3.3.3.0 [110/74] via 192.168.23.3, 00:24:13, Serial3/0
     10.0.0.0/16 is subnetted, 1 subnets
O E1   10.3.0.0 [110/74] via 192.168.23.3, 00:24:13, Serial3/0
     11.0.0.0/16 is subnetted, 1 subnets
O E1   11.1.0.0 [110/94] via 192.168.12.1, 00:24:13, Serial2/0
     22.0.0.0/16 is subnetted, 1 subnets
C      22.2.0.0 is directly connected, FastEthernet0/0
     30.0.0.0/24 is subnetted, 1 subnets
S      30.30.30.0 [1/0] via 192.168.23.3
C    192.168.12.0/24 is directly connected, Serial2/0
O    192.168.13.0/24 [110/128] via 192.168.23.3, 00:24:13, Serial3/0
                     [110/128] via 192.168.12.1, 00:24:13, Serial2/0
C    192.168.23.0/24 is directly connected, Serial3/0
r2#
```

图 5-22　R2 的路由表

R3 的路由表如图 5-23 所示,"S * 0.0.0.0/0"是 R3 上自定义的一条默认路由,也使用了 redistribute static 命令,但在 Packet Tracer 6.2 中没有起作用。

从 PC 上跟踪到达服务器的路径,如图 5-24 所示。路径为 PC→R1→R2→Server。

从 PC 上跟踪到达 30.30.30.30 的路径,出现了死循环,如图 5-25 所示,即 PC→R1→R2→R3→R2→R3→…。这是因为 30.30.30.30 必须经 R3 才能到达,但由于默认路由没有重分布到 OSPF,而 30.30.30.30 却已被重分布进来,其度量值比默认路由小,所以 R2 指到 R3,R3 又被重分布到 30.30.30.30,又指向了 R2,产生了循环。

```
Gateway of last resort is 10.3.3.33 to network 0.0.0.0

     3.0.0.0/24 is subnetted, 1 subnets
C       3.3.3.0 is directly connected, Loopback0
     10.0.0.0/16 is subnetted, 1 subnets
C       10.3.0.0 is directly connected, FastEthernet0/0
     11.0.0.0/16 is subnetted, 1 subnets
O E1    11.1.0.0 [110/94] via 192.168.13.1, 00:26:08, Serial2/0
     22.0.0.0/16 is subnetted, 1 subnets
O E1    22.2.0.0 [110/84] via 192.168.23.2, 00:25:58, Serial3/0
     30.0.0.0/24 is subnetted, 1 subnets
O E1    30.30.30.0 [110/74] via 192.168.23.2, 00:25:58, Serial3/0
O    192.168.12.0/24 [110/128] via 192.168.23.2, 00:25:58, Serial3/0
                      [110/128] via 192.168.13.1, 00:25:58, Serial2/0
C    192.168.13.0/24 is directly connected, Serial2/0
C    192.168.23.0/24 is directly connected, Serial3/0
S*   0.0.0.0/0 [1/0] via 10.3.3.33
r3#
```

图 5-23   R3 的路由表

```
PC>tracert 22.2.2.20

Tracing route to 22.2.2.20 over a maximum of 30 hops:

    1    1 ms      0 ms        0 ms        11.1.1.1
    2    1 ms      8 ms        1 ms        192.168.12.2
    3    *         0 ms        0 ms        22.2.2.20

Trace complete.
```

图 5-24   从 PC 上跟踪到达服务器的路径

```
PC>tracert 30.30.30.30

Tracing route to 30.30.30.30 over a maximum of 30 hops:

    1    1 ms       0 ms        0 ms        11.1.1.1
    2    5 ms       6 ms        10 ms       192.168.12.2
    3    1 ms       1 ms        3 ms        192.168.13.3
    4    1 ms       11 ms       3 ms        192.168.12.2
    5    2 ms       2 ms        3 ms        192.168.13.3
    6    1 ms       3 ms        1 ms        192.168.12.2
    7    9 ms       2 ms        3 ms        192.168.13.3
    8    3 ms       8 ms        3 ms        192.168.12.2
    9    9 ms       2 ms        2 ms        192.168.13.3
    10   2 ms       4 ms        3 ms        192.168.12.2
    11   2 ms       3 ms        4 ms        192.168.13.3
    12   6 ms       8 ms        5 ms        192.168.12.2
    13   7 ms       3 ms        2 ms        192.168.13.3
    14   10 ms      3 ms        44 ms       192.168.12.2
    15   2 ms       9 ms        20 ms       192.168.13.3
    16   3 ms       4 ms        17 ms       192.168.12.2
    17   9 ms       4 ms        32 ms       192.168.13.3
    18   19 ms      3 ms        20 ms       192.168.12.2
    19   3 ms       6 ms        3 ms        192.168.13.3
    20   6 ms       5 ms        12 ms       192.168.12.2
    21   11 ms      6 ms        5 ms        192.168.13.3
    22   1 ms       6 ms        4 ms        192.168.12.2
    23   4 ms       7 ms        45 ms       192.168.13.3
    24   6 ms       11 ms       5 ms        192.168.12.2
    25   9 ms       11 ms       6 ms        192.168.13.3
    26   9 ms       5 ms        6 ms        192.168.12.2
    27   6 ms       39 ms       6 ms        192.168.13.3
    28   8 ms       6 ms        6 ms        192.168.12.2
    29   6 ms       5 ms        33 ms       192.168.13.3
    30   6 ms       29 ms       10 ms       192.168.12.2

Trace complete.
```

图 5-25   死循环

修改配置,在 R2 上去掉到达 30.30.30.0 的静态路由和静态重分布:

```
no ip route 30.30.30.0 255.255.255.0 192.168.23.3
router ospf 1
no redistribute static metric 10 metric-type 1 subnets
```

在 R3 上增加一条到达 30.30.30.0 的静态路由:

```
ip route 30.30.30.0 255.255.255.0 10.3.3.33
```

在外网路由器上也增加一条静态路由:

```
ip route 0.0.0.0 0.0.0.0 10.3.3.3
```

在 PC 上再次验证到达 30.30.30.0 的路径,如图 5-26 所示。路径为 PC→R1→R3→30.30.30.30。

```
PC>tracert 30.30.30.30

Tracing route to 30.30.30.30 over a maximum of 30 hops:

  1    0 ms      0 ms      0 ms      11.1.1.1
  2    2 ms      0 ms      0 ms      192.168.13.3
  3    5 ms      1 ms      1 ms      30.30.30.30

Trace complete.
```

图 5-26　再次验证到达 30.30.30.0 的路径

第6章 广域网协议

6.1 居民小区 PPPoE 配置案例

小区 1 的居民采用 ADSL 拨号上网,而附近的小区 2 的居民采用 Cable Modem 的方式上网。附近的电信局(ISP)为拨号接入的用户配置了一个 PPPoE 服务器,以管理这些拨号用户上网。

1. 实验目的

(1) 掌握 PPPoE 协议中服务器端的配置方法。

(2) 掌握 Packet Tracer 中广域网云的配置方法。

(3) 掌握 ADSL 和 Cable Modem 的配置方法。

(4) 掌握终端 PPPoE 拨号使用方法。

2. 实验拓扑

实验拓扑如图 6-1 所示。

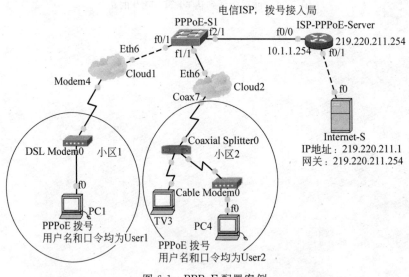

图 6-1 PPPoE 配置案例

3. 实验的设备清单

(1) 4 台终端:1 台服务器,2 台 PC,一台电视。

(2) 2 个网云 Cloud1 和 Cloud2,网云中含 4 个串口(S0~S3),2 个 Modem 口(Modem 4 和 Modem 5),1 个以太网 RJ-45 口 Eth6,1 个同轴电缆口 Coax7。其中 Cloud1 代表采用 ADSL 拨号上网的小区 1,Cloud2 代表采用 Cable Modem 拨号上网的小区 2。

(3) 1 台二层交换机 PPPoE-S1,1 台 2811 型路由器 ISP-PPPoE-Server,代表 ISP 的 PPPoE 服务器。

（4）1 台 DSL Modem0，1 台 Cable Modem0，1 个 Coaxial Splitter0（在集线器中的同轴分离器）。

（5）线缆有电话线、直通线、交叉线、同轴线。

4. 拓扑结构连接说明

（1）Cloud1 连接说明（模拟电话线接入）。DSL-Modem0 有两个接口（port0 和 port1），port0 为 RJ-11 接口，port1 为 RJ-45 接口，用电话线将 DSL Modem0 的 port0 接口和 Cloud1 Modem4 接口相连，然后再用直通线将 Cloud1 的 Eth6 接口与交换机 PPPoE-S1 的 f0/1 接口相连。单击云图 Cloud1，进入 Config（配置）页面，在左边栏中单击 DSL 项，设置为 Modem4 和 Eth6 相连，单击 Add 按钮载入配置即可。

（2）Cloud2 连接说明（同轴电缆接入）。Cable-Modem0 也有两个接口（port0 和 port1），port0 为 Coaxial（同轴）接口，port1 为 RJ-45 接口。Coaxial Splitter0 有 3 个接口，都是 Coaxial 接口。添上同轴分离器主要是为了更接近实际，可以将一个 Coaxial 接口接电视机 TV3。与模拟电话线接入不同的是，同轴分离器的两个接口都需使用同轴电缆分别与 Cable-Modem0 和 Cloud2 的 Coaxial 口连接。由于配置云图 Cloud2 时默认启动的是 DSL，所以先在左边栏中单击 Ethernet6，选择 Cable 单选按钮，如图 6-2 所示。再回到左边栏单击"电缆"项，选择 Coaxial7 对应 Ethernet6，然后单击 Add 按钮即可，如图 6-3 所示。

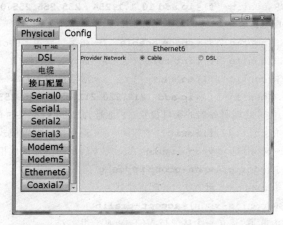

图 6-2　指定广域网 Cloud 的拨号类型为 Cable（设置 Ethernet6 为 Cable）

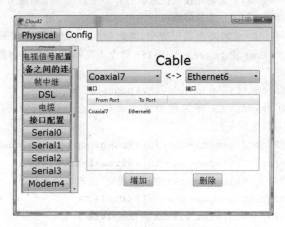

图 6-3　Cloud 中 Cable 的设置

（3）必须注意的是，在 Cloud1 和 Cloud2 上的 Ethernet6 口与二层交换机 PPPoE-S1 的连接线必须是交叉线，路由器 ISP-PPPoE-Server 与服务器 Internet-S 之间的连接线必须是交叉线，否则在 Packet Tracer 中不通。

（4）服务器 Internet-S 的 IP 地址为 219.220.211.1，网关为 219.220.211.254。

5. 配置路由器为 PPPoE 服务器的步骤

```
Router(config)#hostname ISP-PPPoE-SERVER
/*为路由器设置唯一的主机名：ISP-PPPoE-SERVER*/
ISP-PPPoE-SERVER(config)#username user1 password 0 user1
ISP-PPPoE-SERVER(config)#username user2 password 0 user2
ISP-PPPoE-SERVER(config)#username user3 password 0 user3
/*设置 PPPoE 终端用户接入的用户名和密码,共 3 个*/
ISP-PPPoE-SERVER(config)#no cdp run          /*关闭 CDP 协议*/
ISP-PPPoE-SERVER(config)#ip local pool pppoe-l 10.1.1.10 10.1.1.250
/*对 PPPoE 拨号进入且通过认证的用户,为其分配的 IP 地址池的范围,按先后拨入顺序分配,池名
    为 pppoe,由用户自定义,在配置虚拟模板接口时用到该地址池名*/
ISP-PPPoE-SERVER(config)#int f0/0            /*进入 f0/0 接口*/
ISP-PPPoE-SERVER(config-if)#no shut          /*激活接口*/
ISP-PPPoE-SERVER(config-if)#ip add 10.1.1.254  255.255.255.0
/*给 f0/0 接口分配 IP 地址*/
ISP-PPPoE-SERVER(config-if)#pppoe enable     /*在接口启用 PPPoE*/
ISP-PPPoE-SERVER(config-if)#int f0/1         /*进入 f0/1 接口*/
ISP-PPPoE-SERVER(config-if)#no shut          /*激活接口*/
ISP-PPPoE-SERVER(config-if)#ip add  219.220.211.254  255.255.255.0
/*为连接 Internet-S 终端服务器的接口设置 IP 地址,是 Internet-S 的网关*/
ISP-PPPoE-SERVER(config-if)#exit             /*退出接口配置模式*/
ISP-PPPoE-SERVER(config)#vpdn enable         /*启用路由器的虚拟专用拨号网络 VPDN*/
ISP-PPPoE-SERVER(config)#vpdn-group pppoe-g
/*建立一个 VPDN 组 pppoe-g,进入 VPDN 配置模式*/
ISP-PPPoE-SERVER(config-vpdn)#accept-dialin
/*初始化一个 VPDN 隧道,建立一个接受拨入的 VPDN 子组*/
/*这里作为 PPPoE 服务器,定义的是接受拨入。若将路由器当 PPPoE 服务器用,使用命令 accept-
    dialin,以允许客户端拨入;若是将路由器当 PPPoE 客户端,用 request-dialin 向服务器发出
    请求接入信息。在 PPPoE 的路由器配置中,除此命令外,配置服务端和客户端的其他命令都相
    同。而 Packet Tracer 中 request-dialin 命令不能使用,即在路由器上不能配置 PPPoE 客户
    端*/
ISP-PPPoE-SERVER(config-vpdn-acc-in)#protocol pppoe
/*设置拨入协议为 PPPoE,VPDN 子组使用 PPPoE 建立会话隧道, Packet Tracer 只允许一个
    PPPoE VPDN 组可以配置*/
ISP-PPPoE-SERVER(config-vpdn-acc-in)#bba-group pppoe global
ISP-PPPoE-SERVER(config-vpdn-acc-in)#virtual-template 1
/*创建虚拟模板接口 1, Packet Tracer 中可以建立 1~200 个*/
ISP-PPPoE-SERVER(config-vpdn-acc-in)#<Ctrl+Z>
ISP-PPPoE-SERVER(config)#int virtual-template 1
/*进入虚拟模板接口 1*/
```

ISP-PPPoE-SERVER(config-if)#**peer default ip address pool pppoe-1**

/＊为 PPP 链路的终端分配默认的 IP 地址,使用前面定义的本地地址池 pppoe-1＊/

ISP-PPPoE-SERVER(config-if)#**ppp authentication chap**

/＊在 PPP 链路上启用 CHAP 验证＊/

ISP-PPPoE-SERVER(config-if)#**ip unnumbered f0/0**

/＊虚拟模板接口上没有配置 IP 地址,此命令向 f0/0 接口借一个 IP 地址＊/

6. 检测结果及说明

单击拓扑图上的 PC1 图标,选择 Desktop 选项卡,单击 PPPoE Dialer,弹出"PPPoE 拨号"对话框,在"用户名"处输入 user1,在"密码"处输入 user1,单击 Connect 按钮,弹出提示成功连接的消息,如图 6-4 所示。

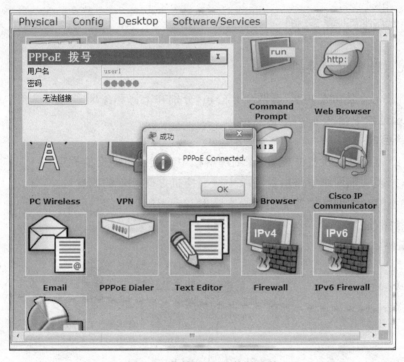

图 6-4　终端 PPPoE 拨号连接

连接成功后,在 Packet Tracer 中把光标放在 PC1 上,可以看出已为 PC1 分配了 PPPoE 的 IP 地址 10.1.1.11,如图 6-5 所示。然后在 PC1 上 ping 服务器 Internet-S 的 IP 地址 219.220.211.1,成功连通,如图 6-6 所示。

```
端口                 链路      IP地址                    IPv6地址
FastEthernet0   Up        169.254.133.96/16   <not set>

PPPoE IP: 10.1.1.11/32
网关:255.255.255.255
DNS服务器: <not set>
Line Number:  <not set>
```

图 6-5　为 PC 分配一个 PPPoE IP 地址

```
PC>ping 219.220.211.1

Pinging 219.220.211.1 with 32 bytes of data:

Reply from 219.220.211.1: bytes=32 time=27ms TTL=127
Reply from 219.220.211.1: bytes=32 time=2ms TTL=127
Reply from 219.220.211.1: bytes=32 time=15ms TTL=127
Reply from 219.220.211.1: bytes=32 time=14ms TTL=127

Ping statistics for 219.220.211.1:
    Packets: Sent = 4, Received = 4, Lost = 0 (0% loss),
Approximate round trip times in milli-seconds:
    Minimum = 2ms, Maximum = 27ms, Average = 14ms
```

图 6-6　PPPoE 拨号成功后终端访问外网服务

6.2　帧中继配置案例

6.2.1　配置帧中继交换机

某集团公司总公司在北京,有两个分公司,分别在上海和深圳。为节省成本和提高转发效率,公司通过帧中继网络互联。

1. 实验目的

(1) 掌握帧中继交换机的配置,深刻理解帧中继交换机的交换原理。

(2) 掌握帧中继网络中路由器与帧中继交换机之间互连的配置。

(3) 熟悉帧中继网络中的路由器静态映射和动态映射。

2. 实验拓扑

实验拓扑如图 6-7 所示。

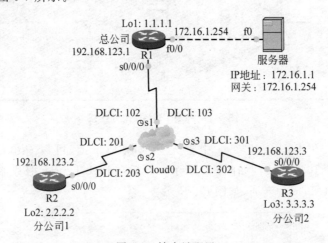

图 6-7　帧中继配置

3. 实验的设备清单

(1) 3 台 2811 路由器,每台路由器上加配 1 块 HWIC-2T 模块(Cisco 两端口串行高速 WAN 接口卡),均使用串行线把 s0/0/0 接口与帧中继的 S1、S2、S3 相连,且 DCE 在帧中继端(时钟)。

（2）添加一个网云 Cloud0，其中有 4 个 PT-CLOUD-NM-1S 模块（有 S0～S3 共 4 个串口）。

（3）1 台代表总公司的服务器。

4．拓扑结构连接和配置说明

（1）双击 Cloud0，选择 Config 选项卡，在左边栏中选择 Serial1，在右侧 DLCI 列输入 102，在 Name 列输入 1-2（名字自定义，要便于记忆），单击 Add 按钮，如图 6-8 所示。同理在下一行输入 103 和 1-3。

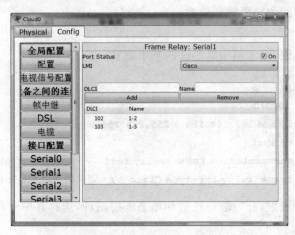

图 6-8　帧中继云的接口配置

选择 Serial2，输入 203、2-3 和 201、2-1。选择 Serial3，输入 301、3-1 和 302、3-2。

在左边选择"帧中继"，左侧端口选择 Serial1，子链路选择 1-2，右侧端口选择 Serial2，子链路选择 2-1，单击"增加"按钮，增加了第 1 行，如图 6-9 所示。同理可增加第 2 和 3 行。这个交换矩阵指定了帧中继交换机接口与 DLCI 之间的对应，从而决定哪些接口间进行交换。

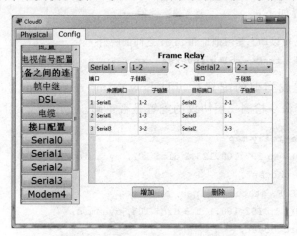

图 6-9　帧中继云中交换矩阵的配置

（2）按图 6-7 所示，配置 3 台路由器的接口地址和环回口地址。

（3）按图 6-7 所示，配置服务器的 IP 地址和网关。

6.2.2　帧中继网络中静态和动态映射配置

1. 实验拓扑

实验拓扑如图 6-7 所示。

2. 实验目的

(1) 掌握帧中继网络中边界路由器的静态、动态映射的配置方法。

(2) 熟悉帧中继网络全互联环境下三层协议采用静态路由的配置方法。

(3) 了解帧中继的故障排除和检测。

3. 配置步骤

(1) 配置二层协议，完成帧中继协议的基本配置。

在 R1 上输入如下代码：

```
R1(config)#int s0/0/0
R1(config-if)#ip add 192.168.123.1 255.255.255.0
R1(config-if)#no shut
R1(config-if)#encapsulation frame-relay ietf    /*封装帧中继格式为 IETF*/
R1(config-if)#frame-relay lmi-type Cisco    /*定义帧中继本地接口管理类型为 Cisco*/
```

(2) 配置帧中继映射，分为静态映射和动态映射两种，选择其中一种配置即可。

静态映射的配置如下：

```
R1(config-if)#no frame-relay inverse-arp
/*禁止帧中继使用反向 ARP,也就是禁止动态学习地址和 DLCI 之间的映射*/
/*建立帧中继静态地址映射*/
R1(config-if)#frame-relay map ip 192.168.123.2 102
R1(config-if)#frame-relay map ip 192.168.123.3 103
```

动态映射的配置如下：

```
/*开启反向 ARP,可以动态学习地址和 DLCI 之间的映射*/
R1(config-if)#  frame-relay inverse-arp
```

在 R2、R3 上完成类似的配置后，用 show frame-relay map、show frame pvc、show frame lmi 及 ping 等命令检测二层协议的配置是否正确。

```
R1#  show frame-relay map
Serial0/0/0(up): ip 192.168.123.2 dlci 102, dynamic,
              broadcast,
              IETF, status defined, active
Serial0/0/0(up): ip 192.168.123.3 dlci 103, dynamic,
              broadcast,
              IETF, status defined, active
R1#ping 192.168.123.2
Type escape sequence to abort.
Sending 5, 100-byte ICMP Echos to 192.168.123.2, timeout is 2 seconds:
!!!!!
```

Success rate is 100 percent(5/5), round-trip min/avg/max=2/15/29 ms

（3）配置三层协议。

这里采用静态路由的配置方式。虽然路由器与帧中继交换机之间采用的是串行链路，但是属于 NBMA（非广播多路访问网络）。不能在每台路由器上用 ip route 0.0.0.0 0.0.0.0 s0/0/0 来定义默认路由，路由器无法判断应该转发给 R2 还是 R3。静态路由配置如下。

在 R1 上：

```
R1(config)#ip route 2.2.2.0 255.255.255.0 192.168.123.2
R1(config)#ip route 3.3.3.0 255.255.255.0 192.168.123.3
```

在 R2 上：

```
R2(config)#ip route 0.0.0.0 0.0.0.0 192.168.123.1
R2(config)#ip route 3.3.3.0 255.255.255.0 192.168.123.3
```

在 R3 上：

```
R3(config)#ip route 0.0.0.0 0.0.0.0 192.168.123.1
R3(config)#ip route 2.2.2.0 255.255.255.0 192.168.123.2
```

4. 检测

分别在路由器上 ping 对方的环回口，检测三层协议是否配置正确。

（1）在路由器 R1 上，ping 2.2.2.2 通，ping 3.3.3.3 通。

（2）在路由器 R2 上，ping 172.16.1.1 通，ping 3.3.3.3 通。

（3）在路由器 R3 上，ping 172.16.1.1 通，ping 2.2.2.2 通。

6.2.3 帧中继和 OSPF 在 NBMA 中的综合配置

在做本实验前，先将原路由器 R1、R2、R3 中的配置清空。

帧中继是典型的 NBMA，其拓扑结构通常有两种：全互连（Full Mesh）和中心-分支（Hub-and-Spoke）。二层全互连在 6.2.2 节中完成了全映射关系，三层采用了静态路由，在此基础上去掉静态路由，启动 OSPF 即可。

由于中心-分支的结构具有节约费用、简化配置等优点，在实际网络工程中有着广泛的应用。这里介绍此配置方法。

1. 实验拓扑

实验拓扑如图 6-7 所示。

2. 实验目的

（1）理解帧中继静态映射及 broadcast 参数的含义。

（2）理解 NBMA 模式下的 DR 选举。

（3）掌握手工配置 OSPF 邻居的方法。

（4）掌握 NBMA 模式下 OSPF 的配置和调试方法。

3. 配置步骤

（1）配置路由器 R1（作为中心）：

/* NBMA 属于多路访问网络，所以要进行 DR 选举。由于 Hello 包只能传 1 跳，所以在中心-分支结构中,必须控制处于中心端的路由器 R1 作为 DR,最保险的办法就是将分支端如路由器 R2、R3 的接口优先级配置为 0,使之不参与 DR 选举,中心端的路由器自然就成为 DR。否则,可能会导致路由学习不正常 * /

```
R1(config)#int lo0
R1(config-if)#ip address 1.1.1.1 255.255.255.0
R1(config-if)#ip ospf network point-to-point
R1(config)#int s0/0/0
R1(config-if)#ip address 192.168.123.1 255.255.255.0
R1(config-if)#encapsulation frame-relay
R1(config-if)#frame-relay map ip 192.168.123.3 103 broadcast
```
/* 帧中继静态映射,在虚拟链路 103 上广播 * /
```
R1(config-if)#frame-relay map ip 192.168.123.2 102 broadcast
```
/* 帧中继静态映射,在虚拟链路 102 上广播 * /
```
R1(config-if)#frame-relay map ip 192.168.123.1 103    /* 使得可以 ping 通自己 * /
R1(config-if)#no frame-relay inverse-arp          /* 关闭帧中继动态 ARP 解析 * /
R1(config-if)#no shutdown
R1(config)#router ospf
R1(config-router)#router-id 1.1.1.1
R1(config-router)#network 1.1.1.0 0.0.0.255 area 0
R1(config-router)#network 192.168.123.0 0.0.0.255 area 0
```
/* 在帧中继网络上,OSPF 接口默认的网络类型为 NON_BROADCAST。在这种模式下,OSPF 不会在帧中继接口上发送 Hello 包,因此无法建立最基本的邻接关系。必须在中心端使用 neighbor 命令手工指定邻居,这时 Hello 包以单播形式传送 * /
```
R1(config-router)#neighbor 192.168.123.3            /* 手工指定 OSPF 邻居 * /
R1(config-router)#neighbor 192.168.123.2
```

(2) 配置路由器 R2(作为分支):

```
R2(config)#int lo0
R2(config-if)#ip address 2.2.2.2 255.255.255.0
R2(config-if)#ip ospf network point-to-point
R2(config)#interface s0/0/0
R2(config-if)#ip address 192.168.123.2 255.255.255.0
R2(config-if)#encapsulation frame-relay
R2(config-if)#ip ospf priority 0              /* 配置分支端 OSPF 接口优先级为 0 * /
```
/* 帧中继静态映射,都在虚拟链路 201 上广播 * /
```
R2(config-if)#frame-relay map ip 192.168.123.1 201 broadcast
```
/* 定义 R2 到 R3 也是通过虚拟链路 201,先到路由器 R1(作为中心),再从 R1 到 R3 的广播 * /
```
R2(config-if)#frame-relay map ip 192.168.123.3 201 broadcast
R2(config-if)#frame-relay map ip 192.168.123.2 201
R2(config-if)#no frame-relay inverse-arp
R2(config-if)#no shutdown
R2(config)#router ospf
R2(config-router)#router-id 2.2.2.2
R2(config-router)#network 2.2.2.0 0.0.0.255 area 0
R2(config-router)#network 192.168.123.0 0.0.0.255 area 0
```

（3）配置路由器 R3（作为另一分支）：

```
R3(config)#int lo0
R3(config-if)#ip address 3.3.3.3 255.255.255.0
R3(config-if)#ip ospf network point-to-point
R3(config-if)#int s0/0/0
R3(config-if)#ip address 192.168.123.3 255.255.255.0
R3(config-if)#encapsulation frame-relay
R3(config-if)#ip ospf priority 0           /*配置分支端 OSPF 接口优先级为 0*/
R3(config-if)#frame-relay map ip 192.168.123.1 301 broadcast
R3(config-if)#frame-relay map ip 192.168.123.2 301 broadcast
R3(config-if)#frame-relay map ip 192.168.123.3 301
R3(config-if)#no frame-relay inverse-arp
R3(config-if)#no shutdown
R3(config)#router ospf
R3(config-router)#router-id 3.3.3.3
R3(config-router)#network 3.3.3.0 0.0.0.255 area 0
R3(config-router)#network 192.168.123.0 0.0.0.255 area 0
```

4. 检测

```
/*检查 R1 为 DR,无 BDR,网络接口类型为 NBMA,与路由器 R2、R3 形成邻居关系等信息*/
R1#show ip ospf int s0/0/0
R1#show ip ospf neighbor detail
R3#show ip route ospf
1.0.0.0/24 is subnetted, 1 subnets
O  1.1.1.0 [110/65] via 192.168.123.1, 00:01:47, Serial0/0/0
2.0.0.0/24 is subnetted, 1 subnets
O  2.2.2.0 [110/65] via 192.168.123.2, 00:01:47, Serial0/0/0
```

以上输出表明，从 R3 到达网络 2.2.2.0/24 的路由条目的下一跳地址为 192.168.123.2(R2)，而不是 192.168.123.1(R1)，这是因为在 R3 的 s0/0/0 的接口上定义了到 192.168.123.2 的映射：frame-relay map ip 192.168.123.2 301 broadcast。

6.2.4　帧中继和 OSPF 在 NBMA 中的综合配置

配置方法与 6.2.3 节基本相同。不同之处如下：

（1）在 R1 上不要手动配置邻居。在 BMA 中自动识别邻居，所以删除 neighbor 192.168.123.3 和 neighbor 192.168.123.2 两行。

（2）分别在 R2 和 R3 的 s0/0/0 接口上定义网络类型为 broadcast，即增加以下两行：

```
R2(config-if)#ip ospf network broadcast
R3(config-if)#ip ospf network broadcast
```

验证测试：

```
R1#show ip ospf int s0/0/0
R1#show ip ospf neighbor detail
```

R3#**show ip route ospf**

把 NBMA 与 BMA 的验证结果进行比较,其邻居关系是通过 Hello 包自动建立和维持的,且同样要选举 DR 和 BDR。

6.2.5 帧中继和 OSPF 在点到点网络中的综合配置

拓扑图类似于图 6-7,不同的是,3 台路由器不在同一子网中。其中 R1 与 R2 在 12.1. 1.0/24 的网络,R1 与 R3 在 13.1.1.0/24 的网络中。

(1) 配置路由器 R1:

```
R1(config)#interface Loopback0
R1(config-if)#ip address 1.1.1.1 255.255.255.0
R1(config-if)#ip ospf network point-to-point
R1(config)#interface s0/0/0
R1(config-if)#no ip address
R1(config-if)#encapsulation frame-relay
R1(config-if)#no frame-relay inverse-arp
R1(config-if)#no shutdown
R1(config)#interface s0/0/0.2 point-to-point
R1(config-subif)#ip address 12.1.1.1 255.255.255.0
R1(config-subif)#frame-relay interface-dlci 103
R1(config)#interface s0/0/0.3 point-to-point
R1(config-subif)#ip address 13.1.1.1 255.255.255.0
R1(config-subif)#frame-relay interface-dlci 102
R1(config)#router ospf
R1(config-router)#router-id 1.1.1.1
R1(config-router)#network 1.1.1.0 0.0.0.255 area 0
R1(config-router)#network 13.1.1.0 0.0.0.255 area 0
R1(config-router)#network 12.1.1.0 0.0.0.255 area 0
```

(2) 配置路由器 R2:

```
R2(config)#int s0/0/0
R2(config-if)#no ip address
R2(config-if)#encapsulation frame-relay
R2(config-if)#no frame-relay inverse-arp
R2(config-if)#no shutdown
R2(config)#int s0/0/0.2 point-to-point
R2(config-subif)#ip address 12.1.1.2 255.255.255.0
R2(config-subif)#frame-relay interface-dlci 201
R2(config)#router ospf 1
R2(config-router)#router-id 2.2.2.2
R2(config-router)#network 2.2.2.0 0.0.0.255 area 0
R2(config-router)#network 12.1.1.0 0.0.0.255 area 0
```

（3）配置路由器 R3：

```
R3(config)#int s0/0/0
R3(config-if)#no ip address
R3(config-if)#encapsulation frame-relay
R3(config-if)#no frame-relay inverse-arp
R3(config-if)#no shutdown
R3(config)#int s0/0/0.3 point-to-point
R3(config-subif)#ip address 13.1.1.3 255.255.255.0
R3(config-subif)#frame-relay interface-dlci 301
R3(config)#router ospf 1
R3(config-router)#router-id 3.3.3.3
R3(config-router)#network 3.3.3.0 0.0.0.255 area 0
R3(config-router)#network 13.1.1.0 0.0.0.255 area 0
```

验证测试：

```
R1#show ip ospf int
R1#show ip ospf neighbor detail
R3#show ip route
```

在点对点的模式下，DR 和 BDR 都是 0.0.0.0。在每个子接口需要配置不同的子网。

6.2.6　帧中继和 OSPF 在点到多点网络中的综合配置

拓扑图如图 6-7 所示。

（1）配置路由器 R1：

```
R1(config)#int lo0
R1(config-if)#ip address 1.1.1.1 255.255.255.0
R1(config-if)#ip ospf network point-to-point
R1(config)#int s0/0/0
R1(config-if)#no ip address
R1(config-if)#encapsulation frame-relay
R1(config-if)#no frame-relay inverse-arp        /*关闭帧中继动态 ARP 解析*/
R1(config-if)#no shutdown
R1(config)#int s0/0/0.1 mutipoint
R1(config-subif)#ip address 192.168.123.1 255.255.255.0
R1(config-subif)#frame-relay map ip 192.168.123.3 103 broadcast
R1(config-subif)#frame-relay map ip 192.168.123.2 102 broadcast
R1(config-subif)#no frame-relay inverse-arp
R1(config)#router ospf
R1(config-router)#router-id 1.1.1.1
R1(config-router)#network 1.1.1.0 0.0.0.255 area 0
R1(config-router)#network 192.168.123.0 0.0.0.255 area 0
```

（2）配置路由器 R2：

```
R2(config)#int lo0
```

```
R2(config-if)#ip address 2.2.2.2 255.255.255.0
R2(config-if)#ip ospf network point-to-point
R2(config)#interface s0/0/0
R2(config-if)#ip address 192.168.123.2 255.255.255.0
R2(config-if)#encapsulation frame-relay
R2(config-if)#ip ospf network point-to-multipoint        /*配置网络类型*/
R2(config-if)#frame-relay map ip 192.168.123.1 201 broadcast
R2(config-if)#no frame-relay inverse-arp
R2(config-if)#no shutdown
R2(config)#router ospf
R2(config-router)#router-id 2.2.2.2
R2(config-router)#network 2.2.2.0 0.0.0.255 area 0
R2(config-router)#network 192.168.123.0 0.0.0.255 area 0
```

（3）配置路由器 R3：

```
R3(config)#int lo0
R3(config-if)#ip address 3.3.3.3 255.255.255.0
R3(config-if)#ip ospf network point-to-point
R3(config)#int s0/0/0
R3(config-if)#ip address 192.168.123.3 255.255.255.0
R3(config-if)#encapsulation frame-relay
R3(config-if)#ip ospf network point-to-multipoint        /*配置网络类型*/
R3(config-if)#frame-relay map ip 192.168.123.1 301 broadcast
R3(config-if)#no frame-relay inverse-arp
R3(config-if)#no shutdown
R3(config)#router ospf
R3(config-router)#router-id 3.3.3.3
R3(config-router)#network 3.3.3.0 0.0.0.255 area 0
R3(config-router)#network 192.168.123.0 0.0.0.255 area 0
```

验证测试：

/*检查在点到多点的广播网络中,路由器必须在同一子网内,不需要选举 DR 和 BDR,不需要手工配置邻居*/
```
R1#show ip ospf int s0/0/0
R1#show ip ospf neighbor detail
R3#show ip route ospf
```

6.3 MPLS 配置案例

1. 实验拓扑

实验拓扑如图 6-10 所示。

2. 实验目的

（1）掌握 MPLS 的工作过程。

（2）理解 MPLS 三张表的作用。

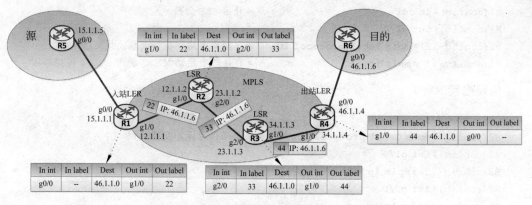

图 6-10　MPLS 配置案例

（3）掌握 MPLS 的配置过程。

3. 配置步骤

MPLS 的主要配置步骤如下：

（1）规划配置所有接口的 IP 地址（包括环回口的地址）。

（2）启动内部网关协议 IGP（如静态路由或 RIP、OSPF、EIGRP 等）。

（3）定义 MPLS 域中路由器的 ID（LSR id），可以通过 loopback0 地址定义路由器的 ID：

```
mpls ldp router-id loopback 0 force
```

（4）全局启动 Cisco 快速转发（CEF）：

```
ip cef
```

如果 CEF 被关闭，本路由不会为任何前缀分配标签，但是会接受邻居发送的标签并放入 LIB 中，LFIB 将不会采用邻居发送的标签。

```
R1(config)#ip cef
```

（5）全局启动 MPLS LDP 标签交换协议：

```
R2(config)#mpls label protocol ldp
```

或者在接口上启动 MPLS LDP 标签交换协议：

```
R1(config)#int g1/0
R1(config-if)#mpls label protocol ldp
```

（6）在 MPLS 域内所有 LSR 的接口上启动 MPLS IP：

```
R1(config-if)#mpls ip
```

配置说明：按图 6-10 配置所有路由器的接口地址，并在 R1～R6 上启动 OSPF 路由协议，验证相互间路由互连互通（这里省略配置）。MPLS 网络的范围为 R1～R4。其中 R1 和 R4 为 LER，R2 和 R3 为 LSR。

R1 的主要配置如下：

```
R1(config)#ip cef                                    /*开启 CEF 交换*/
R1(config)#int g1/0
R1(config-if)#mpls label protocol ldp    /*在接口上指定标签交换协议 LDP*/
R1(config-if)#mpls ip                        /*在接口上启动 MPLS,发送 Hello 包找邻居*/
```

同理配置 R2：

```
R2(config)#ip cef
R2(config)#mpls label protocol ldp        /*全局指定标签交换协议 LDP*/
R2(config)#int g1/0
R2(config-if)#mpls ip
R2(config)#int g2/0
R2(config-if)#mpls ip
```

同理配置 R3：

```
R3(config)#ip cef
R3(config)#mpls label protocol ldp
R3(config)#int g2/0
R3(config-if)#mpls ip
R3(config)#int g1/0
R3(config-if)#mpls ip
```

同理配置 R4：

```
R4(config)#ip cef
R4(config)#int g1/0
R4(config-if)#mpls label protocol ldp
R4(config-if)#mpls ip
```

4. 检测

(1) 查看路由表：

```
R1#show ip route
      12.0.0.0/8 is variably subnetted, 2 subnets, 2 masks
C        12.1.1.0/24 is directly connected, GigabitEthernet1/0
L        12.1.1.1/32 is directly connected, GigabitEthernet1/0
      15.0.0.0/8 is variably subnetted, 2 subnets, 2 masks
C        15.1.1.0/24 is directly connected, GigabitEthernet0/0
L        15.1.1.1/32 is directly connected, GigabitEthernet0/0
      23.0.0.0/24 is subnetted, 1 subnets
O        23.1.1.0 [110/2] via 12.1.1.2, 00:08:08, GigabitEthernet1/0
      34.0.0.0/24 is subnetted, 1 subnets
O        34.1.1.0 [110/3] via 12.1.1.2, 00:07:21, GigabitEthernet1/0
      46.0.0.0/24 is subnetted, 1 subnets
O        46.1.1.0 [110/4] via 12.1.1.2, 00:05:20, GigabitEthernet1/0
R2#show ip route
      12.0.0.0/8 is variably subnetted, 2 subnets, 2 masks
C        12.1.1.0/24 is directly connected, GigabitEthernet1/0
L        12.1.1.2/32 is directly connected, GigabitEthernet1/0
```

```
        15.0.0.0/24 is subnetted, 1 subnets
O       15.1.1.0 [110/2] via 12.1.1.1, 00:09:56, GigabitEthernet1/0
        23.0.0.0/8 is variably subnetted, 2 subnets, 2 masks
C       23.1.1.0/24 is directly connected, GigabitEthernet2/0
L       23.1.1.2/32 is directly connected, GigabitEthernet2/0
        34.0.0.0/24 is subnetted, 1 subnets
O       34.1.1.0 [110/2] via 23.1.1.3, 00:09:14, GigabitEthernet2/0
        46.0.0.0/24 is subnetted, 1 subnets
O       46.1.1.0 [110/3] via 23.1.1.3, 00:07:13, GigabitEthernet2/0
```

（2）检测 MPLS 接口情况：

```
R1# show mpls interfaces
Interface               IP          Tunnel    BGP    Static    Operational
GigabitEthernet1/0      Yes(ldp)    No        No     No        Yes
R2# show mpls interfaces
Interface               IP          Tunnel    BGP    Static    Operational
GigabitEthernet1/0      Yes(ldp)    No        No     No        Yes
GigabitEthernet2/0      Yes(ldp)    No        No     No        Yes
```

R3 省略。

```
R4# show mpls interfaces
Interface               IP          Tunnel    BGP    Static    Operational
GigabitEthernet1/0      Yes(ldp)    No        No     No        Yes
```

（3）查看 IDP 的参数：

```
R1# show mpls ldp parameters
LDP Feature Set Manager: State Initialized
  LDP features:
    Basic
    IP-over-MPLS
    TDP
    IGP-Sync
    Auto-Configuration
    TCP-MD5-Rollover
Protocol version: 1
Session hold time: 180 sec; keep alive interval: 60 sec
Discovery hello: holdtime: 15 sec; interval: 5 sec
Discovery targeted hello: holdtime: 90 sec; interval: 10 sec
Downstream on Demand max hop count: 255
LDP for targeted sessions
LDP initial/maximum backoff: 15/120 sec
LDP loop detection: off
```

（4）查看邻居信息：

```
R1# show mpls ldp discovery detail
```

```
Local LDP Identifier:
    15.1.1.1:0
Discovery Sources:
Interfaces:
    GigabitEthernet1/0(ldp): xmit/recv
        Enabled: Interface config
        Hello interval: 5000 ms; Transport IP addr: 15.1.1.1
        LDP Id: 23.1.1.2:0; no host route to transport addr
        Src IP addr: 12.1.1.2; Transport IP addr: 23.1.1.2
        Hold time: 15 sec; Proposed local/peer: 15/15 sec
        Reachable via 23.1.1.0/24
        Password: not required, none, in use
        Clients: IPv4
```

R1# **show mpls ldp neighbor**

```
Peer LDP Ident: 23.1.1.2:0; Local LDP Ident 15.1.1.1:0
    TCP connection: 23.1.1.2.36556-15.1.1.1.646
    State: Oper; Msgs sent/rcvd: 32/32; Downstream
    Up time: 00:22:07
    LDP discovery sources:
        GigabitEthernet1/0, Src IP addr: 12.1.1.2
    Addresses bound to peer LDP Ident:
        12.1.1.2        23.1.1.2
```

上面的信息表明 R1 已经和 R2 成功地建立了邻居关系。

R2# **show mpls ldp neighbor**

```
Peer LDP Ident: 15.1.1.1:0; Local LDP Ident 23.1.1.2:0
    TCP connection: 15.1.1.1.646-23.1.1.2.36556
    State: Oper; Msgs sent/rcvd: 33/33; Downstream
    Up time: 00:22:45
    LDP discovery sources:
        GigabitEthernet1/0, Src IP addr: 12.1.1.1
    Addresses bound to peer LDP Ident:
        15.1.1.1        12.1.1.1
Peer LDP Ident: 34.1.1.3:0; Local LDP Ident 23.1.1.2:0
    TCP connection: 34.1.1.3.60123-23.1.1.2.646
    State: Oper; Msgs sent/rcvd: 33/34; Downstream
    Up time: 00:22:23
    LDP discovery sources:
        GigabitEthernet2/0, Src IP addr: 23.1.1.3
    Addresses bound to peer LDP Ident:
        34.1.1.3        23.1.1.3
```

上面的信息表明 R2 已经和 R1、R3 成功地建立了邻居关系。

(5) 查看 LIB 表。

图 6-11 为 R1 的 LIB 表,可以看到 R1 给路由 46.1.1.0 分发的标签为: in label 为 18

（本地标签），out label 为 19（R1→R2）。

```
R1#show mpls ip binding
  12.1.1.0/24
        in label:        imp-null
        out label:       imp-null  lsr: 23.1.1.2:0
  15.1.1.0/24
        in label:        imp-null
        out label:       20        lsr: 23.1.1.2:0
  23.1.1.0/24
        in label:        17
        out label:       imp-null  lsr: 23.1.1.2:0    inuse
  34.1.1.0/24
        in label:        16
        out label:       18        lsr: 23.1.1.2:0    inuse
  46.1.1.0/24
        in label:        18
        out label:       19        lsr: 23.1.1.2:0    inuse
```

图 6-11　R1 的 LIB 表

图 6-12 为 R2 的 LIB 表，可以看到 R2 给路由 46.1.1.0 分发的标签为：in label 为 19（本地标签），out label 为 18（R2→R1）与 17（R2→R3）。

```
R2#show mpls ip binding
  12.1.1.0/24
        in label:        imp-null
        out label:       16        lsr: 34.1.1.3:0
        out label:       imp-null  lsr: 15.1.1.1:0
  15.1.1.0/24
        in label:        20
        out label:       imp-null  lsr: 15.1.1.1:0    inuse
        out label:       18        lsr: 34.1.1.3:0
  23.1.1.0/24
        in label:        imp-null
        out label:       imp-null  lsr: 34.1.1.3:0
        out label:       17        lsr: 15.1.1.1:0
  34.1.1.0/24
        in label:        18
        out label:       imp-null  lsr: 34.1.1.3:0    inuse
        out label:       16        lsr: 15.1.1.1:0
  46.1.1.0/24
        in label:        19
        out label:       18        lsr: 15.1.1.1:0
        out label:       17        lsr: 34.1.1.3:0    inuse
```

图 6-12　R2 的 LIB 表

图 6-13 为 R3 的 LIB 表，可以看到 R3 给路由 46.1.1.0 分发的标签为：in label 为 17（本地标签），out label 为 imp-null（R3→R4）与 19（R3→R2）。

```
R3#show mpls ip binding
  12.1.1.0/24
        in label:        16
        out label:       imp-null  lsr: 23.1.1.2:0    inuse
        out label:       17        lsr: 46.1.1.4:0
  15.1.1.0/24
        in label:        18
        out label:       16        lsr: 46.1.1.4:0
        out label:       20        lsr: 23.1.1.2:0    inuse
  23.1.1.0/24
        in label:        imp-null
        out label:       imp-null  lsr: 23.1.1.2:0
        out label:       18        lsr: 46.1.1.4:0
  34.1.1.0/24
        in label:        imp-null
        out label:       18        lsr: 23.1.1.2:0
        out label:       imp-null  lsr: 46.1.1.4:0
  46.1.1.0/24
        in label:        17
        out label:       imp-null  lsr: 46.1.1.4:0    inuse
        out label:       19        lsr: 23.1.1.2:0
```

图 6-13　R3 的 LIB 表

图 6-14 为 R4 的 LIB 表,可以看到 R4 给路由 46.1.1.0 分发的标签:入标签(in label)为 imp-null(本地标签),出标签(out label)为 17(R4→R3)。

```
R4#show mpls ip binding
  12.1.1.0/24
          in label:      17
          out label:     16        lsr: 34.1.1.3:0        inuse
  15.1.1.0/24
          in label:      16
          out label:     18        lsr: 34.1.1.3:0        inuse
  23.1.1.0/24
          in label:      18
          out label:     imp-null  lsr: 34.1.1.3:0        inuse
  34.1.1.0/24
          in label:      imp-null
          out label:     imp-null  lsr: 34.1.1.3:0
  46.1.1.0/24
          in label:      imp-null
          out label:     17        lsr: 34.1.1.3:0
```

图 6-14　R4 的 LIB 表

综上所述,对路由表中某一目标路由 46.1.1.0 的网络,MPLS 分配标签情况表如表 6-1 所示。

表 6-1　目标 46.1.1.0 的标签分配表

路由器	本地标签	出标签 1	出标签 2
R1	18	19(R1→R2)	空(R1→R5)
R2	19	18(R2→R1)	17(R2→R3)
R3	17	19(R3→R2)	空(R3→R4)
R4	无	17(R4→R3)	空(R4→R6)

(6) 查看 LFIB 表。

图 6-15 为 R1 的 LFIB 表,可以看到路由 46.1.1.0 在 R1 上的本地标签(Local Label)为 18,远程标签(Outgoing Label)为 19(R1→R2)(最优的)。

```
R1#show mpls forwarding-table
Local    Outgoing    Prefix        Bytes Label    Outgoing    Next Hop
Label    Label       or Tunnel Id  Switched       interface
16       18          34.1.1.0/24   0              Gi1/0       12.1.1.2
17       Pop Label   23.1.1.0/24   0              Gi1/0       12.1.1.2
18       19          46.1.1.0/24   0              Gi1/0       12.1.1.2
```

图 6-15　R1 的 LFIB 表

图 6-16 为 R2 的 LFIB 表,可以看到路由 46.1.1.0 在 R2 上的本地标签为 19,远程标签为 17(R2→R3)(最优的)。

```
R2#show mpls forwarding-table
Local    Outgoing    Prefix        Bytes Label    Outgoing    Next Hop
Label    Label       or Tunnel Id  Switched       interface
18       Pop Label   34.1.1.0/24   0              Gi2/0       23.1.1.3
19       17          46.1.1.0/24   576            Gi2/0       23.1.1.3
20       Pop Label   15.1.1.0/24   1512           Gi1/0       12.1.1.1
```

图 6-16　R2 的 LFIB 表

图 6-17 为 R3 的 LFIB 表,可以看到路由 46.1.1.0 在 R3 上的本地标签为 17,远程标签无(R3→R4),倒数第二。

```
R3#show mpls forwarding-table
Local      Outgoing    Prefix          Bytes Label  Outgoing    Next Hop
Label      Label       or Tunnel Id    Switched     interface
16         Pop Label   12.1.1.0/24     0            Gi2/0       23.1.1.2
17         Pop Label   46.1.1.0/24     798          Gi1/0       34.1.1.4
18         20          15.1.1.0/24     1002         Gi2/0       23.1.1.2
```

图 6-17 R3 的 LFIB 表

图 6-18 为 R4 的 LFIB 表,可以看到路由 46.1.1.0 在 R4 既无本地标签,也无远程标签。

```
R4#show mpls forwarding-table
Local      Outgoing    Prefix          Bytes Label  Outgoing    Next Hop
Label      Label       or Tunnel Id    Switched     interface
16         18          15.1.1.0/24     0            Gi1/0       34.1.1.3
17         16          12.1.1.0/24     0            Gi1/0       34.1.1.3
18         Pop Label   23.1.1.0/24     0            Gi1/0       34.1.1.3
```

图 6-18 R4 的 LFIB 表

综上所述,从 LIB、LFIB 所产生的结果可以得到图 6-19 所示的从 R5 到 R6 的 LFIB 表。

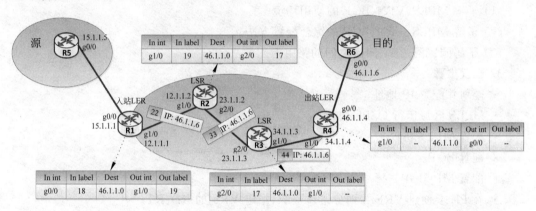

图 6-19 从 R5 到 R6 的 LFIB 表

6.4 MPLS/VPN BGP 配置案例

上海第二工业大学和上海金融学院在浦东金海路和闸北区都设有分校,现需要使上海第二工业大学分校之间以及上海金融学院分校之间能够直接通过内网通信。

1. 实验拓扑

实验拓扑如图 6-20 所示,R1、R2、R3、R4 为运营商主干网路由器。R1、R4 为 PE 路由器,R1 位于浦东新区(连接金海路附近的企事业单位),R4 位于闸北区(连接闸北区各园区网络)。R2、R3 为 P 路由器(运营商内部路由器),R2 位于长宁区,R3 位于黄浦区。

R1、R2、R3、R4 属 MPLS 区域,运行 OSPF 路由协议。

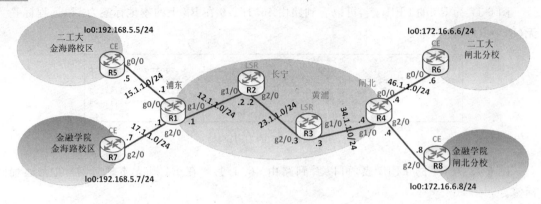

图 6-20 网络拓扑

R5、R7 为 CE 路由器,R5 为二工大金海路校区的出口路由器,R7 为金融学院金海路校区的出口路由器,它们都同时连接到电信运营商在该地区的 PE 路由器 R1。

R6、R8 为 CE 路由器,R6 为二工大闸北校区的出口路由器,R8 为金融学院闸北校区的出口路由器,它们都同时连接到电信运营商在该地区的 PE 路由器 R4。

PE 与 CE 之间运行 EBGP 协议。PE 与 PE 之间运行 MP_BGP 协议。

2. 实验目的

(1) 了解 MPLS、VPN、BGP 的使用环境。

(2) 了解 MPLS、VPN、BGP 的综合配置方法。

(3) 了解园区网内部、园区之间的路由检测方法。

3. 配置步骤

- 规划并配置 IP 地址。
- MPLS 区域运行 OSPF 协议。
- 配置 MPLS 协议。
- 配置 BGP。
- 配置 MP_BGP。
- 在 PE 上创建 VRF 并划分接口资源,指定 VRF 的 RD、RT。
- 为 MP_BGP 创建 VRF。
- PE 和 CE 间运行 EGBP 协议。

主要配置如下。

(1) 在 R1 上的配置:

```
/*IP地址配置略*/
/*开启 CEF 交换*/
ip cef
int g1/0
mpls label protocol ldp              /*在接口上指定标签交换协议 LDP*/
mpls ip                              /*在接口上启动 MPLS,发送 Hello 包找邻居*/
/*启动 OSPF*/
router ospf 1
network 12.1.1.0
```

```
/*配置 BGP*/
router bgp 100
 neighbor 4.4.4.4 remote-as 100
 neighbor 4.4.4.4 update-source lo0
 /*配置 MP_BGP*/
  address-family vpnv4
  neighbor 4.4.4.4 activate
  neighbor 4.4.4.4 send-community both
 address-family ipv4 vrf vpn5          /*配置 MP_BGP VRF*/
 address-family ipv4 vrf vpn7
 address-family ipv4 vrf vpn5          /*配置 EBGP*/
  neighbor 15.1.1.5 remote-as 200
  neighbor 15.1.1.5 activate
 address-family ipv4 vrf vpn7
  neighbor 17.1.1.7 remote-as 300
  neighbor 17.1.1.7 activate
  neighbor 15.1.1.5 as-override        /*配置允许 AS 重叠*/
  neighbor 17.1.1.7 as-override
ip vrf vpn5                            /*创建 VRF*/
 rd 100:1
 route-target both 100:1
ip vrf vpn7
 rd 100:2
 route-target both 100:2
int g0/0
 ip vrf forwarding vpn5                /*划分接口给 VRF*/
int g2/0
 ip vrf forwarding vpn7
```

（2）在 R4 上的配置：

```
/*IP 地址配置略*/
/*开启 CEF 交换*/
ip cef
int g1/0
mpls label protocol ldp
mpls ip
/*启动 OSPF*/
R4(config)#router ospf 1
R4(config-router)#network 34.1.1.0
/*配置 BGP*/
router bgp 100
 neighbor 1.1.1.1 remote-as 100
 neighbor 1.1.1.1 update-source lo0
 address-family vpnv4                  /*配置 MP_BGP*/
  neighbor 1.1.1.1 activate
  neighbor 1.1.1.1 send-community both
```

```
address-family ipv4 vrf vpn6              /* 配置 MP_BGP VRF */
address-family ipv4 vrf vpn8
address-family ipv4 vrf vpn6              /* 配置 EBGP */
  neighbor 46.1.1.6 remote-as 200
  neighbor 46.1.1.6 activate
  address-family ipv4 vrf vpn8
  neighbor 48.1.1.8 remote-as 300
  neighbor 48.1.1.8 activate
  neighbor 46.1.1.6 as-override
  neighbor 48.1.1.8 as-override
ip vrf vpn6                               /* 创建 VRF */
 rd 100:1
 route-target both 100:1
ip vrf vpn8
 rd 100:2
 route-target both 100:2
int g0/0                                  /* 划分接口给 VRF */
 ip vrf forwarding vpn6
int g2/0
 ip vrf forwarding vpn8
```

(3) 在 R2 上的配置:

```
/* IP 地址配置略 */
/* 开启 CEF 交换 */
ip cef
mpls label protocol ldp                   /* 全局指定标签交换协议 LDP */
int g1/0
mpls ip
int g2/0
mpls ip
/* 启动 OSPF */
R2(config)#router ospf 1
R2(config-router)#network 12.1.1.0
R2(config-router)#network 23.1.1.0
```

(4) 在 R3 上的配置:

```
/* IP 地址配置略 */
/* 开启 CEF 交换 */
ip cef
mpls label protocol ldp
int g2/0
mpls ip
int g1/0
mpls ip
/* 启动 OSPF */
R3(config)#router ospf 1
```

```
R3(config-router)#network 34.1.1.0
R3(config-router)#network 23.1.1.0
```

（5）在 R5 上的配置：

```
router bgp 200                              /* 配置 EBGP */
 neighbor 15.1.1.1 remote-as 100
 network 192.168.5.0 mask 255.255.255.0
```

（6）在 R6 上的配置：

```
router bgp 200
 neighbor 46.1.1.4 remote-as 100
 network 172.16.6.0 mask 255.255.255.0
```

（7）在 R7 上的配置：

```
router bgp 300
 neighbor 17.1.1.1 remote-as 100
 network 192.168.5.0 mask 255.255.255.0
```

（8）在 R8 上的配置：

```
router bgp 300
 neighbor 48.1.1.4 remote-as 100
 network 172.16.6.0 mask 255.255.255.0
```

4. 检测

（1）MPLS 检测。

如图 6-21 所示，在此追踪 R5 192.168.5.5 到 R6 172.16.6.6 的路由，可以看到数据包在经过 MPLS 区域时是通过标签进行交换的。

```
R5#traceroute 172.16.6.6 source lo0
Type escape sequence to abort.
Tracing the route to 172.16.6.6
VRF info: (vrf in name/id, vrf out name/id)
  1 15.1.1.1 20 msec 44 msec 12 msec
  2 12.1.1.2 [MPLS: Labels 22/22 Exp 0] 140 msec 104 msec 140 msec
  3 23.1.1.3 [MPLS: Labels 20/22 Exp 0] 200 msec 108 msec 96 msec
  4 46.1.1.4 [MPLS: Label 22 Exp 0] 108 msec 88 msec 120 msec
  5 46.1.1.6 108 msec 104 msec 140 msec
R5#
```

图 6-21 追踪 R5 到 172.16.6.6 的数据包的过程

（2）查看 PE 路由器上的 VRF 路由表。

如图 6-22 所示，VRF vpn5 路由表中已有 R5 的内网路由 192.168.5.0 和 R6 的内网路由 172.16.6.0。

如图 6-23 所示，VRF vpn7 路由表中已有 R7 的内网路由 192.168.5.0 和 R8 的内网路由 172.16.6.0。

如图 6-24 所示，VRF vpn6 路由表中已有 R5 的内网路由 192.168.5.0 和 R6 的内网路由 172.16.6.0。

```
R1#show ip route vrf vpn5

Routing Table: vpn5
Codes: L - local, C - connected, S - static, R - RIP, M - mobile, B - BGP
       D - EIGRP, EX - EIGRP external, O - OSPF, IA - OSPF inter area
       N1 - OSPF NSSA external type 1, N2 - OSPF NSSA external type 2
       E1 - OSPF external type 1, E2 - OSPF external type 2
       i - IS-IS, su - IS-IS summary, L1 - IS-IS level-1, L2 - IS-IS level-2
       ia - IS-IS inter area, * - candidate default, U - per-user static route
       o - ODR, P - periodic downloaded static route, H - NHRP, l - LISP
       + - replicated route, % - next hop override

Gateway of last resort is 12.1.1.2 to network 0.0.0.0

S*    0.0.0.0/0 [1/0] via 12.1.1.2
      15.0.0.0/8 is variably subnetted, 2 subnets, 2 masks
C        15.1.1.0/24 is directly connected, GigabitEthernet0/0
L        15.1.1.1/32 is directly connected, GigabitEthernet0/0
      172.16.0.0/24 is subnetted, 1 subnets
B        172.16.6.0 [200/0] via 4.4.4.4, 00:12:34
B     192.168.5.0/24 [20/0] via 15.1.1.5, 00:12:35
R1#
```

图 6-22　PE 路由器 R1 上的 VRF vpn5 路由表

```
R1#show ip route vrf vpn7

Routing Table: vpn7
Codes: L - local, C - connected, S - static, R - RIP, M - mobile, B - BGP
       D - EIGRP, EX - EIGRP external, O - OSPF, IA - OSPF inter area
       N1 - OSPF NSSA external type 1, N2 - OSPF NSSA external type 2
       E1 - OSPF external type 1, E2 - OSPF external type 2
       i - IS-IS, su - IS-IS summary, L1 - IS-IS level-1, L2 - IS-IS level-2
       ia - IS-IS inter area, * - candidate default, U - per-user static route
       o - ODR, P - periodic downloaded static route, H - NHRP, l - LISP
       + - replicated route, % - next hop override

Gateway of last resort is 12.1.1.2 to network 0.0.0.0

S*    0.0.0.0/0 [1/0] via 12.1.1.2
      17.0.0.0/8 is variably subnetted, 2 subnets, 2 masks
C        17.1.1.0/24 is directly connected, GigabitEthernet2/0
L        17.1.1.1/32 is directly connected, GigabitEthernet2/0
      172.16.0.0/24 is subnetted, 1 subnets
B        172.16.6.0 [200/0] via 4.4.4.4, 00:13:20
B     192.168.5.0/24 [20/0] via 17.1.1.7, 00:13:21
R1#
```

图 6-23　PE 路由器 R1 上的 VRF vpn7 路由表

```
R4#show ip route vrf vpn6

Routing Table: vpn6
Codes: L - local, C - connected, S - static, R - RIP, M - mobile, B - BGP
       D - EIGRP, EX - EIGRP external, O - OSPF, IA - OSPF inter area
       N1 - OSPF NSSA external type 1, N2 - OSPF NSSA external type 2
       E1 - OSPF external type 1, E2 - OSPF external type 2
       i - IS-IS, su - IS-IS summary, L1 - IS-IS level-1, L2 - IS-IS level-2
       ia - IS-IS inter area, * - candidate default, U - per-user static route
       o - ODR, P - periodic downloaded static route, H - NHRP, l - LISP
       + - replicated route, % - next hop override

Gateway of last resort is 34.1.1.3 to network 0.0.0.0

S*    0.0.0.0/0 [1/0] via 34.1.1.3
      46.0.0.0/8 is variably subnetted, 2 subnets, 2 masks
C        46.1.1.0/24 is directly connected, GigabitEthernet0/0
L        46.1.1.4/32 is directly connected, GigabitEthernet0/0
      172.16.0.0/24 is subnetted, 1 subnets
B        172.16.6.0 [20/0] via 46.1.1.6, 00:14:49
B     192.168.5.0/24 [200/0] via 1.1.1.1, 00:14:49
R4#
```

图 6-24　PE 路由器 R4 上的 VRF vpn6 路由表

如图 6-25 所示，VRF vpn8 路由表中已有 R7 的内网路由 192.168.5.0 和 R8 的内网路由 172.16.6.0。

```
R4#show ip route vrf vpn8

Routing Table: vpn8
Codes: L - local, C - connected, S - static, R - RIP, M - mobile, B - BGP
       D - EIGRP, EX - EIGRP external, O - OSPF, IA - OSPF inter area
       N1 - OSPF NSSA external type 1, N2 - OSPF NSSA external type 2
       E1 - OSPF external type 1, E2 - OSPF external type 2
       i - IS-IS, su - IS-IS summary, L1 - IS-IS level-1, L2 - IS-IS level-2
       ia - IS-IS inter area, * - candidate default, U - per-user static route
       o - ODR, P - periodic downloaded static route, H - NHRP, l - LISP
       + - replicated route, % - next hop override

Gateway of last resort is 34.1.1.3 to network 0.0.0.0

S*    0.0.0.0/0 [1/0] via 34.1.1.3
      48.0.0.0/8 is variably subnetted, 2 subnets, 2 masks
C        48.1.1.0/24 is directly connected, GigabitEthernet2/0
L        48.1.1.4/32 is directly connected, GigabitEthernet2/0
      172.16.0.0/24 is subnetted, 1 subnets
B        172.16.6.0 [20/0] via 48.1.1.8, 00:15:18
B     192.168.5.0/24 [200/0] via 1.1.1.1, 00:15:18
R4#
```

图 6-25　PE 路由器 R4 上的 VRF vpn8 路由表

（3）查看 PE 路由器上的全局路由表。

如图 6-26 所示，原先 PE 路由器 R1 连接 CE 路由器的路由信息已经不存在于全局路由表中，路由表中的 192.168.5.0 路由和 71.1.1.0 路由是为了让 CE 路由器能访问 Internet 而配置的静态路由和隧道。

```
R1#show ip route
Codes: L - local, C - connected, S - static, R - RIP, M - mobile, B - BGP
       D - EIGRP, EX - EIGRP external, O - OSPF, IA - OSPF inter area
       N1 - OSPF NSSA external type 1, N2 - OSPF NSSA external type 2
       E1 - OSPF external type 1, E2 - OSPF external type 2
       i - IS-IS, su - IS-IS summary, L1 - IS-IS level-1, L2 - IS-IS level-2
       ia - IS-IS inter area, * - candidate default, U - per-user static route
       o - ODR, P - periodic downloaded static route, H - NHRP, l - LISP
       + - replicated route, % - next hop override

Gateway of last resort is not set

      1.0.0.0/32 is subnetted, 1 subnets
C        1.1.1.1 is directly connected, Loopback0
      2.0.0.0/32 is subnetted, 1 subnets
O        2.2.2.2 [110/2] via 12.1.1.2, 00:10:24, GigabitEthernet1/0
      3.0.0.0/32 is subnetted, 1 subnets
O        3.3.3.3 [110/3] via 12.1.1.2, 00:10:24, GigabitEthernet1/0
      4.0.0.0/32 is subnetted, 1 subnets
O        4.4.4.4 [110/4] via 12.1.1.2, 00:10:14, GigabitEthernet1/0
      11.0.0.0/8 is variably subnetted, 2 subnets, 2 masks
C        11.11.11.0/24 is directly connected, Loopback1
L        11.11.11.11/32 is directly connected, Loopback1
      12.0.0.0/8 is variably subnetted, 2 subnets, 2 masks
C        12.1.1.0/24 is directly connected, GigabitEthernet1/0
L        12.1.1.1/32 is directly connected, GigabitEthernet1/0
      15.0.0.0/24 is subnetted, 1 subnets
S        15.1.1.0 [1/0] via 15.1.1.5, GigabitEthernet0/0
      23.0.0.0/24 is subnetted, 1 subnets
O        23.1.1.0 [110/2] via 12.1.1.2, 00:10:24, GigabitEthernet1/0
      34.0.0.0/24 is subnetted, 1 subnets
O        34.1.1.0 [110/3] via 12.1.1.2, 00:10:24, GigabitEthernet1/0
      71.0.0.0/8 is variably subnetted, 2 subnets, 2 masks
C        71.1.1.0/24 is directly connected, Tunnel1
L        71.1.1.1/32 is directly connected, Tunnel1
S     192.168.5.0/24 [1/0] via 17.1.1.7, GigabitEthernet2/0
                      [1/0] via 15.1.1.5, GigabitEthernet0/0
                      is directly connected, Tunnel1
R1#
```

图 6-26　R1 路由表

同理可以看到原先 PE 路由器 R4 连接 CE 路由器的路由信息已经不存在于全局路由表中,路由表中的 172.16.6.0 路由是为了让 CE 路由器能访问 Internet 而配置的静态路由。

(4) 查看 MP_BGP 的 VRF 路由。

如图 6-27 所示,MP_BGP VRF 路由表 vpn5 中已有 R5 的内网路由 192.168.5.0 和 R6 的内网路由 172.16.6.0,MP_BGP VRF 路由表 vpn7 中已有 R7 的内网路由 192.168.5.0 和 R8 的内网路由 172.16.6.0。

```
R1#show ip bgp vpnv4 all
BGP table version is 7, local router ID is 11.11.11.11
Status codes: s suppressed, d damped, h history, * valid, > best, i
              r RIB-failure, S Stale, m multipath, b backup-path, x
Origin codes: i - IGP, e - EGP, ? - incomplete

   Network          Next Hop         Metric LocPrf Weight Path
Route Distinguisher: 100:1 (default for vrf vpn5)
*>i172.16.6.0/24    4.4.4.4               0    100      0 200 i
*> 192.168.5.0      15.1.1.5              0             0 200 i
Route Distinguisher: 100:2 (default for vrf vpn7)
*>i172.16.6.0/24    4.4.4.4               0    100      0 300 i
*> 192.168.5.0      17.1.1.7              0             0 300 i
R1#
```

图 6-27　R1 上的 MP_BGP 的 VRF 路由表

同理可以看到,MP_BGP VRF 路由表 vpn6 中已有 R5 的内网路由 192.168.5.0 和 R6 的内网路由 172.16.6.0,MP_BGP VRF 路由表 vpn8 中已有 R7 的内网路由 192.168.5.0 和 R8 的内网路由 172.16.6.0。

(5) 查看 CE 路由表。

如图 6-28 所示,CE 路由器 R5 已有分校 R6 的内网路由 172.16.6.0。同理可以看到 CE 路由器 R6 已有分校 R5 的内网路由 192.168.5.0。

```
R5#show ip route
Codes: L - local, C - connected, S - static, R - RIP, M - mobile, B - BGP
       D - EIGRP, EX - EIGRP external, O - OSPF, IA - OSPF inter area
       N1 - OSPF NSSA external type 1, N2 - OSPF NSSA external type 2
       E1 - OSPF external type 1, E2 - OSPF external type 2
       i - IS-IS, su - IS-IS summary, L1 - IS-IS level-1, L2 - IS-IS level-2
       ia - IS-IS inter area, * - candidate default, U - per-user static route
       o - ODR, P - periodic downloaded static route, H - NHRP, l - LISP
       + - replicated route, % - next hop override

Gateway of last resort is 15.1.1.1 to network 0.0.0.0

S*    0.0.0.0/0 [1/0] via 15.1.1.1
      15.0.0.0/8 is variably subnetted, 2 subnets, 2 masks
C        15.1.1.0/24 is directly connected, GigabitEthernet0/0
L        15.1.1.5/32 is directly connected, GigabitEthernet0/0
      172.16.0.0/24 is subnetted, 1 subnets
B        172.16.6.0 [20/0] via 15.1.1.1, 00:04:57
      192.168.5.0/24 is variably subnetted, 2 subnets, 2 masks
C        192.168.5.0/24 is directly connected, Loopback0
L        192.168.5.5/32 is directly connected, Loopback0
R5#
```

图 6-28　R5 路由表

如图 6-29 所示,CE 路由器 R7 已有分校 R8 的内网路由 172.16.6.0。同理可以看到 CE 路由器 R8 已有分校 R7 的内网路由 192.168.5.0。

```
R7#show ip route
Codes: L - local, C - connected, S - static, R - RIP, M - mobile, B - BGP
       D - EIGRP, EX - EIGRP external, O - OSPF, IA - OSPF inter area
       N1 - OSPF NSSA external type 1, N2 - OSPF NSSA external type 2
       E1 - OSPF external type 1, E2 - OSPF external type 2
       i - IS-IS, su - IS-IS summary, L1 - IS-IS level-1, L2 - IS-IS level-2
       ia - IS-IS inter area, * - candidate default, U - per-user static route
       o - ODR, P - periodic downloaded static route, H - NHRP, l - LISP
       + - replicated route, % - next hop override

Gateway of last resort is 17.1.1.1 to network 0.0.0.0

S*    0.0.0.0/0 [1/0] via 17.1.1.1
                    is directly connected, Tunnel1
      17.0.0.0/8 is variably subnetted, 2 subnets, 2 masks
C        17.1.1.0/24 is directly connected, GigabitEthernet2/0
L        17.1.1.7/32 is directly connected, GigabitEthernet2/0
      71.0.0.0/8 is variably subnetted, 2 subnets, 2 masks
C        71.1.1.0/24 is directly connected, Tunnel1
L        71.1.1.7/32 is directly connected, Tunnel1
      172.16.0.0/24 is subnetted, 1 subnets
B        172.16.6.0 [20/0] via 17.1.1.1, 00:05:58
      192.168.5.0/24 is variably subnetted, 2 subnets, 2 masks
C        192.168.5.0/24 is directly connected, Loopback0
L        192.168.5.7/32 is directly connected, Loopback0
R7#
```

图 6-29 R7 路由表

（6）检测 PE 与 CE 之间的通信。

R5 与 R6 通信，如图 6-30 所示，表明上海第二工业大学的分校间已经可以通过内网进行通信。

```
R5#ping 172.16.6.6 source lo0
Type escape sequence to abort.
Sending 5, 100-byte ICMP Echos to 172.16.6.6, timeout is 2 seconds:
Packet sent with a source address of 192.168.5.5
!!!!!
Success rate is 100 percent (5/5), round-trip min/avg/max = 112/122/132 ms
R5#
```

图 6-30 R5 与 R6 通信（同一企业内网通信）

R7 与 R8 通信，如图 6-31 所示，金融学院的分校间已经可以通过内网进行通信。

```
R7#ping 172.16.6.8 source lo0
Type escape sequence to abort.
Sending 5, 100-byte ICMP Echos to 172.16.6.8, timeout is 2 seconds:
Packet sent with a source address of 192.168.5.7
!!!!!
Success rate is 100 percent (5/5), round-trip min/avg/max = 84/120/156 ms
R7#
```

图 6-31 R7 与 R8 通信（同一企业内网通信）

（7）检测 CE 访问 Internet。

边界路由器 R5、R6、R7、R8 都能访问 Internet。图 6-32 显示了 CE 路由器 R5 可以正常访问 Internet。

```
R5#ping 12.1.1.2
Type escape sequence to abort.
Sending 5, 100-byte ICMP Echos to 12.1.1.2, timeout is 2 seconds:
!!!!!
Success rate is 100 percent (5/5), round-trip min/avg/max = 24/47/76 ms
R5#
```

图 6-32 CE 路由器 R5 访问 Internet

6.5 主教材第 8 章习题与实验解答

1. 选择题

（1）网络中经常使用帧中继服务，以下选项中（ ABD ）是帧中继的优点。

    A. 偷占带宽   B. 提供拥塞管理机制

    C. 可以使用任意广域网协议   D. 灵活的接入方式

（2）下列关于 HDLC 的说法中错误的是（ C ）。

    A. HDLC 运行于同步串行线路

    B. 链路层封装标准 HDLC 协议的单一链路，只能承载单一的网络层协议

    C. HDLC 是面向字符的链路层协议，其传输的数据必须是规定字符集

    D. HDLC 是面向比特的链路层协议，其传输的数据必须是规定字符集

（3）下列关于 PPP 协议的说法中正确的是（ B ）。

    A. PPP 协议是一种 NCP 协议

    B. PPP 协议与 HDLC 同属于广域网协议

    C. PPP 协议只能工作在同步串行链路上

    D. PPP 协议是三层协议

（4）以下封装协议中使用 CHAP 或者 PAP 验证方式的是（ B ）。

    A. HDLC   B. PPP   C. SDLC   D. SLIP

（5）（ B ）为两次握手协议，它通过在网络上以明文的方式传递用户名及密码来对用户进行验证。

    A. HDLC   B. PPP PAP   C. SDLC   D. LIP

（6）在一个串行链路上，（ C ）命令开启 CHAP 封装，同时用 PAP 作为后备。

    A. （config-if）# authentication ppp chap fallback ppp

    B. （config-if）# authentication ppp chap pap

    C. （config-if）# ppp authentication chap pap

    D. （config-if）# ppp authentication chap fallback ppp

（7）下列关于在 PPP 链路中使用 CHAP 封装机制的描述中（ BE ）是正确的。

    A. CHAP 使用双向握手协商方式

    B. CHAP 封装发生在链路创建链接之后

    C. CHAP 没有攻击防范保护

    D. CHAP 封装协议只在链路建立后执行

    E. CHAP 使用三次握手协商

    F. CHAP 封装使用明文发送密码

（8）帧中继网是一种（ A ）。

    A. 广域网   B. 局域网   C. ATM 网   D. 以太网

（9）（ A ） will happen if a private IP address is assigned to a public interface connected to an ISP.

    A. Addresses in a private range will be not routed on the Internet backbone

B. Only the ISP router will have the capability to access the public network

C. The NAT process will be used to translate this address in a valid IP address

D. Several automated methods will be necessary on the private network

E. A conflict of IP addresses happens，because other public routers can use the same range

(10) Refer to the Fig. 6-33（图 6-33）. In the Frame Relay network，the IP address given in（　B　）would be assigned to the interfaces with point-to-point PVCs.

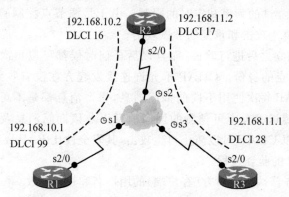

图 6-33　点到点的帧中继配置

  A. DLCI 16：192. 168. 10. 1/24
   DLCI 17：192. 168. 10. 2/24
   DLCI 99：192. 168. 10. 3/24
   DLCI 28：192. 168. 10. 4/24
  B. DLCI 16：192. 168. 10. 1/24
   DLCI 17：192. 168. 11. 1/24
   DLCI 99：192. 168. 10. 2/24
   DLCI 28：192. 168. 11. 2/24
  C. DLCI 16：192. 168. 10. 1/24
   DLCI 17：192. 168. 11. 1/24
   DLCI 99：192. 168. 12. 1/24
   DLCI 28：192. 168. 13. 1/24
  D. DLCI 16：192. 168. 10. 1/24
   DLCI 17：192. 168. 10. 1/24
   DLCI 99：192. 168. 10. 2/24
   DLCI 28：192. 168. 10. 3/24

2. 问答题

（1）广域网协议中的 PPP 具有什么特点？

答：PPP 具有以下特性。

- 能够控制数据链路的建立。
- 能够对 IP 地址进行分配和使用。

- 允许同时采用多种网络层协议。
- 能够配置和测试数据链路。
- 能够进行错误检测。

（2）PAP 和 CHAP 各自的特点是什么？

答：PAP 在 PPP 链路建立完毕后，源节点不停地在链路上反复发送用户名和密码，直到验证通过。PAP 采用两次握手方式，其认证密码在链路上是明文传输的；一旦连接建立后，客户端路由器需要不停地在链路上发送用户名和密码进行认证，因此受到远程服务器端路由器对其进行登录尝试的频率和定时的限制。由于是源节点控制验证重试频率和次数，因此 PAP 不能防范再生攻击和重复的尝试攻击。

CHAP 在链路建立之后进行验证，而且以后任何时候都可以再次验证，利用三次握手周期性地验证源端节点的身份。CHAP 不允许连接发起方在没有收到询问消息的情况下进行验证尝试。CHAP 每次使用不同的询问消息，每个消息都是不可预测的唯一的值，它不直接传送密码，只传送一个不可预测的询问消息以及该询问消息及密码经过 MD5 加密运算后的加密值，所以 CHAP 可以防止再生攻击，其安全性比 PAP 要高。

（3）简述 CHAP 的验证过程。

答：首先，由服务器端给出对方（客户端）的用户名和挑战密文（第 1 次握手）。

其次，客户端同样给出对方（服务器端）的用户名和加密密文（第 2 次握手）。

最后，服务器端进行验证，并向客户端通告验证成功或失败（第 3 次握手）。

（4）什么是帧中继？它有什么特点？

答：帧中继，是在用户与网络接口之间提供用户信息流的双向传送，并保持顺序不变的一种承载业务。帧中继是以帧为单位在网络上传输，并将流量控制、纠错等功能全部交由智能终端设备处理的一种新型高速网络接口技术。帧中继和分组交换类似，但却以比分组容量大的帧为单位而不是以分组为单位进行数据传输，它在网络上的中间节点对数据不进行误码纠错。帧中继技术在保持了分组交换技术的灵活性及较低的费用的同时，缩短了传输时延，提高了传输速度。

帧中继有以下特点：

- 面向连接的交换技术。
- 可以在一条物理链路上提供多条虚电路。
- 以帧的形式传递数据信息。
- 提供了一套合理的带宽管理和防止拥塞的机制。
- 帧中继链路层完成统计复用、帧透明传输和错误检测等功能。

3. 操作题

图 6-34 中，R1 是园区网出口路由器，ISP 是互联网供应商的接入路由，通过点对点的网络连接（PPP、CHAP）。S1 是园区中核心交换机，下连两个有代表性的局域网 VLAN 2 和 VLAN 3，PC3（11.1.1.1）代表互联网上的一台主机。ISP 分配给园区的公网地址为 219.220.224.1～219.220.224.7，子网掩码为 255.255.255.248。由于拓扑结构相对简单，采用静态路由配置方法，使内网能访问外网主机。

答：（1）配置。

在路由器 R1 上的主要配置如下：

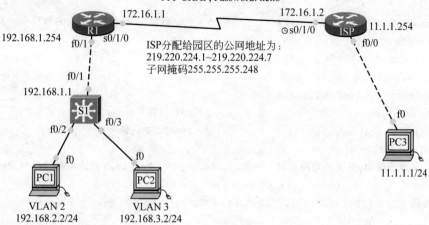

PPP CHAP, Password: hello

192.168.1.254

ISP分配给园区的公网地址为：
219.220.224.1~219.220.224.7
子网掩码255.255.255.248

VLAN 2
192.168.2.2/24

VLAN 3
192.168.3.2/24

11.1.1.1/24

图 6-34 操作题图

```
username ISP password 0 abc123          /* PPP 封装定义对端的用户名和口令 */
interface s0/1/0
ip address 172.16.1.1 255.255.0.0
encapsulation ppp                       /* PPP 封装 */
ppp authentication chap
ip nat outside                          /* NAT 的出口 */
interface f0/1
ip address 192.168.1.254 255.255.255.0
ip nat inside                           /* NAT 的入口 */
/* NAT 公网地址范围:219.220.224.1~219.220.224.7 */
ip nat pool out_int 219.220.224.1 219.220.224.7 netmask 255.255.255.248
ip nat inside source list 1 pool out_int overload
access-list 1 permit 192.168.0.0 0.0.255.255
/* 定义静态路由 */
ip route 192.168.2.0 255.255.255.0 192.168.1.1
ip route 192.168.3.0 255.255.255.0 192.168.1.1
/* 定义默认路由 */
ip route 0.0.0.0 0.0.0.0 172.16.1.2
```

在 S1 上的主要配置如下：

```
ip routing
interface f0/1
no switchport                           /* 定义为路由口 */
ip address 192.168.1.1 255.255.255.0
interface vlan 2
ip address 192.168.2.1 255.255.255.0
interface vlan 3
ip address 192.168.3.1 255.255.255.0
/* 定义默认路由 */
ip route 0.0.0.0 0.0.0.0 192.168.1.254
```

在 ISP 上的主要配置如下：

```
username R1 password 0 abc123          /* PPP 封装定义对端的用户名和口令 */
interface f0/0
ip address 11.1.1.254 255.255.255.0
interface s0/1/0
ip address 172.16.1.2 255.255.0.0
encapsulation ppp                      /* PPP 封装 */
ppp authentication chap                /* PPP CHAP 认证 */
clock rate 2000000
```

/* 定义静态路由,凡是到公网地址 219.220.224.1～219.220.224.7 的路由都转发到园区的路由器
   R1 */

```
ip route 219.220.224.0 255.255.255.248 172.16.1.1
```

(2) 检测。

显示 R1 的路由表：

```
R1# show ip route
172.16.0.0/16 is variably subnetted, 2 subnets, 2 masks
C 172.16.0.0/16 is directly connected, Serial0/1/0
C 172.16.1.2/32 is directly connected, Serial0/1/0
C 192.168.1.0/24 is directly connected, FastEthernet0/1
S 192.168.2.0/24 [1/0] via 192.168.1.1
S 192.168.3.0/24 [1/0] via 192.168.1.1
S* 0.0.0.0/0 [1/0] via 172.16.1.2
```

在 PC1 上跟踪到达 PC3(11.1.1.1)的路径,如图 6-35 所示。

```
PC>tracert 11.1.1.1

Tracing route to 11.1.1.1 over a maximum of 30 hops:

  1   0 ms      0 ms      0 ms     192.168.2.1
  2   0 ms      0 ms      0 ms     192.168.1.254
  3   0 ms      0 ms      0 ms     172.16.1.2
  4   0 ms      0 ms      1 ms     11.1.1.1

Trace complete.
```

图 6-35　从内网到达外网

在 R1 出口路由器上执行以下命令：

```
R1# debug ip nat
```

同时在 PC1 和 PC2 上不间断地发 ping 包,R1 的 NAT 转换情况如下所示,使用了一个公网地址 219.220.224.1,不同的端口,即使用端口地址转换,由于发包的顺序不同,每个同学得到的列表也不尽相同。

```
/* PC2 出 */
NAT: s=192.168.3.2->219.220.224.1, d=11.1.1.1 [43]
NAT: s=219.220.224.1, d=11.1.1.1->11.1.1.1 [43]
/* PC3 回 */
```

```
NAT * : s=11.1.1.1->11.1.1.1, d=219.220.224.1 [104]
NAT * : s=11.1.1.1, d=219.220.224.1->192.168.3.2 [104]
/ * PC1 出 * /
NAT: s=192.168.2.2->219.220.224.1, d=11.1.1.1 [81]
NAT * : s=11.1.1.1, d=219.220.224.1->192.168.2.2 [105]
/ * PC2 出 * /
NAT: s=192.168.3.2->219.220.224.1, d=11.1.1.1 [44]
NAT: s=219.220.224.1, d=11.1.1.1->11.1.1.1 [44]
/ * 从 PC3 回到 PC2 的对应 105 的包 * /
NAT * : s=11.1.1.1->11.1.1.1, d=219.220.224.1 [106]
NAT * : s=11.1.1.1, d=219.220.224.1->192.168.3.2 [106]
```

第 7 章　园区网综合案例分析

7.1　PT 中网络服务器的配置与使用

如图 7-1 所示，一个小型园区网由一个三层交换机连接不同的子网，一台出口路由器上连 ISP 运营商，63.5.1.2 代表 Internet 上一个 Web 站点。

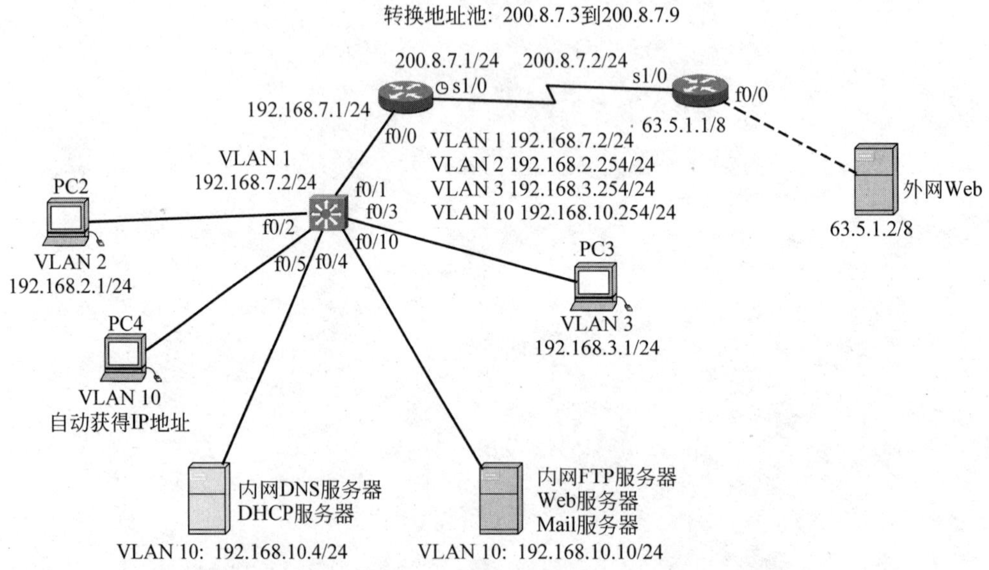

转换地址池: 200.8.7.3到200.8.7.9

200.8.7.1/24　　200.8.7.2/24
s1/0　　　　s1/0
192.168.7.1/24　　　　　　　　　　　f0/0
63.5.1.1/8

f0/0　VLAN 1 192.168.7.2/24
VLAN 2 192.168.2.254/24
VLAN 1　　VLAN 3 192.168.3.254/24
192.168.7.2/24　VLAN 10 192.168.10.254/24
外网Web

PC2
f0/1
f0/3
f0/2
f0/10
63.5.1.2/8

VLAN 2
192.168.2.1/24
f0/5 f0/4
PC3

PC4
VLAN 3
192.168.3.1/24

VLAN 10
自动获得IP地址

内网DNS服务器　　　　　内网FTP服务器
DHCP服务器　　　　　　Web服务器
Mail服务器
VLAN 10: 192.168.10.4/24　　VLAN 10: 192.168.10.10/24

图 7-1　PT 中服务器的配置和使用

在内网上配置 Web、FTP、Mail 服务器，其 IP 地址为 192.168.10.10，连接在交换机的 f0/10 口上，属于 VLAN 10。

在内网上配置 DNS、DHCP 服务器，其 IP 地址为 192.168.10.4，连接在交换机的 f0/4 口上，属于 VLAN 10。

在 DNS 服务器上配置 Web、FTP、Mail 的域名，使得能够用域名访问这些服务器。

PC4 在交换机的 f0/5 口上，属于 VLAN 10，由 192.168.10.4 的 DHCP 服务器自动分配 IP 地址。

PC2、PC3 分别属于 VLAN 2 和 Vlan 3。

7.1.1　配置 Web 服务

选中 192.168.10.10 的服务器，在 Services 选项卡中，选择左边的 HTTP，显示已经启动了 HTTP 和 HTTPS，如图 7-2 所示，在 File Manager 下第 4 行 index. html 中单击 edit，修改站点内容为"WELCOME INNER WEB SERVER."，单击下方的 Save 按钮，保存修改到站点文件中，如图 7-3 所示。

图 7-2   启动 HTTP 服务

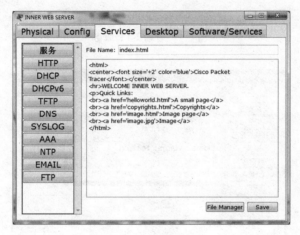

图 7-3   修改站点内容

同理配置外网 Web 服务器 63.5.1.2，修改站点内容为"WELCOME OUTER WEB SERVER."。

7.1.2   配置 FTP 服务

选中 192.168.10.10 的服务器，在 Services 选项卡中，选择左边的 FTP，显示已经启动了 FTP，如图 7-4 所示，在 Username 下输入用户名，如 jyf，输入密码 123456，选中权限中的"写""读"等。单击右边的 Add 按钮，将增加一个 FTP 用户，将这条记录添加到下方列表中。同理可增加用户 stz 和 jzm，最后单击 Save 按钮保存，如图 7-4 所示。

7.1.3   配置 Email 服务

选中 192.168.10.10 的服务器，在 Services 选项卡中，选择左边的 EMAIL，显示已经启动了 SMTP Service 和 POP3 Service 两项服务，如图 7-5 所示。在 Domain Name 下输入域名，如 test.cn，在 User 栏输入用户名，如 stz、jzm、jyf，在 Password 下输入口令为 123456，单击右边的"＋"，将产生 3 个邮箱：stz@test.cn、jzm@test.cn、jyf@test.cn。

图 7-4 启动 FTP 服务

图 7-5 配置 Email 服务

7.1.4 配置 DNS 服务

选中 192.168.10.4 的服务器,在 Services 选项卡中,选择左边的 DNS 按钮,显示已经启动了 DNS,如图 7-6 所示,在名称栏输入域名,如 mail.test.cn,在地址栏输入此域名对应的 IP 地址,如 192.168.10.10,单击"增加"按钮,将增加这条记录到下方列表中。同理可增加 ftp.test.cn 和 www.test.cn 两条记录。

7.1.5 配置 DHCP 服务

选中 192.168.10.4 的服务器,在 Services 选项卡中,选择左边的 DHCP 按钮,显示已经启动了 DHCP,如图 7-7 所示,在"池名称"处输入 serverPool,输入"默认网关"为 192.168.10.254,输入"DNS 服务器"为 192.168.10.4,在"起始 IP 地址"处输入 192.168.10.1,

在"子网掩码"处输入 255.255.255.0,单击"增加"按钮,将在下方列表中添加一条记录,单击"保存"按钮。

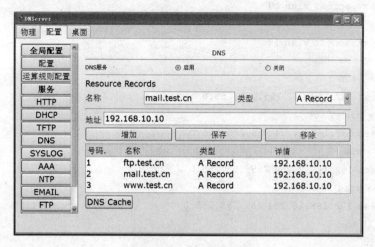

图 7-6 配置 DNS

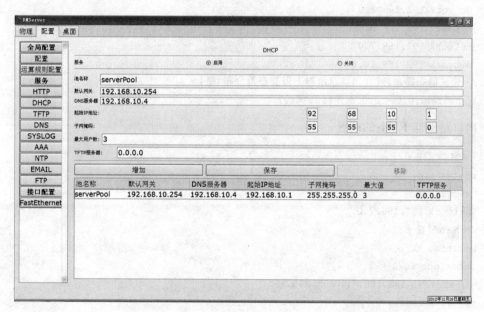

图 7-7 配置 DHCP 服务

7.1.6 园区网常规配置

三层交换机上的主要配置:

```
/*定义接口*/
hostname switch
interface f0/2
 switchport access vlan 2
interface f0/3
```

```
  switchport access vlan 3
interface f0/4
  switchport access vlan 10
interface f0/10
  switchport access vlan 10
/* 定义 SVI */
interface vlan 1
  ip address 192.168.7.2 255.255.255.0
interface vlan 2
  ip address 192.168.2.254 255.255.255.0
interface vlan 3
  ip address 192.168.3.254 255.255.255.0
interface vlan 10
  ip address 192.168.10.254 255.255.255.0
/* 启动 RIP */
router rip
  version 2
  network 192.168.2.0
  network 192.168.3.0
  network 192.168.7.0
  network 192.168.10.0
/* 定义静态路由，或在出口路由器上做静态重分布 (略) */
ip route 0.0.0.0 0.0.0.0 192.168.7.1
```

出口路由器 R1 上的配置：

```
/* 启动 RIP */
router rip
  version 2
  network 192.168.7.0
/* NAT 配置 */
hostname R1
interface f0/0
  ip address 192.168.7.1 255.255.255.0
ip nat inside
interface s1/0
  ip address 200.8.7.1 255.255.255.0
  ip nat outside
  clock rate 64000
ip nat pool gl 200.8.7.3 200.8.7.9 netmask 255.255.255.0
ip nat inside source list 1 pool gl overload
ip nat inside source static 192.168.10.10 200.8.7.10
access-list 1 permit 192.168.2.0 0.0.0.255
access-list 1 permit 192.168.3.0 0.0.0.255
access-list 1 permit host 192.168.10.10
/* 定义静态路由 */
```

```
ip route 0.0.0.0 0.0.0.0 200.8.7.2
```

ISP 路由器上的配置：

```
interface f0/0
 ip address 63.5.1.1 255.0.0.0
interface s1/0
 ip address 200.8.7.2 255.255.255.0
/ * 定义静态路由 * /
ip route 0.0.0.0 0.0.0.0 200.8.7.1
```

7.1.7　网络服务检测

1. Web 服务检测

在 PC3 上使用 IP 地址做 Web 检测，如图 7-8 所示。

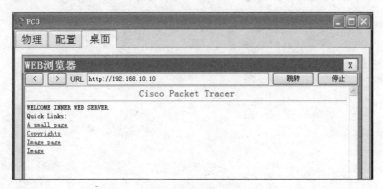

图 7-8　IP 地址访问 Web 站点

在 PC2 上使用域名做 Web 检测，如图 7-9 所示。

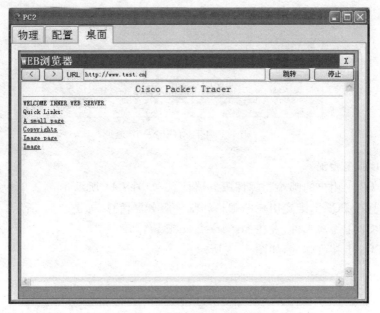

图 7-9　域名访问 Web 站点

2. FTP 服务检测

在 PC2 上,使用 IP 地址做 FTP 测试:

```
PC>ftp 192.168.10.10
Trying to connect...192.168.10.10
Connected to 192.168.10.10
220-Welcome to PT Ftp server
Username:stz
331-Username ok, need password
Password:123456
230-Logged in
(passive mode On)
ftp>
```

在 PC2 上使用域名做 FTP 测试:

```
PC>ftp ftp.test.cn
Trying to connect...ftp.test.cn
Connected to ftp.test.cn
220-Welcome to PT Ftp server
Username:stz
331-Username ok, need password
Password:123456
230-Logged in
(passive mode On)
ftp>
```

3. DHCP 服务检测

在 PC4 的 f0 口上,IP Configuration 下选中 DHCP,使 PC4 上自动获得 IP 地址,再显示 PC4 的网络配置,如图 7-10 所示。

```
PC>ipconfig

FastEthernet0 Connection:(default port)

   Link-local IPv6 Address.........: ::
   IP Address......................: 192.168.10.1
   Subnet Mask.....................: 255.255.255.0
   Default Gateway.................: 192.168.10.254
```

图 7-10　PC4 自动获得了 IP 地址

4. MAIL 服务检测

(1) 在 PC2 上用户的邮箱和邮件服务器信息,如图 7-11 所示。

(2) 同理,在 PC3 上配置用户的邮箱和邮件服务器信息,如图 7-12 所示。

(3) 在 PC2 上编写邮件,发往 stz@test.cn 邮箱,如图 7-13 所示。

(4) 在 PC3 上接收邮件,如图 7-14 所示。

图 7-11　在 PC2 上配置用户的邮箱和邮件服务器信息

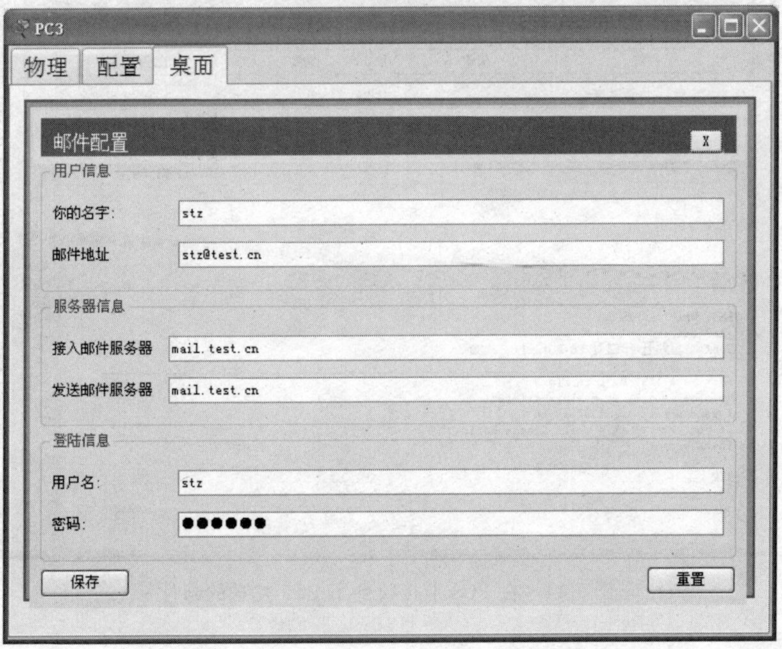

图 7-12　在 PC3 上配置用户的邮箱和邮件服务器信息

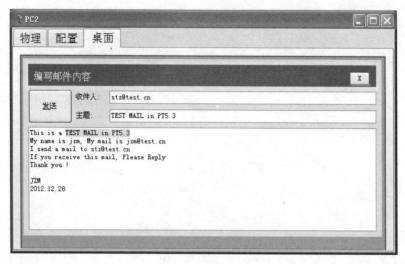

图 7-13　在 PC2 上写邮件

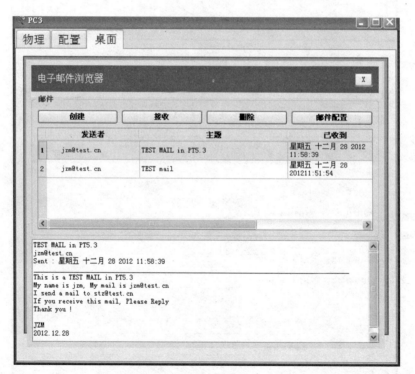

图 7-14　在 PC3 上接收到了 PC2 发送的邮件

7.2　ACL 访问配置实例

在图 7-1 所示的小型园区网中,增加访问控制,并进行验证。要求如下:

(1) 允许内网都能访问 DNS 服务器,DNS 使用的是 UDP 53 端口,协议名为 domain。

(2) VLAN 2 访问 192.168.10.10 的 Mail(TCP 协议名为 SMTP、端口为 25)、Web 服

务(TCP 协议名为 WWW,端口为 80),不允许其他 TCP 服务,但能使用其他 IP 协议(如 ping 命令等)。

(3) 允许 VLAN 3 访问 192.168.10.10 的 Mail、FTP 服务,不允许 Web 服务,也不允许使用其他 IP 协议(如 ping 命令)。

(4) 允许 VLAN 2、VLAN 3 及 VLAN 10 中的 Web 服务器访问外网(在 NAT 中已完成)。

(5) 对外网,只允许访问内网 192.168.10.10 的 Web 服务,其他都不允许。

1. 三层交换机上 ACL 的配置

```
/*允许内部所有子网都能访问 DNS 服务器*/
access-list 101 permit udp 192.168.0.0 0.0.255.255 host 192.168.10.4 eq domain
!
/*对 VLAN 2 的 ACL 配置*/
/*允许 VLAN 2 访问 192.168.10.10 的 Web 服务*/
access-list 101 permit tcp 192.168.2.0 0.0.0.255 host 192.168.10.10 eq www
/*允许 VLAN 2 访问 192.168.10.10 的 Mail 服务*/
access-list 101 permit tcp 192.168.2.0 0.0.0.255 host 192.168.10.10 eq smtp
/*不允许其他所有 TCP 服务(包括 POP3,使 PC2 不能读邮件)*/
access-list 101 deny tcp 192.168.2.0 0.0.0.255 host 192.168.10.10
/*但能使用其他 IP 协议(ping 命令也能用)*/
access-list 101 permit ip 192.168.2.0 0.0.0.255 host 192.168.10.10
!
/*对 VLAN 3 的 ACL 配置*/
/*允许 VLAN 3 访问 192.168.10.10 的 FTP 服务*/
access-list 101 permit tcp 192.168.3.0 0.0.0.255 host 192.168.10.10 eq ftp
/*允许 VLAN 3 访问 192.168.10.10 的 Mail 服务*/
access-list 101 permit tcp 192.168.3.0 0.0.0.255 host 192.168.10.10 eq smtp
/*不允许 Web 服务,但未拒绝 POP3*/
access-list 101 deny tcp 192.168.3.0 0.0.0.255 host 192.168.10.10 eq www
/*拒绝 ping 命令*/
access-list 101 deny icmp 192.168.3.0 0.0.0.255 host 192.168.10.10
/*允许其他 IP 协议(从而包括 POP3)*/
access-list 101 permit ip any any
!
int vlan 10
ip access-group 101 out                    /*ACL 作用在 VLAN 10 上*/
```

2. 出口路由器上 ACL 的配置

```
access-list 120 permit tcp any host 200.8.7.10 eq www
                                    /*允许对 200.8.7.10 的 WWW 访问*/
access-list 120 deny tcp any host 200.8.7.10
                                    /*不允许对 200.8.7.10 的其他 TCP 类访问*/
access-list 120 deny udp any host 200.8.7.10
                                    /*不允许对 200.8.7.10 的其他 UDP 类访问*/
```

```
access-list 120 permit ip any any        /*允许访问其他外网主机*/
!
int s1/0
ip access-group 120 out                  /* ACL 作用在出口上*/
```

3. ACL 检测

(1) 在 PC2 上使用 Web,成功(略)。

(2) 在 PC2 上使用 FTP,不成功。

```
PC>ftp ftp.test.cn
Trying to connect...ftp.test.cn
%Error opening ftp: /*ftp.test.cn/(Timed out)
Packet Tracer PC Command Line 1.0
PC>(Disconnecting from ftp server)
Packet Tracer PC Command Line 1.0
```

(3) 在 PC2 上使用 ping 命令,成功。

```
PC>ping 192.168.10.10
Pinging 192.168.10.10 with 32 bytes of data:
Reply from 192.168.10.10: bytes=32 time=47ms TTL=127
Reply from 192.168.10.10: bytes=32 time=62ms TTL=127
Reply from 192.168.10.10: bytes=32 time=62ms TTL=127
Reply from 192.168.10.10: bytes=32 time=63ms TTL=127
Ping statistics for 192.168.10.10:
    Packets: Sent=4, Received=4, Lost=0(0%loss),
Approximate round trip times in milli-seconds:
Minimum=47ms, Maximum=63ms, Average=58ms
```

(4) 在 PC3 上使用 FTP 命令,成功。

```
/*使用 IP 地址登录*/
PC>ftp 192.168.10.10
Trying to connect...192.168.10.10
Connected to 192.168.10.10
220-Welcome to PT Ftp server
Username:stz
331-Username ok, need password
Password:123456
230-Logged in
(passive mode On)
ftp>quit
/*使用域名登录*/
PC>ftp ftp.test.cn
Trying to connect...ftp.test.cn
Connected to ftp.test.cn
220-Welcome to PT Ftp server
Username:stz
```

```
331-Username ok, need password
Password:123456
230-Logged in
(passive mode On)
ftp>quit
```

（5）在 PC3 上访问 Web，成功。

（6）在 PC3 上使用 ping 命令，不成功。

```
PC>ping 192.168.10.10
Pinging 192.168.10.10 with 32 bytes of data:
Reply from 192.168.3.254: Destination host unreachable.
Reply from 192.168.3.254: Destination host unreachable.
Reply from 192.168.3.254: Destination host unreachable.
Reply from 192.168.3.254: Destination host unreachable.
Ping statistics for 192.168.10.10:
Packets: Sent=4, Received=0, Lost=4(100%loss)
```

（7）在 PC2、PC3 上检测 Mail。

PC2 能发邮件，PC3 能收邮件，这是因为仅拒绝了 VLAN 2 中 TCP 的 WWW 和 ICMP，其余均允许（包括 POP3）。

PC3 能发邮件，但 PC2 不能收邮件，这是因为拒绝了 VLAN 2 中的所有 TCP 服务（包括 POP3），只允许 IP 服务。

在 PC2 上写邮件并发送，如图 7-15 所示。

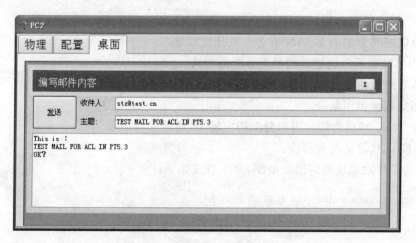

图 7-15　在 PC2 上写邮件并发送

在 PC3 上收邮件，如图 7-16 所示。

（8）同样可验证在 PC3 上发邮件，但 PC2 上收不到邮件。

（9）在外网服务器上检测以下访问：

· 访问内网 Web 服务成功。

· 访问 FTP 失败。

· 使用 ping 命令失败。

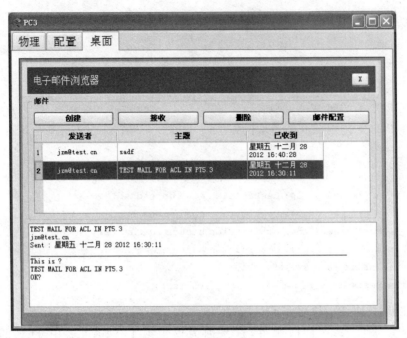

图 7-16　在 PC3 上收邮件

7.3　交换机路由器 DHCP、DNS 配置

利用三层交换机自带的 DHCP 功能实现多 VLAN 的 IP 地址自动分配。

- 可以同时为多个 VLAN 的客户机分配地址。
- VLAN 中部分地址采用手工分配的方式。
- 为客户机指定网关、DNS 服务器等。
- 指定地址租用期限。
- 按 MAC 地址为特定用户分配指定的 IP 地址。

交换机 DHCP 的配置步骤：

（1）定义排除地址池的地址范围，命令格式如下：

ip dhcp excluded-address 起始 IP 结束 IP

例如：

Switch(config)#**ip dhcp excluded-address 10.1.1.1 10.1.1.19**
/ * 不用于动态地址分配的地址范围是 10.1.1.1~10.1.1.19 * /

（2）定义 DHCP 地址池名，命令格式如下：

ip dhcp pool 池名

例如：

Switch(config)#**ip dhcp pool v2p**

（3）给出 DHCP 地址池的范围（网络号、子网掩码），命令格式如下：

network 网络号 子网掩码

例如：

Switch(dhcp-config)#**network 192.168.2.0 255.255.255.0**

（4）指出网关是谁，命令格式如下：

default-router 网关号

例如：

Switch(dhcp-config)#**default-router 192.168.2.254**

（5）指出 DNS 服务器是谁，命令格式如下：

dns-server DNS 服务器的 IP 地址

例如：

Switch(dhcp-config)#**dns-server 192.168.10.4**

（6）地址租用期限，命令格式如下：

lease 天数

例如：

Switch(dhcp-config)#**lease 3**

（7）相关的 DHCP 调试命令：

```
no service dhcp                        /＊停止 DHCP 服务，默认为启用 DHCP 服务＊/
show ip dhcp binding                   /＊显示地址分配情况＊/
show ip dhcp conflict                  /＊显示地址冲突情况＊/
debug ip dhcp server   {events | packets | linkage}
                                       /＊观察 DHCP 服务器工作情况＊/
```

在图 7-1 的拓扑中，在三层交换机上配置 DHCP 服务。配置如下：

```
/＊定义一些排除地址，如服务器的地址和网关＊/
ip dhcp excluded-address 192.168.10.4
ip dhcp excluded-address 192.168.10.10
ip dhcp excluded-address 192.168.10.254
ip dhcp excluded-address 192.168.2.254
ip dhcp excluded-address 192.168.3.254
ip dhcp pool v2p                        /＊配置 VLAN 2 的 DHCP＊/
network 192.168.2.0 255.255.255.0
default-router 192.168.2.254
dns-server 192.168.10.4
ip dhcp pool v3p                        /＊配置 VLAN 3 的 DHCP＊/
```

```
network 192.168.3.0 255.255.255.0
default-router 192.168.3.254
dns-server 192.168.10.4
ip dhcp pool v10p                           /* 配置 VLAN 10 的 DHCP */
network 192.168.10.0 255.255.255.0
default-router 192.168.10.254
dns-server 192.168.10.4
```

增加一台 PC,使其属于 VLAN 2,并将所有 PC 都设置为自动获取 IP 地址。再检查 DHCP 的分配情况,如图 7-17 所示。

```
Switch#show ip dhcp binding
IP address        Client-ID/                Lease expiration      Type
                  Hardware address
192.168.2.1       0001.642B.C02D            --                    Automatic
192.168.2.2       000A.4112.1BB4            --                    Automatic
192.168.3.1       0007.ECBC.AA69            --                    Automatic
```

图 7-17　交换机 DHCP 分配地址情况 1

从图 7-17 可以看出,交换机没有给属于 VLAN 10 的 PC4 分配 IP 地址,这是因为原来已将 192.168.10.4 定义成了一个 DHCP 服务器,在网络中允许多个 DHCP 服务器并存,谁抢先分配了 IP 地址,就先用谁的地址。

如果将 192.168.10.4 的 DHCP 服务停用。再显示交换机的 DHCP 分配情况,就会给 PC4 分配 IP 地址,如图 7-18 中最末行所示。

```
Switch#show ip dhcp binding
IP address        Client-ID/                Lease expiration      Type
                  Hardware address
192.168.2.2       0001.642B.C02D            --                    Automatic
192.168.2.1       000A.4112.1BB4            --                    Automatic
192.168.3.1       0007.ECBC.AA69            --                    Automatic
192.168.10.1      000A.F34D.AB73            --                    Automatic
```

图 7-18　交换机 DHCP 分配地址情况 2

同理可以配置路由器的 DHCP,这里不再赘述。

7.4　主教材第 9 章、第 10 章习题与实验解答

7.4.1　主教材第 9 章习题与实验解答

1. 选择题

(1) NAT 的地址翻译类型有(　D　)。

    A. 静态 NAT　　　　　　　　　　　　B. 动态地址池 NAT

    C. 网络地址端口转换　　　　　　　　D. 以上均正确

(2) 关于静态 NAT,下面的说法中(　C　)是正确的。

    A. 静态 NAT 转换在默认情况下 24h 后超时

    B. 静态 NAT 转换从地址池中分配地址

    C. 静态 NAT 将内部地址一对一静态映射到内部公网地址

D. 思科路由器默认使用了静态 NAT

(3) 下列关于地址转换的描述中正确的是（　D　）。

　A. 地址转换解决了 Internet 地址短缺的问题

　B. 地址转换实现了对用户透明的网络外部地址的分配

　C. 地址转换为内部主机提供一定的"隐私"保护

　D. 以上均正确

(4) 下列有关 NAT 的叙述中不正确的是（　C　）。

　A. NAT 是"网络地址转换"的英文缩写

　B. 地址转换又称地址翻译，用来实现私有地址和公网地址之间的转换

　C. 当内部网络的主机访问外部网络的时候，一定不需要 NAT

　D. 地址转换的提出为解决 IP 地址紧张的问题提供了一个有效途径

(5) 下列地址中表示私有地址的是（　D　）。

　A. 202.118.56.21　　　　　　　　B. 192.168.1.1

　C. 192.118.2.1　　　　　　　　　D. 172.16.33.78

　E. 10.0.1.2　　　　　　　　　　F. 1.2.3.4

(6) When （　E　）, it is necessary to use a public IP address on a routing interface.

　A. Connect a router on a local network

　B. Connect a router to another router

　C. Allow distribution of routes between networks

　D. Translate a private IP address

　E. Connect a network to the Internet

(7) 以下（　C　）不是 NAT 的功能。

　A. 允许一个私有网络使用未配置的 IP 地址访问外部网络

　B. 重复使用在 Internet 上已经存在的地址

　C. 取代 DHCP 服务器的功能

　D. 为两个合并的公司网络提供地址转换

(8) It will happen that （　A　） if a private IP address is assigned to a public interface connected to an ISP.

　A. Addresses in a private range will be not routed on the Internet backbone

　B. Only the ISP router will have the capability to access the public network

　C. The NAT process will be used to translate this address in a valid IP address

　D. Several automated methods will be necessary on the private network

　E. A conflict of IP addresses happens，because other public routers can use the same range

(9) （　AB　） of the statements below about static NAT translations are true.

　A. They are always present in the NAT table

　B. They allow connection to be initiated from the outside

　C. They can be configured with access lists，to allow two or more connections to be initiated from the outside

  D. They require no inside or outside interface markings because addresses are statically defined

（10）以下关于 NAT 的说法中正确的是（ D ）。

  A. 只能定义一个入口

  B. 访问控制列表的地址必须与入口地址在一个网段

  C. 公网地址池必须与出口地址在一个网段

  D. 可以定义多个入口，且公网地址池可以与出口地址不在一个网段

2. 问答题

（1）简述 NAT 技术的基本原理。

答： 当内部网络中的一台主机想传输数据到外部网络时，它先将数据包传输到 NAT 路由器上。路由器检查数据包的报头，获取该数据包的源 IP 信息，检查该地址是否在允许转换的访问列表中，若是，从 NAT 映射地址池中找一个内部公网地址（全球唯一的 IP 地址）来替换内部源 IP 地址，再转发数据包到目标地址。

当外部网络对内部主机进行应答时，数据包被送到 NAT 路由器上，路由器接收到目的地址为内部公网地址时，通过 NAT 映射表查找出对应的内部局部地址，然后将数据包的目的地址替换成内部局部地址，并将数据包转发到内部主机。

（2）NAT 技术有哪几种类型？

答： NAT 有 3 种类型：静态 NAT、动态 NAT 和网络地址端口转换。

（3）简要说明 NAT 可以解决的问题。

答：

- NAT 节省了大量的公网地址空间，解决了地址空间不足的问题（IPv4 的地址空间已经严重不足）。
- 私有 IP 地址网络与公网互联（企业内部经常采用私有 IP 地址空间 10.0.0.0/8、172.16.0.0/12、192.168.0.0/16）；局域网内保持私有 IP，无须改变，只需改变路由器，通过 NAT 就可上外网。
- NAT 隐藏了内部网络拓扑结构，增强了安全性。

（4）简述静态地址映射和动态地址映射的区别。

答： 静态 NAT 设置简单，通常用于将内部网络中的服务器（私有地址）被永久映射到一个内部公网的 IP 地址上。动态 NAT 则是定义了一个或多个内部公网中的地址池，把全部内部网络地址采用动态分配的方法映射到此地址池内。

3. 操作题

图 7-19 是一个小型校园网的拓扑结构，请按以下要求完成各项配置。

（1）设置教学楼 1 和 2 的两台 PC 的 IP 地址和默认网关。同理可设置宿舍 1 和 2 的两台 PC 的 IP 地址和默认网关。

（2）在接入交换机 1 的 f0/2、f0/3 上配置端口安全，设置安全违例处理方式为 shutdown。在 f0/2 上限制接入主机数量为 3，在 f0/3 上绑定其 MAC 地址。

（3）对接入交换机 1，划分为两个 VLAN——VLAN 2、VLAN 3。f0/2 属于 VLAN 2，f0/3 属于 VLAN 3，f0/1 为 Trunk 口。

（4）在接入交换机 2 的 f0/2、f0/3 上配置端口安全，设置安全违例处理方式为 restrict。

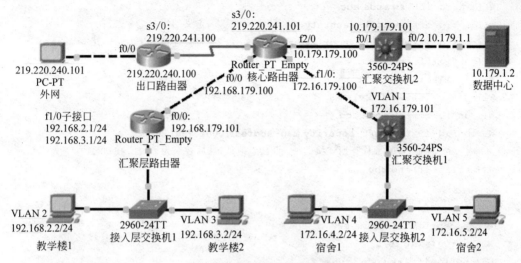

图 7-19　小型校园网综合案例

在 f0/2 上绑定其 MAC 地址,在 f0/3 上限制接入主机数量为 3。

（5）对接入交换机 2,划分两个 VLAN——VLAN 4、VLAN 5。f0/2 属于 VLAN 4,f0/3 属于 VLAN 5,f0/1 为 Trunk 口。

（6）在汇聚路由器的 f0/0 口做单臂路由,使教学楼 1 和教学楼 2 能互相连通。

（7）在汇聚交换机 1 上将 f0/1 口划到 VLAN 1,并创建 VLAN 4、VLAN 5,设置它们的 SVI,使得三层交换机使宿舍 1 和宿舍 2 能互相连通。

（8）在汇聚路由器、核心路由器、汇聚交换机 1、汇聚交换机 2 上运行 OSPF,使得全网互通。

（9）核心路由器与出口路由器之间用 s3/0 串行连接,采用 PPP 链路协议进行通信,并且采用 CHAP 方式进行认证,口令为 123456。

（10）在核心路由器上配置 NAPT,实现校园网访问外网。假定转换地址池为 pl:219.220.241.110,219.220.241.120。

（11）对内网服务器 10.179.1.2 定义访问控制:

- 内网所有 PC 能访问 10.179.1.2 的 Web 和 FTP 服务。
- 外网只能访问 10.179.1.2 的 Web 服务,不能访问 FTP 服务。

（12）进行网络检测,使全网互通。

- 内网互通,内网访问外网。
- 在 PC 上跟踪所有路由。

答:参考配置如下。

接入层交换机 1:

```
Switch(config)#hostname sw1
SW1(config)#int f0/1
SW1(config-if)#sw mode trunk
SW1(config)#int f0/2
SW1(config-if)#sw acc vlan 2
```

```
SW1(config-if)#sw mode acc
SW1(config-if)#sw port-security                    /*定义端口安全*/
SW1(config-if)#sw port-security maximum 3      /*最大连接数*/
SW1(config-if)#no shu
SW1(config)#int f0/3
SW1(config-if)#sw acc vlan 3
SW1(config-if)#sw mode acc
SW1(config-if)#sw port-security mac-address 0001.9687.1CD7
```
/*绑定 MAC 地址,注意要检查所连接的 PC 的 MAC 地址,然后替换为 0001.9687.1CD7*/
```
SW1(config-if)#no shu
```

接入层交换机 2:

```
Switch(config)#hostname sw2
SW2(config)#int f0/1
SW2(config-if)#sw mode trunk
SW2(config-if)#no shu
SW2(config)#int f0/4
SW2(config-if)#sw acc vlan 4
SW2(config-if)#sw port-security
SW2(config-if)#sw port-security violation restrict
SW2(config-if)#sw port-security mac-address 0050.0F40.ECE2
```
/*绑定 MAC 地址,注意要检查所连接的 PC 的 MAC 地址,然后替换为 0050.0F40.ECE2*/
```
SW2(config-if)#no shu
SW2(config-if)#exit
SW2(config)#int f0/5
SW2(config-if)#sw acc vlan 5
SW2(config-if)#sw port-security
SW2(config-if)#sw port-security maximum 3
SW2(config-if)#sw port-security violation restrict
SW2(config-if)#sw port-security mac-address 0060.2FD6.5C18
```
/*绑定 MAC 地址,注意要检查所连接的 PC 的 MAC 地址,然后替换为 0060.2FD6.5C18*/

汇聚路由器:

```
Router(config)#hostname r1
R1(config)#int f0/0
R1(config-if)#ip add 192.168.179.101 255.255.255.0
R1(config-if)#no shu
R1(config-if)#exit
R1(config)#int f1/0
R1(config-if)#no shu
R1(config)#int f1/0.2
R1(config-subif)#enc
R1(config-subif)#encapsulation dot1q 2        /*子接口的协议封装(单臂路由)*/
R1(config-subif)#ip add 192.168.2.1 255.255.255.0
R1(config-subif)#no shu
```

```
R1(config)#int f1/0.3
R1(config-subif)#encapsulation dot1q 3
R1(config-subif)#ip add 192.168.3.1 255.255.255.0
R1(config-subif)#no shu
R1(config)#router ospf 110
R1(config-router)#log-adjacency-changes        /*多区 OSPF*/
R1(config-router)#net 192.168.179.0 0.0.0.255 area 0
R1(config-router)#net 192.168.2.0 0.0.0.255 area 2
R1(config-router)#net 192.168.3.0 0.0.0.255 area 3
```

汇聚交换机 1：

```
Switch(config)#hostname msw1
MSW1(config)#int f0/1
MSW1(config-if)#sw mode acc
MSW1(config-if)#no shu
MSW1(config)#int vlan 1                          /*使用 native VLAN 1 上联路由器*/
MSW1(config-if)#ip add 172.16.179.101 255.255.255.0
MSW1(config-if)#no shu
MSW1(config-if)#exit
MSW1(config)#vlan 4
MSW1(config)#int f0/4
MSW1(config-if)#sw acc vlan 4
MSW1(config-if)#no shu
MSW1(config)#int vlan 4
MSW1(config-if)#ip add 172.16.4.1 255.255.255.0
MSW1(config-if)#no shu
MSW1(config)#vlan 5
MSW1(config)#int f0/5
MSW1(config-if)#sw acc vlan 5
MSW1(config-if)#no shu
MSW1(config-if)#int vlan 5
MSW1(config-if)#ip add 172.16.5.1 255.255.255.0
MSW1(config-if)#no shu
MSW1(config)#router ospf 110
MSW1(config-router)#log-adjacency-changes
MSW1(config-router)#net 172.16.179.0 0.0.0.255 area 0
MSW1(config-router)#net 172.16.4.0 0.0.0.255 area 4
MSW1(config-router)#net 172.16.5.0 0.0.0.255 area 5
```

汇聚交换机 2：

```
MSW2(config)#hostname msw2
MSW2(config)#int f0/1
MSW2(config-if)#no sw
MSW2(config)#int f0/2
MSW2(config-if)#no sw
```

MSW2(config)#**ip add 10.179.1.1 255.255.255.0**

MSW2(config-if)#**no shu**

MSW2(config)#**int f0/1**

MSW2(config-if)#**ip add 10.179.179.101 255.255.255.0**

MSW2(config-if)#**no shu**

MSW2(config)#**router ospf 110**

MSW2(config-router)#**net 10.179.179.0 0.0.0.255 area 0**

MSW2(config-router)#**net 10.179.1.0 0.0.0.255 area 1**

MSW2(config-router)#**log-adjacency-changes**

核心路由器：

Router(config)#**hostname r**

R(config)#**int f0/0**

R(config-if)#**ip add 192.168.179.100 255.255.255.0**

R(config-if)#**ip nat inside**

R(config-if)#**no shu**

R(config)#**int f1/0**

R(config-if)#**ip add 172.16.179.100 255.255.255.0**

R(config-if)#**ip nat inside**

R(config-if)#**no shu**

R(config)#**int f2/0**

R(config-if)#**ip add 10.179.179.100 255.255.255.0**

R(config-if)#**ip nat inside**

R(config-if)#**no shu**

R(config)#**ip route 0.0.0.0 0.0.0.0 s3/0**

R(config)#**router ospf 179**

R(config-router)#**net 10.179.179.0 0.0.0.255 area 0**

R(config-router)#**net 172.16.179.0 0.0.0.255 area 0**

R(config-router)#**net 192.168.179.0 0.0.0.255 area 0**

R(config-router)#**log-adjacency-changes**

R(config-router)#**default-information originate**   /＊OSPF 宣告默认路由＊/

R(config)#**int s3/0**

R(config-if)#**ip add 219.220.241.101 255.255.255.0**

R(config-if)#**encapsulation ppp**

R(config-if)#**ppp authentication chap**   /＊PPP CHAP 协议认证＊/

R(config)#**username R-out password 12345**

R(config)#**ip nat pool p1 219.220.241.110 219.220.241.120 net 255.255.255.0**

R(config)#**access-list 1 permit 192.168.2.0 0.0.0.255**

R(config)#**access-list 1 permit 192.168.3.0 0.0.0.255**

R(config)#**access-list 1 permit 172.16.4.0 0.0.0.255**

R(config)#**access-list 1 permit 172.16.5.0 0.0.0.255**

R(config)#**ip nat inside source list 1 pool p1 overload**

R(config)#**ip nat inside source static 10.179.1.2   219.220.241.200**

/＊静态 NAT 作内网的 Web 服务器映射＊/

R(config)#**access-list 100 permit ip any any**

R(config)#**access-list 100 permit tcp any host 10.179.1.2 eq www**

/＊扩展访问控制列表＊/

```
R(config)#access-list 100 permit tcp 192.168.2.0 0.0.0.255 host 10.179.1.2 eq ftp
R(config)#access-list 100 permit tcp 192.168.3.0 0.0.0.255 host 10.179.1.2 eq ftp
R(config)#access-list 100 permit tcp 172.16.4.0 0.0.0.255 host 10.179.1.2 eq ftp
R(config)#access-list 100 permit tcp 172.16.5.0 0.0.0.255 host 10.179.1.2 eq ftp
R(config)#access-list 100 permit tcp 192.168.2.0 0.0.0.255 host 10.179.1.2 eq 20
R(config)#access-list 100 permit tcp 192.168.3.0 0.0.0.255 host 10.179.1.2 eq 20
R(config)#access-list 100 permit tcp 172.16.4.0 0.0.0.255 host 10.179.1.2 eq 20
R(config)#access-list 100 permit tcp 172.16.5.0 0.0.0.255 host 10.179.1.2 eq 20
R(config)#int f2/0
R(config-if)#ip access-group 100 out
R(config-if)#no shu
```

出口路由器：

```
R-out(config)#host r-out
R-out(config)#no ip domain lookup
R-out(config)#username r password 12345
R-out(config)#int s3/0
R-out(config-if)#ip add 219.220.241.100 255.255.255.0
R-out(config-if)#clock rate 64000
R-out(config-if)#encapsulation ppp
R-out(config-if)#ppp authentication chap
R-out(config-if)#no shu
R-out(config)#int f0/0
R-out(config-if)#ip add 219.220.240.100 255.255.255.0
R-out(config-if)#no shu
```

验证检测：

(1) 内网主机都可以访问内网的 Web 服务，如图 7-20 所示。

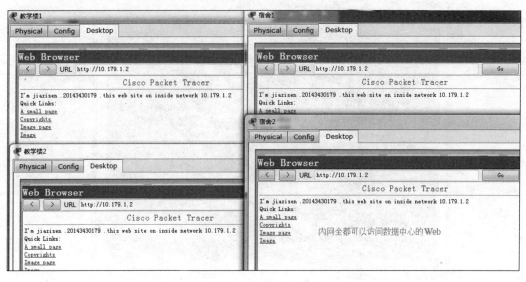

图 7-20　内部主机访问内网的 Web 服务

（2）内网主机都可以访问内网的 FTP 服务，如图 7-21 和图 7-22 所示，分别是教学楼 1 和宿舍 2 访问 FTP 成功。

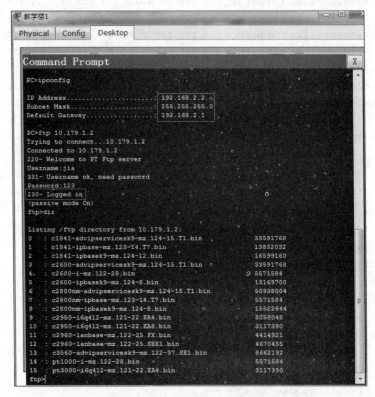

图 7-21　教学楼 1 访问 FTP 成功

图 7-22　宿舍 2 访问 FTP 成功

（3）外网主机可以访问内网 Web 站点，如图 7-23 所示。

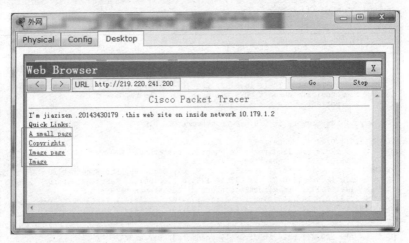

图 7-23　外网通过公网地址访问内网的 Web 站点

（4）外网不能访问内网的 FTP 站点，如图 7-24 所示。

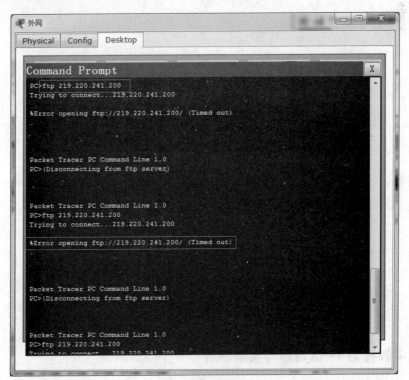

图 7-24　外网不能访问内网的 FTP 站点

（5）显示核心路由器 R 的路由表，如图 7-25 所示。

（6）内网之间可以相互访问，如图 7-26 所示，宿舍 1 成功访问教学楼 2。

（7）内网可以访问外网，如图 7-27 所示，教学楼 1 成功访问外网。

```
核心路由器                                                              [_][□][x]
Physical | Config | CLI
                        IOS Command Line Interface
R#show ip route
Codes: C - connected, S - static, I - IGRP, R - RIP, M - mobile, B - BGP
       D - EIGRP, EX - EIGRP external, O - OSPF, IA - OSPF inter area
       N1 - OSPF NSSA external type 1, N2 - OSPF NSSA external type 2
       E1 - OSPF external type 1, E2 - OSPF external type 2, E - EGP
       i - IS-IS, L1 - IS-IS level-1, L2 - IS-IS level-2, ia - IS-IS inter area
       * - candidate default, U - per-user static route, o - ODR
       P - periodic downloaded static route

Gateway of last resort is 0.0.0.0 to network 0.0.0.0

     10.0.0.0/24 is subnetted, 1 subnets
C       10.179.179.0 is directly connected, FastEthernet2/0
     172.16.0.0/24 is subnetted, 3 subnets
O IA    172.16.4.0 [110/2] via 172.16.179.101, 00:00:22, FastEthernet1/0
O IA    172.16.5.0 [110/2] via 172.16.179.101, 00:00:12, FastEthernet1/0
C       172.16.179.0 is directly connected, FastEthernet1/0
O IA 192.168.2.0/24 [110/2] via 192.168.179.101, 03:14:31, FastEthernet0/0
O IA 192.168.3.0/24 [110/2] via 192.168.179.101, 03:14:31, FastEthernet0/0
C    192.168.179.0/24 is directly connected, FastEthernet0/0
     219.220.241.0/24 is variably subnetted, 2 subnets, 2 masks
C       219.220.241.0/24 is directly connected, Serial3/0
C       219.220.241.100/32 is directly connected, Serial3/0
S*   0.0.0.0/0 is directly connected, Serial3/0
R#
```

图 7-25 核心路由器 R 的路由表

```
PC>tracert 192.168.3.2

Tracing route to 192.168.3.2 over a maximum of 30 hops:

  1    0 ms      1 ms      0 ms      172.16.4.1
  2    0 ms      0 ms      0 ms      172.16.179.100
  3    5 ms      0 ms      0 ms      192.168.179.101
  4    0 ms      0 ms      1 ms      192.168.3.2

Trace complete.
```

图 7-26 宿舍 1 成功访问教学楼 2

```
PC>tracert 219.220.240.101

Tracing route to 219.220.240.101 over a maximum of 30
hops:

  1    0 ms      0 ms      0 ms      192.168.2.1
  2    0 ms      0 ms      0 ms      192.168.179.100
  3    2 ms      1 ms      1 ms      219.220.241.100
  4    0 ms      0 ms      2 ms      219.220.240.101

Trace complete.
```

图 7-27 教学楼 1 成功访问外网

7.4.2 主教材第 10 章习题与实验解答

1. 选择题

(1) 一个 ACL 如下：

```
access-list 4 deny 202.38.0.0 0.0.0.255
access-list 4 permit 202.38.160.1 0.0.0.255
```

应用于该路由器端口的配置如下：

```
(config)#int s0
(config-if-Serial0)#ip access-group 4 in
```

该路由器只有两个接口：E0 口接本地局域网，S0 口接到 Internet，以下说法中正确的是（ C ）：

  A. 禁止源地址为 202.38.0.0/24 的网段对内网的访问

  B. 只允许 202.38.160.1 对内网主机的任意访问

  C. 只允许 202.38.160.0/24 的网段对内网主机的任意访问

  D. 无法禁止外网对内网的任何访问，因为接口用错了

（2）一个 ACL 如下：

```
access-list 4 deny 202.38.0.0 0.0.255.255
access-list 4 permit 202.38.160.1 0.0.0.255
```

应用于该路由器端口的配置如下：

```
(config)#int s0
(config-if-Serial0)#ip access-group 4 in
```

该路由器只有两个接口：E0 口接本地局域网，S0 口接到 Internet，以下说法中正确的是（ A ）。

  A. 第一条语句包含了第二条，外加隐含语句，所以禁止了所有外网主机访问内网

  B. 允许 202.38.160.0/24 的外网主机访问内网主机

  C. 允许 202.38.160.1 的外网主机访问内网主机

  D. 两条访问控制语句有矛盾，所以结果是外网主机都可以任意访问内网主机

（3）一个 ACL 如下：

```
access-list 4 permit 202.38.160.1 0.0.0.255
access-list 4 deny 202.38.0.0 0.0.255.255
```

应用于该路由器端口的配置如下：

```
(config)#int s0
(config-if-Serial0)#ip access-group 4 in
```

该路由器只有两个接口：E0 口接本地局域网，S0 口接到 Internet，以下说法中正确的是（ B ）。

  A. 第二条访问控制语句包含了第一条，外加隐含语句，所以禁止了所有外网主机访问内网

  B. 内网主机可以被 202.38.160.0/24 外部网段的主机访问

  C. 内网主机可以被 202.38.0.0/16 外部网段的主机访问

  D. 内网主机可以任意访问外网任何地址的主机

（4）某单位路由器防火墙作了如下配置：

```
access-list 101 permit ip 202.38.0.0 0.0.0.255 10.10.10.10 0.0.0.255
access-list 101 deny tcp 202.38.0.0 0.0.0.255 10.10.10.10 0.0.0.255 gt 1024
```

```
access-list 101 deny ip any any
```

端口配置如下：

```
interface Serial0
ip address 202.38.111.25 255.255.255.0
encapsulation ppp
ip access-group 101 in
interface Ethernet0
ip address 10.10.10.1 255.255.255.0
```

内部局域网主机均为 10.10.10.0 和 255.255.255.0 网段。以下说法中正确的是（　A　）。
（本题假设其他网络均没有使用 ACL。）

    A. 外网主机 202.38.0.50 可以 ping 通任何内网主机

    B. 内网主机 10.10.10.5 可任意访问外网资源

    C. 内网任意主机都可以与外网任意主机建立 TCP 连接

    D. 外网 202.38.5.0/24 网段主机可以与此内网主机建立 TCP 连接

（5）一个 ACL 如下：

```
access-list 6 deny 202.38.0.0 0.0.255.255
access-list 6 permit 202.38.160.1 0.0.0.255
```

应用于该路由器端口的配置如下：

```
(config)#int s0
(config-if-Serial0)#ip access-group 6 in
```

该路由器 E0 口接本地局域网，S0 口接到 Internet，以下说法中正确的是（　D　）。

    A. 所有外网数据包都可以通过 S 口自由出入本地局域网

    B. 内网主机可以任意访问外网任何地址的主机

    C. 内网主机不可以访问本列表禁止的外网主机

    D. 以上都不正确

（6）标准 ACL 以（　B　）作为判别条件。

    A. 数据包的大小   B. 数据包的源地址

    C. 数据包的端口号   D. 数据包的目的地址

（7）对防火墙作如下配置

```
interface serial0
ip address 202.10.10.1 255.255.255.0
Encapsulation ppp
interface ethernet0
ip address 10.110.10.1 255.255.255.0
```

公司的内网接在 ethernet0，在 serial0 通过 NAT 访问 Internet。如果想禁止公司内部所有主机访问 202.38.160.1/16 的网段，但是可以访问其他站点，以下的配置可以达到要求的是（　D　）。

A. access-list 1 deny 202.38.160.1 0.0.0.255

access-list 1 permit ip any any

在 serial0 口：access-group 1 in

B. access-list 1 deny 202.38.160.1 0.0.255.255

access-list 1 permit ip any any

在 serial0 口：access-group 1 out

C. access-list 101 deny ip any 202.38.160.1 0.0.255.255

在 ethernet0 口：access-group 101 in

D. access-list 101 deny ip any 202.38.160.1 0.0.255.255

access-list 101 permit ip any any

在 ethernet0 口：access-group 101 out

(8) 以下访问控制列表的含义是（　D　）。

```
access-list 102 deny udp 129.9.8.10 0.0.0.255 202.38.160.10 0.0.0.255 gt 128
```

A. 规则序列号是 102,禁止 202.38.160.0/24 网段的主机到 129.9.8.0/24 网段的主机使用端口大于 128 的 UDP 进行连接

B. 规则序列号是 102,禁止 202.38.160.0/24 网段的主机到 129.9.8.0/24 网段的主机使用端口小于 128 的 UDP 进行连接

C. 规则序列号是 102,禁止 129.9.8.0/24 网段的主机使用端口大于 128 的 UDP 到 202.38.160.0/24 网段的主机进行连接

D. 规则序列号是 102,禁止 129.9.8.0/24 网段的主机访问 202.38.160.0/24 网段的 UDP 端口号大于 128 的应用和服务

(9) 以下访问控制列表的含义是（　C　）。

```
access-list 100 deny icmp 10.1.10.10 0.0.255.255 any
```

A. 规则序列号是 100,禁止到 10.1.10.10 主机的所有主机不可达报文

B. 规则序列号是 100,禁止到 10.1.0.0/16 网段的所有主机不可达报文

C. 规则序列号是 100,禁止从 10.1.0.0/16 网段来的所有主机不可达报文

D. 规则序列号是 100,禁止从 10.1.10.10 主机来的所有主机不可达报文

(10) 配置如下两个 ACL：

```
access-list 1 permit 10.110.10.1 0.0.255.255
access-list 2 permit 10.110.100.100. 0.0.255.255
```

ACL1 和 ACL2 所控制的地址范围关系是（　A　）。

A. 1 和 2 的范围相同　　　　　　　　B. 1 的范围在 2 的范围内

C. 2 的范围在 1 的范围内　　　　　　D. 1 和 2 的范围没有包含关系

2. 问答题

(1) 在实施 ACL 的过程中应当遵循的基本原则是什么？

答：

① 最小权限原则：只给受控对象完成任务所必需的最小权限。

② 最靠近受控对象原则：所有的网络层访问权限控制尽可能离受控对象最近。

（2）扩展 ACL 在一个端口上的入和出的作用有什么不同？

答：扩展访问控制列表对一个端口上的入（在数据流入时）进行检查，偏重检查进入的源网络、协议和应用端口。扩展访问控制列表对一个端口上的出（在数据流出时）进行检查，偏重检查到达的目标、协议和应用端口。

（3）通常安置 ACL 的最佳做法有哪些？

答：

- 将标准 ACL 安置在靠近流量的目的 IP 地址的位置。
- 将扩展 ACL 尽量安置在靠近流量的源 IP 地址的位置。
- 在不需要的流量通过低带宽链路之前将其过滤掉。

3. 操作题

拓扑结构如图 7-28 所示。

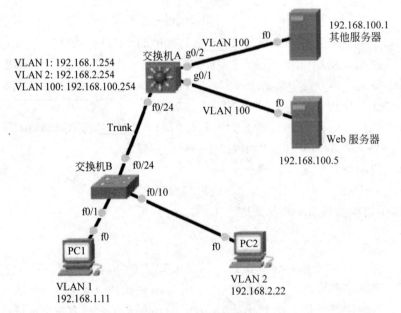

图 7-28　ACL 实验

某学员在做 ACL 实验时，VLAN 1～VLAN 2 连接客户端（192.168.1.0～192.168.2.0/24），VLAN 100 连接外网（其中有一台 Web 服务器为 192.168.100.5）。

- 不配置 ACL 时，两台 PC 都可以访问 VLAN 100 中的服务器（分别用 ping 和 Web 访问测试）。
- 在交换机 A 上配置了以下规则：

```
ip access-list extended abc
permit tcp any 192.168.100.5 0.0.0.0 eq 80
interface vlan 100
ip access-group abc in
```

通过验证来分析此 ACL 的效果，禁止了哪些访问，允许了哪些访问。如果需要内网访问外网其他主机的服务,怎么修改配置?

答:上述访问列表的原意是让内网任何主机都能访问 Web 服务器,但结果是所有主机都不能访问 Web 服务器,如图 7-29 所示。也不能 ping 通,因为最后有一条隐含的语句是 deny ip any any。所以即使在 TCP 上允许,但在其下一层 IP 上也会拒绝,所以无法访问 Web 服务器。

图 7-29　两台主机 PC1 和 PC2 均不能访问 Web 服务器

(1) 将作用在 VLAN 100 上的访问控制列表 abc 移除。

```
Switch(config)#int vlan 100
Switch(config-if)#no ip access-group abc in
```

(2) 修改访问控制列表,重新命名为 abc1:

```
Switch(config)#ip access-list extended abc1
Switch(config-ext-nacl)#permit tcp any host 192.168.100.5 eq www
Switch(config-ext-nacl)#deny tcp 192.168.1.0 0.0.0.255 host 192.168.100.5 gt 1
Switch(config-ext-nacl)#deny tcp 192.168.2.0 0.0.0.255 host 192.168.100.5 gt 1
Switch(config-ext-nacl)#permit ip any any
Switch(config-ext-nacl)#ex
Switch(config)#int vlan 100
Switch(config-if)#ip access-group abc1 in
```

由结果可见,PC1 和 PC2 均能访问 Web 服务器,如图 7-30 所示,且能 ping 通 Web 服务器,如图 7-31 所示。所有主机都能访问其他服务器。

由于 Packet Tracer 中交换机的 ACL 功能不全,可能达不到预期效果,可在真机或路由器上测试。

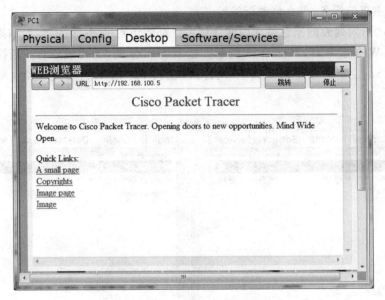

图 7-30　PC1 访问 Web

```
PC>ipconfig

FastEthernet0 Connection:(default port)

   Link-local IPv6 Address.........: FE80::2D0:BAFF:FE45:6C43
   IP Address......................: 192.168.1.11
   Subnet Mask.....................: 255.255.255.0
   Default Gateway.................: 192.168.1.254

PC>ping 192.168.100.5

Pinging 192.168.100.5 with 32 bytes of data:

Reply from 192.168.100.5: bytes=32 time=1ms TTL=127
Reply from 192.168.100.5: bytes=32 time=0ms TTL=127
Reply from 192.168.100.5: bytes=32 time=0ms TTL=127
Reply from 192.168.100.5: bytes=32 time=0ms TTL=127

Ping statistics for 192.168.100.5:
    Packets: Sent = 4, Received = 4, Lost = 0 (0% loss),
Approximate round trip times in milli-seconds:
    Minimum = 0ms, Maximum = 1ms, Average = 0ms
```

图 7-31　PC1 能 ping 通 Web 服务器

第8章 生成树协议和冗余网关协议的综合应用

8.1 双核双出口园区网配置案例

8.1.1 项目背景和网络需求

总公司有两幢办公楼,办公楼 1 有生产部、技术部、设计部等部门,办公楼 2 是行政办公楼,有财务部、销售部、总经理办公室等部门。

公司内有多台服务器,运行着多种企业管理软件、人事及财务管理软件等。

网络需求:园区内全网互连互通,快速转发,并确保冗余和可靠性。

两幢办公楼各有一台汇聚交换机、一台核心交换机、一台出口路由器,两幢楼汇聚层、核心层均相连,互为备份和冗余,使流量负载均衡。出口也互为备份。该园区网拓扑结构如图 8-1 所示。

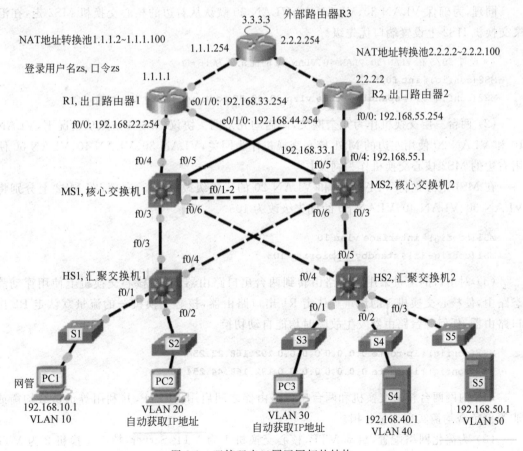

图 8-1 双核双出口园区网拓扑结构

网络配置说明：

（1）由于交换网络中存在多重冗余结构，在汇聚交换机和核心交换机上全部启动快速生成树协议（PVST）。

① 为确保核心交换机 MS1 为 VLAN 10 和 VLAN 20 的根交换机，核心交换机 MS2 为 VLAN 30、VLAN 40、VLAN 50 的根交换机，修改相应 VLAN 的优先级为 4096。

在 MS1 上：

```
MS1(config)#spanning-tree vlan 10,20 priority 4096
```

在 MS2 上：

```
MS2(config)#spanning-tree vlan 30,40,50 priority 4096
```

② 为确保 VLAN 10 和 VLAN 20 默认从左边的核心交换机 MS1 走，在汇聚交换机 HS1 上设置端口优先级。

```
/*设置 f0/3 在 VLAN 10、VLAN 20 的优先级为 16*/
MS1(config)#int f0/3
MS1(config-if)#spanning-tree vlan 10,20 port-priority 16
```

同理，为确保 VLAN 30、VLAN 40、VLAN 50 默认从右边的核心交换机 MS2 走，在汇聚交换机 HS2 上设置端口优先级。

```
/*设置 f0/5 在 VLAN 30、VLAN 40、VLAN 50 的优先级为 16*/
MS2(config)#int f0/5
MS2(config-if)#spanning-tree vlan 30,40,50 port-priority 16
```

（2）两台三层交换机作为冗余网关，需启动冗余网关协议（HSRP）；默认情况下，VLAN 10 和 VLAN 20 使用左边的 MS1 核心交换机作为网关，VLAN 30、VLAN 40、VLAN 50 使用右边的 MS2 核心交换机作为网关。

在 MS1 上分别将 VLAN 10 和 VLAN 20 的优先级改为 105，同理，在 MS2 上分别将 VLAN 30、VLAN 40、VLAN 50 的优先级改为 105。

```
MS1(config)#interface vlan 10
MS1(config-if)#standby 1 priority 105
```

（3）对出口的流量采用默认路由转到两台出口路由器上，在核心交换机上使用浮动静态路由，使核心交换机 1 的流量默认走 R1 出口路由器，核心交换机 2 的流量默认走 R2 出口路由器，任何一台路由器发生故障时均能自动切换。

```
MS1(config)#ip route 0.0.0.0 0.0.0.0 192.168.22.254
MS1(config)#ip route 0.0.0.0 0.0.0.0 192.168.44.254 10
```

（4）内网两台核心交换机和两台出口路由器之间启用 EIGRP，并利用等价负载均衡或非等价负载均衡实现流量分担。

（5）为简化网络配置，启动 VTP，核心交换机 1 为 VTP Server，核心交换机 2 为 VTP 客户。

（6）在核心交换机上配置 DHCP，除网络管理员（VLAN 10 中的 PC1）和服务器

（VLAN 40、VLAN 50 中的两台服务器）静态配置 IP 地址外，其余 PC 全部自动获取 IP
地址。

（7）网络管理员（VLAN 1 中的 PC1）能够使用 SSH 远程访问公司的核心交换机出口
路由器（或核心交换机）关键设备等进行管理配置。

（8）汇聚层交换机所有接口都配置为 Trunk 口，主要完成二层相同网络的转发功能，内
网不同网络之间的转发全部交给两台核心交换机。

（9）核心层交换机与出口路由器之间使用路由口。核心层交换机之间使用 Trunk 聚合
链路，与汇聚层交换机使用 Trunk 口互连。

（10）有两台出口路由器，分别使用不同的 NAT 转换地址，R1 的 NAT 地址转换池为
1.1.1.2～1.1.1.100，R2 的 NAT 地址转换池为 2.2.2.2～2.2.2.100。

8.1.2　交换机的配置

（1）在接入层交换机上配置生成树协议并把接口分配到相应的 VLAN 中（略）。

在二层交换机 4 和 5 上配置端口安全：

```
hostname s4
spanning-tree mode pvst
interface f0/1                        /*二层安全配置*/
switchport access vlan 40
switchport mode access
switchport port-security
switchport port-security mac-address 0060.3E3A.71D8
/*MAC 地址绑定,注意地址根据本机情况需做改变*/
interface f0/2
switchport mode trunk                 /*二层交换机 Trunk 口配置*/
```

（2）汇聚层交换机的配置。汇聚层交换机下连接入层交换机，完成所有相同网络的二
层转发。在所有的接口上配置 Trunk 口。

在汇聚层交换机 HS1 上：

```
hostname hs1
/*定义 VTP 客户*/
VTP Domain aa
VTP mode Client
spanning-tree mode pvst
int range f0/1-4
switchport trunk encapsulation dot1q
switchport mode trunk
/*设置 f0/3 在 VLAN 10、VLAN 20 的优先级为 16*/
int f0/3
spanning-tree vlan 10,20 port-priority 16
/*设置 f0/4 在 VLAN 30、VLAN 40、VLAN 50 的优先级为 16*/
int f0/4
spanning-tree vlan 30,40,50 port-priority 16
```

在汇聚层交换机 S2 上：

```
hostname hs2
/ * 定义 VTP 客户 * /
VTP Domain aa
VTP mode Client
spanning-tree mode pvst
int range f0/1-5
switchport trunk encapsulation dot1q
switchport mode trunk
/ * 设置 f0/4 在 VLAN 10、VLAN 20 的优先级为 16 * /
int f0/4
spanning-tree vlan 10,20 port-priority 16
/ * 设置 f0/5 在 VLAN 30、VLAN 40、VLAN 50 的优先级为 16 * /
int f0/5
spanning-tree vlan 30,40,50 port-priority 16
```

（3）核心交换机 1 的配置：

```
hostname ms1
/ * 定义 VTP 服务器 * /
VTP Domain aa
VTP mode Server
ip routing                          / * 开启路由功能 * /
/ * 启动生成树协议 * /
spanning-tree mode pvst
/ * 修改 VLAN 10、VLAN 20 的优先级 * /
spanning-tree vlan 10,20 priority 4096
/ * 启动 DHCP 服务,由于每个网络有两个网关,这里使用虚拟网关,VLAN 10 是 192.168.10.100 * /
ip dhcp excluded-address 192.168.10.1     / * 排除地址 * /
ip dhcp pool v1
network 192.168.10.0 255.255.255.0
default-router 192.168.10.100        / * 指定网关为 HSRP 的虚拟网关 * /
ip dhcp pool v2
network 192.168.20.0 255.255.255.0
default-router 192.168.2.100         / * 指定网关为 HSRP 的虚拟网关 * /
/ * 二层聚合口 1 号 * /
interface Port-channel 1
switchport trunk encapsulation dot1q  / * 三层交换机中聚合 Trunk 口封装 * /
switchport mode trunk
/ * f0/2 和 f0/3 聚合 * /
interface range f0/1-2
channel-group 1 mode desirable       / * 聚合口模式为 active * /
switchport trunk encapsulation dot1q
switchport mode trunk
/ * 定义 Trunk 口 * /
```

```
interface f0/3
switchport trunk encapsulation dot1q
switchport mode trunk
interface f0/6
switchport trunk encapsulation dot1q
switchport mode trunk
/ * f0/4、f0/5 为路由口 * /
interface f0/4
no switchport                              / * 三层交换机开启三层功能 * /
ip address 192.168.22.1 255.255.255.0
interface f0/5
no switchport
ip address 192.168.44.1 255.255.255.0
/ * SVI 配置和 HSRP 配置 * /
interface vlan 10
ip address 192.168.10.254 255.255.255.0   / * SVI 配置 * /
standby version 2                          / * HSRP 配置 * /
standby 1 ip 192.168.10.100               / * 虚拟的网关为 192.168.10.100 * /
standby 1 priority 105                     / * 优先级设为 105(默认为 100) * /
standby 1 preempt                          / * 开启抢占功能 * /
!
interface vlan 20
ip address 192.168.20.254 255.255.255.0
standby version 2
standby 2 ip 192.168.20.100
standby 2 priority 105
standby 2 preempt
!
interface vlan 30
ip address 192.168.30.254 255.255.255.0
standby version 2
standby 3 ip 192.168.30.100
!
interface vlan 40
ip address 192.168.40.254 255.255.255.0
standby version 2
standby 4 ip 192.168.40.100
!
interface vlan 50
ip address 192.168.50.254 255.255.255.0
standby version 2
standby 5 ip 192.168.50.100
/ * EIGRP 配置 * /
router eigrp 1
network 192.168.10.0                       / * EIGRP 网络宣告 * /
```

```
network 192.168.20.0
network 192.168.30.0
network 192.168.40.0
network 192.168.50.0
network 192.168.22.1 0.0.0.0
network 192.168.44.1 0.0.0.0
no auto-summary                        /*关闭自动汇总*/
!
ip classless                           /*浮动静态路由*/
ip route 0.0.0.0 0.0.0.0 192.168.22.254      /*默认路由指向 R1*/
ip route 0.0.0.0 0.0.0.0 192.168.44.254   10      /*备份路由指向 R2*/
```

(4) 核心交换机 2 的配置与核心交换机 1 类似。

```
hostname ms2
ip routing
/*定义 VTP 客户*/
VTP Domain aa
VTP mode Client
/*启动生成树协议*/
spanning-tree mode pvst
/*修改 VLAN 30、VLAN 40、VLAN 50 的优先级*/
spanning-tree vlan 30,40,50 priority 4096
/*启动 DHCP 服务,由于每个网络有两个网关,这里使用虚拟网关,VLAN 30 是 192.168.30.100*/
ip dhcp excluded-address 192.168.40.1      /*排除地址*/
ip dhcp excluded-address 192.168.50.1
ip dhcp pool v3
network 192.168.30.0 255.255.255.0
default-router 192.168.30.100              /*指定网关为 HSRP 的虚拟网关*/
ip dhcp pool v4
network 192.168.40.0 255.255.255.0
default-router 192.168.40.100              /*指定网关为 HSRP 的虚拟网关*/
ip dhcp pool v5
network 192.168.50.0 255.255.255.0
default-router 192.168.50.100              /*指定网关为 HSRP 的虚拟网关*/
/*二层聚合口 1 号*/
interface Port-channel 1
switchport trunk encapsulation dot1q
switchport mode trunk
/*f0/1 和 f0/2 聚合*/
interface range f0/1-2
channel-group 1 mode active
switchport trunk encapsulation dot1q
switchport mode trunk
/*定义 Trunk 口*/
interface f0/3
```

```
switchport trunk encapsulation dot1q
switchport mode trunk
interface f0/6
switchport trunk encapsulation dot1q
switchport mode trunk
/*定义路由口*/
interface f0/4
no switchport
ip address 192.168.55.1 255.255.255.0
interface f0/5
no switchport
ip address 192.168.33.1 255.255.255.0
/*SVI 配置和 HSRP 配置*/
interface vlan 10
ip address 192.168.10.253 255.255.255.0
standby version 2
standby 1 ip 192.168.10.100
!
interface vlan 20
ip address 192.168.20.253 255.255.255.0
standby version 2
standby 2 ip 192.168.20.100
!
interface vlan 30
ip address 192.168.30.253 255.255.255.0
standby version 2
standby 3 ip 192.168.30.100
standby 3 priority 105
standby 3 preempt
!
interface vlan 40
ip address 192.168.40.253 255.255.255.0
standby version 2
standby 4 ip 192.168.40.100
standby 4 priority 105
standby 4 preempt
!
interface vlan 50
ip address 192.168.50.253 255.255.255.0
standby version 2
standby 5 ip 192.168.50.100
standby 5 priority 105
standby 5 preempt
/*EIGRP 配置*/
router eigrp 1
```

```
network 192.168.10.0
network 192.168.20.0
network 192.168.30.0
network 192.168.40.0
network 192.168.50.0
network 192.168.33.1 0.0.0.0
network 192.168.55.1 0.0.0.0
no auto-summary
/*浮动静态路由,对出口的流量采用默认路由转到两台出口路由器上*/
ip classless
ip route 0.0.0.0 0.0.0.0 192.168.33.254 10
ip route 0.0.0.0 0.0.0.0 192.168.55.254
```

8.1.3　路由器的配置

（1）出口路由器 R1 的配置：

```
hostname r1
/*网络管理员 SSH 操作*/
enable password 123456                    /*特权模式密码设置*/
username zs password 0  123456            /*路由器用户名、密码*/
ip domain-name zs                         /*domain-name 用于 SSH 加密*/
!
spanning-tree mode pvst
/*NAT*/
interface f0/0
ip address 192.168.22.254 255.255.255.0
ip nat inside
interface e0/1/0
ip address 192.168.33.254 255.255.255.0
ip nat inside
interface f0/1
ip address 1.1.1.1 255.255.255.0
ip nat outside
ip nat pool z1 1.1.1.2 1.1.1.100 netmask 255.255.255.0      /*NAT 地址池*/
ip nat inside source list 10 pool z1 overload
ip classless
ip route 0.0.0.0 0.0.0.0 1.1.1.254
access-list 10 permit ip 192.168.0.0 0.0.255.255
/*启动 EIGRP*/
router eigrp 1
variance 2                                /*设置非等价负载均衡的参数值*/
network 192.168.22.0
network 192.168.33.0
no auto-summary
!
```

```
line vty 0 4                              /*远程连接的数量*/
login local
line vty 5 14
login local
```

（2）出口路由器 2 的配置：

```
hostname r2
!
enable password zs
username zs password 0 zs
ip domain-name zs
!
spanning-tree mode pvst
!
interface f0/0
ip address 192.168.55.254 255.255.255.0
ip nat inside
interface e0/1/0
ip address 192.168.44.254 255.255.255.0
ip nat inside
interface f0/1
ip address 2.2.2.1 255.255.255.0
ip nat outside
!
ip nat pool z2 2.2.2.2 2.2.2.100 netmask 255.255.255.0
ip nat inside source list 100 pool z2 overload
ip classless
ip route 0.0.0.0 0.0.0.0 2.2.2.254
!
router eigrp 1
variance 2                                /*设置非等价负载均衡的参数值*/
network 192.168.44.254 0.0.0.0
network 192.168.55.254 0.0.0.0
no auto-summary
!
line vty 0 4
login local
line vty 5 14
login local
```

（3）外网路由器 R3 的配置：

```
hostname r3
interface f0/0
ip address 1.1.1.254 255.255.255.0
interface f1/0
```

```
ip address 2.2.2.254 255.255.255.0
interface loopback 3
ip address 3.3.3.3   255.255.255.0
/*定义静态路由*/
ip route 1.1.1.0 255.255.255.0 f0/0
ip route 2.2.2.0 255.255.255.0 f1/0
```

8.1.4 验证与检测

（1）在 MS1 上显示生成树状态，如图 8-2 所示。对 VLAN 10 和 VLAN 20，MS1（MAC：0030.F237.2265）为根交换机，其优先级为 4106（priority 4096 sys-id-ext 10）及 4116（priority 4096 sys-id-ext 20）；对 VLAN 30、VLAN 40、VLAN 50，MS2（MAC：0003.E4D5.BB20）为根交换机，其优先级为 32798（priority 32768 sys-id-ext 30）、32808（priority 32768 sys-id-ext 40）及 32818（priority 32768 sys-id-ext 50）。

```
VLAN0010
  Spanning tree enabled protocol ieee
  Root ID    Priority    4106
             Address     0030.F237.2265
             This bridge is the root
             Hello Time  2 sec  Max Age 20 sec  Forward Delay 15 sec

  Bridge ID  Priority    4106  (priority 4096 sys-id-ext 10)
             Address     0030.F237.2265
             Hello Time  2 sec  Max Age 20 sec  Forward Delay 15 sec
             Aging Time  20

Interface        Role Sts Cost      Prio.Nbr Type
Fa0/3            Desg FWD 19        128.3    P2p
Fa0/6            Desg FWD 19        128.6    P2p
Po1              Desg FWD 9         128.27   Shr
VLAN0020
  Spanning tree enabled protocol ieee
  Root ID    Priority    4116
             Address     0030.F237.2265
             This bridge is the root
             Hello Time  2 sec  Max Age 20 sec  Forward Delay 15 sec

  Bridge ID  Priority    4116  (priority 4096 sys-id-ext 20)
             Address     0030.F237.2265
             Hello Time  2 sec  Max Age 20 sec  Forward Delay 15 sec
             Aging Time  20

Interface        Role Sts Cost      Prio.Nbr Type
Fa0/3            Desg FWD 19        128.3    P2p
Fa0/6            Desg FWD 19        128.6    P2p
Po1              Desg FWD 9         128.27   Shr
VLAN0030
  Spanning tree enabled protocol ieee
  Root ID    Priority    4126
             Address     0003.E4D5.BB20
             Cost        9
             Port        27(Port-channel 1)
             Hello Time  2 sec  Max Age 20 sec  Forward Delay 15 sec

  Bridge ID  Priority    32798  (priority 32768 sys-id-ext 30)
             Address     0030.F237.2265
             Hello Time  2 sec  Max Age 20 sec  Forward Delay 15 sec
             Aging Time  20

Interface        Role Sts Cost      Prio.Nbr Type
```

图 8-2 MS1 的生成树状态

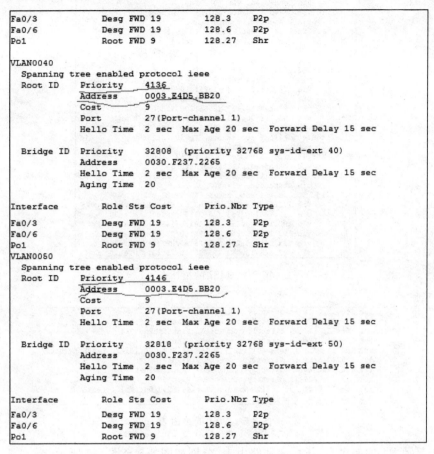

```
Fa0/3                Desg FWD 19        128.3     P2p
Fa0/6                Desg FWD 19        128.6     P2p
Po1                  Root FWD 9         128.27    Shr

VLAN0040
  Spanning tree enabled protocol ieee
  Root ID    Priority    4136
             Address     0003.E4D5.BB20
             Cost        9
             Port        27(Port-channel 1)
             Hello Time  2 sec  Max Age 20 sec  Forward Delay 15 sec

  Bridge ID  Priority    32808  (priority 32768 sys-id-ext 40)
             Address     0030.F237.2265
             Hello Time  2 sec  Max Age 20 sec  Forward Delay 15 sec
             Aging Time  20

Interface         Role Sts Cost     Prio.Nbr Type

Fa0/3                Desg FWD 19        128.3     P2p
Fa0/6                Desg FWD 19        128.6     P2p
Po1                  Root FWD 9         128.27    Shr
VLAN0050
  Spanning tree enabled protocol ieee
  Root ID    Priority    4146
             Address     0003.E4D5.BB20
             Cost        9
             Port        27(Port-channel 1)
             Hello Time  2 sec  Max Age 20 sec  Forward Delay 15 sec

  Bridge ID  Priority    32818  (priority 32768 sys-id-ext 50)
             Address     0030.F237.2265
             Hello Time  2 sec  Max Age 20 sec  Forward Delay 15 sec
             Aging Time  20

Interface         Role Sts Cost     Prio.Nbr Type

Fa0/3                Desg FWD 19        128.3     P2p
Fa0/6                Desg FWD 19        128.6     P2p
Po1                  Root FWD 9         128.27    Shr
```

图 8-2 （续）

同理可显示 MS2、HS1、HS2 的生成树状态（略）。

（2）显示 MS1 的邻居表、拓扑表和路由表，分别如图 8-3 至图 8-5 所示。

```
MS1#show ip eigrp neighbors
IP-EIGRP neighbors for process 1
H   Address           Interface       Hold Uptime    SRTT    RTO   Q    Seq
                                      (sec)          (ms)          Cnt  Num
0   192.168.44.254    Fa0/5           10   00:09:15   40     1000   0    154
1   192.168.22.254    Fa0/4           12   00:09:15   40     1000   0    61
2   192.168.30.253    Vlan            14   00:09:14   40     1000   0    354
3   192.168.40.253    Vlan            12   00:09:14   40     1000   0    354
4   192.168.50.253    Vlan            12   00:09:14   40     1000   0    354
5   192.168.20.253    Vlan            12   00:09:14   40     1000   0    354
6   192.168.10.253    Vlan            10   00:09:14   40     1000   0    354
```

图 8-3 MS1 的邻居表

```
P 192.168.10.0/24, 1 successors, FD is 25625600
          via Connected, Vlan10
P 192.168.20.0/24, 1 successors, FD is 25625600
          via Connected, Vlan20
P 192.168.22.0/24, 1 successors, FD is 28160
          via Connected, FastEthernet0/4
P 192.168.30.0/24, 1 successors, FD is 25625600
          via Connected, Vlan30
P 192.168.33.0/24, 1 successors, FD is 79360
          via 192.168.44.254 (79360/53760), FastEthernet0/5
          via 192.168.30.253 (25651200/51200), Vlan30
          via 192.168.40.253 (25651200/51200), Vlan40
          via 192.168.50.253 (25651200/51200), Vlan50
          via 192.168.20.253 (25651200/51200), Vlan20
          via 192.168.10.253 (25651200/51200), Vlan10
P 192.168.40.0/24, 1 successors, FD is 25625600
          via Connected, Vlan40
P 192.168.44.0/24, 1 successors, FD is 51200
          via Connected, FastEthernet0/5
P 192.168.50.0/24, 1 successors, FD is 25625600
          via Connected, Vlan50
P 192.168.55.0/24, 1 successors, FD is 53760
          via 192.168.44.254 (53760/28160), FastEthernet0/5
          via 192.168.30.253 (25628160/28160), Vlan30
          via 192.168.40.253 (25628160/28160), Vlan40
          via 192.168.50.253 (25628160/28160), Vlan50
          via 192.168.20.253 (25628160/28160), Vlan20
          via 192.168.10.253 (25628160/28160), Vlan10
```

图 8-4　MS1 的拓扑表

```
C   192.168.10.0/24 is directly connected, Vlan10
C   192.168.20.0/24 is directly connected, Vlan20
C   192.168.22.0/24 is directly connected, FastEthernet0/4
C   192.168.30.0/24 is directly connected, Vlan30
D   192.168.33.0/24 [90/79360] via 192.168.44.254, 00:16:12, FastEthernet0/5
C   192.168.40.0/24 is directly connected, Vlan40
C   192.168.44.0/24 is directly connected, FastEthernet0/5
C   192.168.50.0/24 is directly connected, Vlan50
D   192.168.55.0/24 [90/53760] via 192.168.44.254, 00:16:12, FastEthernet0/5
S*  0.0.0.0/0 [1/0] via 192.168.22.254
```

图 8-5　MS1 的路由表

（3）显示 R1 的邻居表、拓扑表和路由表，分别如图 8-6 至图 8-8 所示。

```
R1#show ip eigrp neighbors
IP-EIGRP neighbors for process 1
H   Address         Interface      Hold Uptime   SRTT   RTO   Q    Seq
                                   (sec)         (ms)         Cnt  Num
0   192.168.22.1    Fa0/0          13   00:31:31  40    1000  0    36
1   192.168.33.1    Eth0/1/0       10   00:00:09  40    1000  0    1147
```

图 8-6　R1 的邻居表

从图 8-7 中可知，192.168.10.0/24、192.168.20.0/24、192.168.30.0/24、192.168.40.0/24 和 192.168.40.0/24 有两个后继，由于 $1 < 25881600/25628160 < 2$，在 EIGRP 的配置中调整 variance 值（为 2）来实现非等价负载均衡。

从图 8-8 中可知，192.168.10.0/24、192.168.20.0/24、192.168.30.0/24、192.168.40.0/24 和 192.168.40.0/24 在路由表中都有两条不等价路由，从而实现了 EIGRP 的不等价负载均衡。

对于 192.168.55.0 的网络，在图 8-7 中虽然有两条路径，但只有一个后继，在图 8-8 中也只显示一条路由。由于两条路由代价之比 284160/56320＞2，不在 variance 值（为 2）的范围内。在 R1 上分别显示 f0/0 及 e0/1/0 的接口信息，发现 f0/0 的带宽为 100 000kb/s，延时为 100μs，e0/1/0 的带宽为 10 000kb/s，延时为 1000μs，如图 8-9 所示。

修改 R1 中 f0/0 的带宽和延时，使其与 e0/1/0 的保持一致。修改后 R1 的拓扑表、路由

```
P 192.168.10.0/24, 2 successors, FD is 25628160
        via 192.168.22.1 (25628160/25625600), FastEthernet0/0
        via 192.168.33.1 (25881600/25625600), Ethernet0/1/0
P 192.168.20.0/24, 2 successors, FD is 25628160
        via 192.168.22.1 (25628160/25625600), FastEthernet0/0
        via 192.168.33.1 (25881600/25625600), Ethernet0/1/0
P 192.168.22.0/24, 1 successors, FD is 28160
        via Connected, FastEthernet0/0
P 192.168.30.0/24, 2 successors, FD is 25628160
        via 192.168.22.1 (25628160/25625600), FastEthernet0/0
        via 192.168.33.1 (25881600/25625600), Ethernet0/1/0
P 192.168.33.0/24, 1 successors, FD is 281600
        via Connected, Ethernet0/1/0
P 192.168.40.0/24, 2 successors, FD is 25628160
        via 192.168.22.1 (25628160/25625600), FastEthernet0/0
        via 192.168.33.1 (25881600/25625600), Ethernet0/1/0
P 192.168.44.0/24, 1 successors, FD is 53760
        via 192.168.22.1 (53760/51200), FastEthernet0/0
P 192.168.50.0/24, 2 successors, FD is 25628160
        via 192.168.22.1 (25628160/25625600), FastEthernet0/0
        via 192.168.33.1 (25881600/25625600), Ethernet0/1/0
P 192.168.55.0/24, 1 successors, FD is 56320
        via 192.168.22.1 (56320/53760), FastEthernet0/0
        via 192.168.33.1 (284160/28160), Ethernet0/1/0
R1#
```

图 8-7　R1 的拓扑表

```
      1.0.0.0/24 is subnetted, 1 subnets
C        1.1.1.0 is directly connected, FastEthernet0/1
D     192.168.10.0/24 [90/25628160] via 192.168.22.1, 00:36:28, FastEthernet0/0
                      [90/25881600] via 192.168.33.1, 00:00:08, Ethernet0/1/0
D     192.168.20.0/24 [90/25628160] via 192.168.22.1, 00:36:28, FastEthernet0/0
                      [90/25881600] via 192.168.33.1, 00:00:08, Ethernet0/1/0
C     192.168.22.0/24 is directly connected, FastEthernet0/0
D     192.168.30.0/24 [90/25628160] via 192.168.22.1, 00:36:28, FastEthernet0/0
                      [90/25881600] via 192.168.33.1, 00:00:08, Ethernet0/1/0
C     192.168.33.0/24 is directly connected, Ethernet0/1/0
D     192.168.40.0/24 [90/25628160] via 192.168.22.1, 00:36:28, FastEthernet0/0
                      [90/25881600] via 192.168.33.1, 00:00:08, Ethernet0/1/0
D     192.168.44.0/24 [90/53760] via 192.168.22.1, 00:36:28, FastEthernet0/0
D     192.168.50.0/24 [90/25628160] via 192.168.22.1, 00:36:28, FastEthernet0/0
                      [90/25881600] via 192.168.33.1, 00:00:08, Ethernet0/1/0
D     192.168.55.0/24 [90/56320] via 192.168.22.1, 00:36:27, FastEthernet0/0
S*    0.0.0.0/0 [1/0] via 1.1.1.254
R1#
```

图 8-8　R1 的路由表

```
R1(config)#do sh int f0/0
FastEthernet0/0 is up, line protocol is up (connected)
  Hardware is Lance, address is 0090.2b53.3101 (bia 0090.2b53.3101)
  Internet address is 192.168.22.254/24
  MTU 1500 bytes, BW 100000 Kbit DLY 100 usec,

R1(config)#do sh int e0/1/0
Ethernet0/1/0 is up, line protocol is up (connected)
  Hardware is Lance, address is 0001.c736.0753 (bia 0001.c736.0753)
  Internet address is 192.168.33.254/24
  MTU 1500 bytes, BW 10000 Kbit DLY 1000 usec,
```

图 8-9　接口信息

表分别如图 8-10、图 8-11 所示。

从图 8-10 和图 8-11 中可以看出 192.168.55.0/24 有两条路由都在路由表中。

（4）跟踪路径。

跟踪从 PC1 到外网 3.3.3.3 及内网 PC3（192.168.30.1）的路径，如图 8-12 所示。分别是 PC1→MS1→R1→R3 和 PC1→MS1→PC3。

跟踪从 PC3 到外网 3.3.3.3 及内网 PC1（192.168.10.1）的路径，如图 8-13 所示。分别是 PC3→MS2→R2→R3 和 PC3→MS2→PC1。

```
P 192.168.10.0/24, 2 successors, FD is 25858560
           via 192.168.22.1 (25858560/25625600), FastEthernet0/0
           via 192.168.33.1 (25881600/25625600), Ethernet0/1/0
P 192.168.20.0/24, 2 successors, FD is 25858560
           via 192.168.22.1 (25858560/25625600), FastEthernet0/0
           via 192.168.33.1 (25881600/25625600), Ethernet0/1/0
P 192.168.22.0/24, 1 successors, FD is 258560
           via Connected, FastEthernet0/0
P 192.168.30.0/24, 2 successors, FD is 25858560
           via 192.168.22.1 (25858560/25625600), FastEthernet0/0
           via 192.168.33.1 (25881600/25625600), Ethernet0/1/0
P 192.168.33.0/24, 1 successors, FD is 281600
           via Connected, Ethernet0/1/0
P 192.168.40.0/24, 2 successors, FD is 25858560
           via 192.168.22.1 (25858560/25625600), FastEthernet0/0
           via 192.168.33.1 (25881600/25625600), Ethernet0/1/0
P 192.168.44.0/24, 1 successors, FD is 284160
           via 192.168.22.1 (284160/51200), FastEthernet0/0
P 192.168.50.0/24, 2 successors, FD is 25858560
           via 192.168.22.1 (25858560/25625600), FastEthernet0/0
           via 192.168.33.1 (25881600/25625600), Ethernet0/1/0
P 192.168.55.0/24, 2 successors, FD is 284160
           via 192.168.33.1 (284160/28160), Ethernet0/1/0
           via 192.168.22.1 (286720/53760), FastEthernet0/0
R1#
```

图 8-10　修改后 R1 的拓扑表

```
Gateway of last resort is 1.1.1.254 to network 0.0.0.0

     1.0.0.0/24 is subnetted, 1 subnets
C       1.1.1.0 is directly connected, FastEthernet0/1
D    192.168.10.0/24 [90/25858560] via 192.168.22.1, 00:03:19, FastEthernet0/0
                     [90/25881600] via 192.168.33.1, 00:03:19, Ethernet0/1/0
D    192.168.20.0/24 [90/25858560] via 192.168.22.1, 00:03:19, FastEthernet0/0
                     [90/25881600] via 192.168.33.1, 00:03:19, Ethernet0/1/0
C    192.168.22.0/24 is directly connected, FastEthernet0/0
D    192.168.30.0/24 [90/25858560] via 192.168.22.1, 00:03:19, FastEthernet0/0
                     [90/25881600] via 192.168.33.1, 00:03:19, Ethernet0/1/0
C    192.168.33.0/24 is directly connected, Ethernet0/1/0
D    192.168.40.0/24 [90/25858560] via 192.168.22.1, 00:03:19, FastEthernet0/0
                     [90/25881600] via 192.168.33.1, 00:03:19, Ethernet0/1/0
D    192.168.44.0/24 [90/284160] via 192.168.22.1, 00:03:19, FastEthernet0/0
D    192.168.50.0/24 [90/25858560] via 192.168.22.1, 00:03:19, FastEthernet0/0
                     [90/25881600] via 192.168.33.1, 00:03:19, Ethernet0/1/0
D    192.168.55.0/24 [90/284160] via 192.168.33.1, 00:03:19, Ethernet0/1/0
                     [90/286720] via 192.168.22.1, 00:03:19, FastEthernet0/0
S*   0.0.0.0/0 [1/0] via 1.1.1.254
R1#
```

图 8-11　修改后 R1 的路由表

```
PC>tracert 3.3.3.3

Tracing route to 3.3.3.3 over a maximum of 30 hops:

  1   12 ms      0 ms      0 ms      192.168.10.254
  2   1 ms       *         0 ms      192.168.22.254
  3   1 ms       0 ms      0 ms      3.3.3.3

Trace complete.

PC>tracert 192.168.30.1

Tracing route to 192.168.30.1 over a maximum of 30 hops:

  1   0 ms       0 ms      0 ms      192.168.10.254
  2   0 ms       0 ms      0 ms      192.168.30.1

Trace complete.
```

图 8-12　在 PC1 上的路径跟踪

```
PC>tracert 3.3.3.3

Tracing route to 3.3.3.3 over a maximum of 30 hops:

  1   0  ms        1  ms        0  ms        192.168.30.254
  2   *            0  ms        0  ms        192.168.55.254
  3   *            0  ms        0  ms        3.3.3.3

Trace complete.

PC>tracert 192.168.10.1

Tracing route to 192.168.10.1 over a maximum of 30
hops:

  1   0  ms        0  ms        0  ms        192.168.30.254
  2   0  ms        0  ms        0  ms        192.168.10.1

Trace complete.
```

图 8-13　在 PC3 上的路径跟踪

（5）断开 HS1 到 MS1 的链路（关闭 MS1 上的 f0/3 端口），同时断开 MS1 到 R1 的链路（关闭 R1 上的 f0/0 端口）。

在 MS1 上：

```
MS1(config)#interface f0/3
MS1(config-if)#shutdown
```

在 R1 上：

```
R1(config)#interface f0/0
R1(config-if)#shutdown
```

再次跟踪从 PC1 到外网 3.3.3.3 及内网 PC3（192.168.30.1）的路径，如图 8-14 所示。从 PC1 到外网 3.3.3.3 及内网 PC3（192.168.30.1）的路径分别是 PC1→MS2→R2→R3 和 PC1→MS2→PC3。

```
PC>tracert 3.3.3.3

Tracing route to 3.3.3.3 over a maximum of 30 hops:

  1   0  ms        0  ms        0  ms        192.168.10.254
  2   0  ms        1  ms        0  ms        192.168.55.254
  3   0  ms        0  ms        10 ms        3.3.3.3

Trace complete.

PC>tracert 192.168.30.1

Tracing route to 192.168.30.1 over a maximum of 30 hops:

  1   0  ms        0  ms        0  ms        192.168.10.254
  2   0  ms        0  ms        0  ms        192.168.30.1

Trace complete.
```

图 8-14　在 PC1 上改变链路后的路径跟踪

（6）再次断开 MS2 到 R2 之间的链路，并跟踪从 PC1 到外网 3.3.3.3 及内网 PC3（192.168.30.1）的路径，如图 8-15 所示。分别是 PC1 → MS2 → R1 → R3 和 PC1 → MS2

→PC3。

```
R2(config)#interface f0/0
R2(config-if)#shutdown
```

```
PC>tracert 3.3.3.3

Tracing route to 3.3.3.3 over a maximum of 30 hops:

  1    0 ms      0 ms      1 ms      192.168.10.254
  2    0 ms      0 ms     10 ms      192.168.44.254
  3    0 ms      0 ms      0 ms      3.3.3.3

Trace complete.

PC>tracert 192.168.30.1

Tracing route to 192.168.30.1 over a maximum of 30 hops:

  1    1 ms      0 ms      0 ms      192.168.10.254
  2   12 ms      0 ms      0 ms      192.168.30.1

Trace complete.
```

图 8-15 在 PC1 上再次改变链路后的路径跟踪

（7）案例小结。

本案例在核心交换机和汇聚交换机所形成的内部交换网络中，所有的冗余链路通过生成树协议 PVST（设置根交换机、VLAN 的优先级、端口的优先级等）实现二层转发和流量负载均衡。

在核心交换机和出口路由器之间通过 EIGRP 的等价与不等价负载均衡实现了不同的冗余链路的负载均衡。

对外网流量，通过配置静态路由实现流量的负载均衡和互为冗余备份。

这是一个典型园区网多链路负载均衡的案例。

8.2 主教材第 12 章习题解答

1. 选择题

（1）使用全局配置命令 spanning-tree vlan *vlan-id* root primary 可以改变网桥的优先级。使用该命令后，一般情况下网桥的优先级为（ D ）。

    A. 0   B. 比最低的网桥优先级小 1

    C. 32767   D. 32768

（2）IEEE 制定的用于实现 STP 的标准是（ C ）。

    A. IEEE 802.1w   B. IEEE 802.3ad

    C. IEEE 802.1d   D. IEEE 802.1x

（3）（ D ）状态属于 RSTP 稳定下的端口。

    A. Blocking   B. Disable   C. Listening   D. backup

（4）如果交换机的端口处于 STP 模式，该端口在（ C ）状态下接收和发送 BPDU 报文，但是不能接收和发送数据，也不进行地址学习。

A. Blocking　　　　B. Disable　　　　C. Listening　　　　D. backup

（5）STP 通过（　B　）交换交换机之间的信息。

A. PDU　　　　　　B. BPDU　　　　　C. Frame　　　　D. Segment

（6）不属于生成树协议目前常见版本的是（　D　）。

A. STP(IEEE 802.1d)　　　　　　　　B. RSTP(IEEE 802.1w)

C. MSTP(IEEE 802.1s)　　　　　　　D. VSTP(IEEE 802.1k)

（7）当二层交换网络中出现冗余路径时，用（　A　）方法可以阻止环路的产生，提高网络的可靠性。

A. 生成树协议　　　B. 水平分割　　　C. 毒性逆转　　　D. 最短路径树

（8）在 STP 中，收敛是指（　D　）。

A. 所有端口都转换到阻塞状态

B. 所有端口都转换到转发状态

C. 所有端口都处于转发状态或侦听状态

D. 所有端口都处于转发状态或阻塞状态

（9）在运行 RSTP 的网络中，在拓扑变化期间，交换机的非根端口和非指定端口将立即进入（　A　）状态。

A. Forwarding　　　B. Learning　　　C. Listening　　　D. Discarding

（10）Statements（　ABF　）about RSTP are true.

A. RSTP significantly reduces topology reconverting time after a link failure

B. RSTP expends the STP port roles by adding the alternate and backup roles

C. RSTP port states are blocking，discarding，learning，or forwarding

D. RSTP also uses the STP proposal-agreement sequence

E. RSTP use the same timer-based process as STP on point-to-point links

F. RSTP provides a faster transition to the forwarding state on point-to-point links than STP does

2. 问答题

（1）RSTP 和 STP 各有几种端口状态？

答：在 STP 中共有 5 种状态：阻塞(Blocking)、监听(Listening)、学习(Learning)、转发(Forwarding)、关闭(Disable)。

而在 RSTP 中只有 3 种端口状态：禁止（Discarding）、学习（Learning）、转发（Forwarding）。

（2）简述 STP 中最短路径的选择过程。

答：

① 比较路径代价。比较交换机到达根网桥的路径代价，选择代价最小的路径。

② 比较网桥号。如果路径代价相同，则比较发送 BPDU 交换机的网桥号（Bridge ID），选择网桥号较小的网桥。

③ 比较发送者端口号（Port ID）。如果发送者的网桥号相同，即同一台交换机，则比较发送者交换机的端口号，它由 1 字节端口优先级和 1 字节端口 ID 组成，端口默认的优先级为 138。

④ 比较接收者端口号。如果不同链路发送者的网桥号相同(即同一台交换机),则比较接收者的端口号。

(3) 简述 STP、RSTP、MSTP 这 3 种生成树协议的主要不同之处。

答: STP 不能使端口状态快速迁移,即使是在点对点链路或边缘端口,也必须等待 2 倍的 Forward Delay 的时间延迟,端口才能迁移到转发状态。

RSTP 可以快速收敛,但是和 STP 一样存在以下缺陷:局域网内所有网桥共享一棵生成树,不能按 VLAN 阻塞冗余链路,所有 VLAN 的报文都沿着一棵生成树进行转发。

MSTP 将环路网络修剪成一个无环的树形网络,避免报文在环路网络中的增生和无限循环,同时还提供了数据转发的多个冗余路径,在数据转发过程中实现 VLAN 数据的负载均衡。MSTP 兼容 STP 和 RSTP,并且可以弥补 STP 和 RSTP 的缺陷。它既可以快速收敛,也能使不同 VLAN 的流量沿各自的路径分发,从而为冗余链路提供了更好的负载分担机制。

(4) 上网查询 RSTP 更详细的信息,了解其端口的种类,有哪些状态,以及它是如何工作的。

答:

① RSTP 的定义与原理。

RSTP 由 IEEE 802.1w 定义,是从 STP 发展过来的,其实现基本思想一致,但 RSTP 更进一步处理了网络临时失去连通性的问题。RSTP 规定,在某些情况下,处于 Blocking 状态的端口不必经历 2 倍的 Forward Delay 时延而可以直接进入转发状态。例如网络边缘端口(即直接与终端相连的端口)可以直接进入转发状态,不需要任何时延。

② RSTP 端口角色。

RSTP 根据端口在活动拓扑中的作用,定义了 5 种端口角色(STP 只有 3 种角色):禁用端口(Disabled Port)、根端口(Root Port)、指定端口(Designated Port)以及为支持 RSTP 的快速特性规定的替代端口(Alternate Port)和备份端口(Backup Port)。

③ RSTP 端口状态。

* Discarding:处于这个状态的端口被禁止接收和发送数据。
* Learning:处于这个状态的端口同样不能转发数据,但是可以进行地址学习,并可以接收、处理和发送配置消息。
* Forwarding:处于该状态的端口可以转发任何数据,同时也进行地址学习和配置消息的接收、处理和发送。

④ RSTP 工作过程。

首先,RSTP 的端口快速转换使用的是 P/A(Proposal/Agreement)机制,其目的是使一个指定端口尽快进入 Forwarding 状态。其过程的完成涉及以下几个端口变量:

* proposing。当一个指定端口处于 Discarding 或 Learning 状态的时候,该变量置位,并向下游交换传递 Proposal 位被置位的 BPDU。
* proposed。当下游交设备端口收到对端的指定端口发来的携带 Proposal 位的 BPDU 的时候,该变量置位。该变量表示上游网段的指定端口希望进入 Forwarding 状态。
* sync。当 proposed 变量被置位以后,收到 Proposal 位置位信息的根端口会依次为

自己的其他端口的 synced 变量置位。如果端口是非边缘的指定端口,则会进入 Discarding 状态。

- synced。当其他端口完成工作转到 Discarding 状态后,会将自己的 synced 变量置位(替换端口、备份端口和边缘端口会马上设置该变量)。根端口监视其他端口的 synced 变量,当所有其他端口的 synced 变量全被置位时,根端口会将自己的 synced 变量置位,然后传回 BPDU,其中 Agreement 位被置位。

- agreed。当指定端口接收到一个 BPDU 时,如果该 BPDU 中的 Agreement 位被置位且端口角色定义是根端口,则该变量被置位。agreed 变量一旦被置位,指定端口马上转入 Forwarding 状态。

其次,RSTP 认识到网络拓扑的变化可以描述为某些网络端口在转发/阻塞态之间的转换,即端口状态在 Discarding 与 Forwarding 间的快速转换。

- Forwarding→Discarding。

若某条链路失效,即链路两端的端口从转发态变为阻塞态。从生成树协议的目的来看,并不会使网络形成环路。RSTP 仅需要找到处于阻塞态的端口,并将其转为转发态,使拓扑重新连通起来。由于 RSTP 在计算时已经分配好根端口的替代端口,因此若从转发态变为阻塞态的是根端口,则把对应的替代端口改为转发态;同理,指定端口可通过将备份端口转为 Forwarding 状态来实现。这样,当某个(或某些)端口状态从转发转为阻塞,对于 RSTP 而言,无须重新计算。

- Discarding→Forwarding。

某条链路的连通有可能导致生成树形成环路。在 RSTP 里,该行为定义为指定端口从阻塞态转化为转发态,相应的检查机制就是 P/A 机制,即需要进入转发态的指定端口,建议对端口进行同步,待收到确认后进入转发态。对端网桥在接收到建议消息后,一方面阻塞自身所有指定端口,并返回同意消息给建议消息发送方,另一方面对自身端口进行同步。同步分两种类型:若端口原来就是非转发态,则为“已同步”;若端口原来为转发态,则重新进入转发态,将建议对端口进行同步并等待确认。

(5) 上网查询 MSTP 的工作过程。

答:MSTP 把多个具有相同拓扑结构的 VLAN 映射到一个实例(Instance)里,这些 VLAN 在端口上的转发状态取决于对应实例在 MSTP 中的状态。一个实例就是一个生成树进程,在同一个网络中有很多个实例,就有很多个生成树进程。利用 Trunk 可建立多个生成树(MST),每个生成树进程具有独立于其他进程的拓扑结构,从而提供了多个数据转发的路径,实现了负载均衡,提高了网络容错率。

3. 操作题

按图 8-16 搭建网络拓扑,配置各个交换机的接口,启动 MSTP 和 VRRP(在锐捷交换机上),或启动 PVST 和 HSRP(在 Packet Tracer 上)。

(1) 连通网络,查看各个设备中的生成树状态、网关信息、网络路径。

(2) 切断部分链路(如二层交换机 A 与三层交换机 D 的链路,二层交换机 B 与三层交换机 D 的链路),再查看各个设备中的生成树状态、网关信息、网络路径等。

答:主要配置如下。

(1) 在 Multilayer Switch1 上的主要配置:

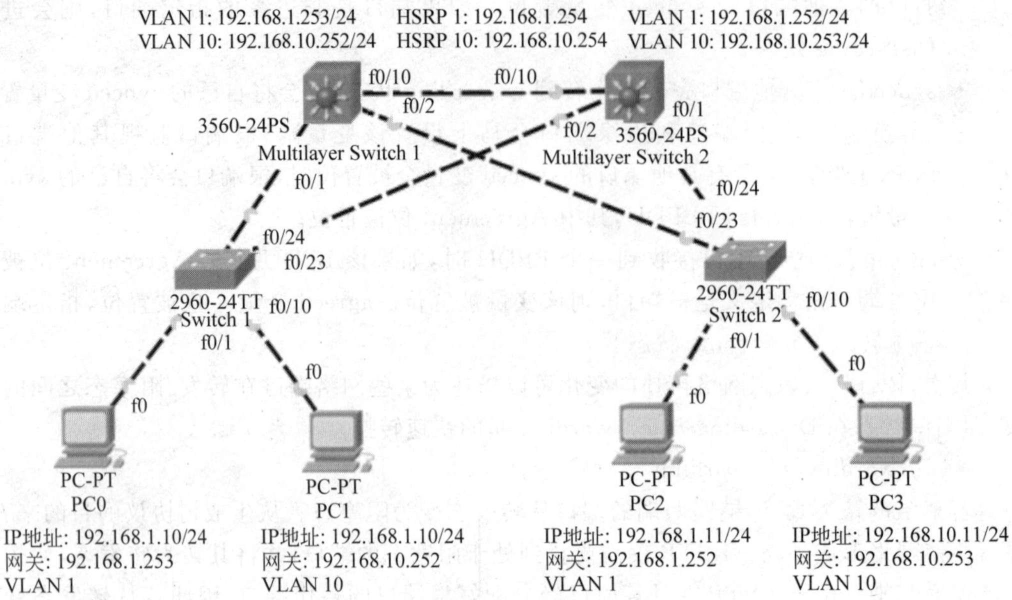

VLAN 1: 192.168.1.253/24   HSRP 1: 192.168.1.254   VLAN 1: 192.168.1.252/24
VLAN 10: 192.168.10.252/24   HSRP 10: 192.168.10.254   VLAN 10: 192.168.10.253/24

图 8-16　操作题图

```
/* PC 跨网段,启用路由功能 */
ip routing
/* 生成树协议为 PVST(Packet Tracer 交换机默认使用 PVST) */
spanning-tree mode pvst
/* MSW1 在 VLAN 10 下生成树为根交换机 */
spanning-tree vlan 10 priority 4096
/* HSRP 链路工作模式为 Trunk */
interface f0/1
 switchport trunk encapsulation dot1q
 switchport mode trunk
interface f0/2
 switchport trunk encapsulation dot1q
 switchport mode trunk
interface f0/10
 switchport trunk encapsulation dot1q
 switchport mode trunk
/* 设定 VLAN 的 SVI 并配置 HSRP */
interface vlan 10
ip address 192.168.10.252 255.255.255.0
 standby 10 ip 192.168.10.254
 standby 10 priority 180
 standby 10 preempt
 standby 10 track f0/10
interface vlan 20
ip address 192.168.20.253 255.255.255.0
 standby 20 ip 192.168.20.254
```

```
 standby 20 preempt
 standby 20 track f0/10
```

（2）在 Multilayer Switch2 上的主要配置：

```
/*PC 跨网段,启用路由功能*/
ip routing
/*生成树协议为 PVST(Packet Tracer 交换机默认使用 PVST)*/
spanning-tree mode pvst
/*MSW2 在 VLAN 20 下生成树为根交换机*/
spanning-tree vlan 20 priority 4096
/*HSRP 链路工作模式为 Trunk*/
interface f0/1
 switchport trunk encapsulation dot1q
 switchport mode trunk
interface f0/2
 switchport trunk encapsulation dot1q
 switchport mode trunk
interface f0/10
 switchport trunk encapsulation dot1q
 switchport mode trunk
/*设定 VLAN 的 SVI 并配置 HSRP*/
interface vlan 10
ip address 192.168.10.253 255.255.255.0
 standby 10 ip 192.168.10.254
 standby 10 preempt
 standby 10 track f0/10
interface vlan 20
ip address 192.168.20.252 255.255.255.0
 standby 20 ip 192.168.20.254
 standby 20 priority 180
 standby 20 preempt
 standby 20 track f0/10
```

（3）在 Switch1 上的主要配置：

```
/*生成树协议为 PVST(Packet Tracer 交换机默认使用 PVST)*/
spanning-tree mode pvst
/*终端接入口使用 Access 工作模式并划分 VLAN*/
interface f0/10
 switchport access vlan 10
 switchport mode access
interface f0/20
 switchport access vlan 20
 switchport mode access
/*HSRP 链路工作模式为 Trunk*/
interface f0/23
```

```
 switchport mode trunk
interface f0/24
 switchport mode trunk
```

（4）在 Switch2 上的主要配置：

```
/ * 生成树协议为 PVST(Packet Tracer 交换机默认使用 PVST) * /
spanning-tree mode pvst
/ * 终端接入口使用 Access 工作模式并划分 VLAN * /
interface f0/10
 switchport access vlan 10
 switchport mode access
interface f0/20
 switchport access vlan 20
 switchport mode access
/ * HSRP 链路工作模式为 Trunk * /
interface f0/23
 switchport mode trunk
interface f0/24
 switchport mode trunk
```

然后，进行验证与检测。

（1）在 Multilayer Switch1 上查看生成树状态，分别如图 8-17 和图 8-18 所示。

```
VLAN0010
  Spanning tree enabled protocol ieee
  Root ID    Priority    4106
             Address     0002.4A36.AB06
             This bridge is the root
             Hello Time  2 sec  Max Age 20 sec  Forward Delay 15 sec

  Bridge ID  Priority    4106  (priority 4096 sys-id-ext 10)
             Address     0002.4A36.AB06
             Hello Time  2 sec  Max Age 20 sec  Forward Delay 15 sec
             Aging Time  20

Interface        Role Sts Cost      Prio.Nbr Type
---------------- ---- --- --------- -------- ----------------
Fa0/1            Desg FWD 19        128.1    P2p
Fa0/2            Desg FWD 19        128.2    P2p
Fa0/10           Desg FWD 19        128.10   P2p
```

图 8-17　Multilayer Switch1 上 VLAN 10 的生成树状态

```
VLAN0020
  Spanning tree enabled protocol ieee
  Root ID    Priority    4116
             Address     00D0.FFEB.1AED
             Cost        19
             Port        10(FastEthernet0/10)
             Hello Time  2 sec  Max Age 20 sec  Forward Delay 15 sec

  Bridge ID  Priority    32788  (priority 32768 sys-id-ext 20)
             Address     0002.4A36.AB06
             Hello Time  2 sec  Max Age 20 sec  Forward Delay 15 sec
             Aging Time  20

Interface        Role Sts Cost      Prio.Nbr Type
---------------- ---- --- --------- -------- ----------------
Fa0/1            Desg FWD 19        128.1    P2p
Fa0/2            Desg FWD 19        128.2    P2p
Fa0/10           Root FWD 19        128.10   P2p
```

图 8-18　Multilayer Switch1 上 VLAN 20 的生成树状态

（2）在 Multilayer Switch2 上查看生成树状态，分别如图 8-19 和图 8-20 所示。

```
VLAN0010
  Spanning tree enabled protocol ieee
  Root ID    Priority    4106
             Address     0002.4A36.AB06
             Cost        19
             Port        10(FastEthernet0/10)
             Hello Time  2 sec  Max Age 20 sec  Forward Delay 15 sec

  Bridge ID  Priority    32778  (priority 32768 sys-id-ext 10)
             Address     00D0.FFEB.1AED
             Hello Time  2 sec  Max Age 20 sec  Forward Delay 15 sec
             Aging Time  20

Interface        Role Sts Cost      Prio.Nbr Type
---------------- ---- --- --------- -------- ----
Fa0/1            Altn BLK 19          128.1   P2p
Fa0/2            Desg FWD 19          128.2   P2p
Fa0/10           Root FWD 19          128.10  P2p
```

图 8-19 Multilayer Switch2 上 VLAN 10 的生成树状态

```
VLAN0020
  Spanning tree enabled protocol ieee
  Root ID    Priority    4116
             Address     00D0.FFEB.1AED
             This bridge is the root
             Hello Time  2 sec  Max Age 20 sec  Forward Delay 15 sec

  Bridge ID  Priority    4116  (priority 4096 sys-id-ext 20)
             Address     00D0.FFEB.1AED
             Hello Time  2 sec  Max Age 20 sec  Forward Delay 15 sec
             Aging Time  20

Interface        Role Sts Cost      Prio.Nbr Type
---------------- ---- --- --------- -------- ----
Fa0/1            Desg FWD 19          128.1   P2p
Fa0/2            Desg FWD 19          128.2   P2p
Fa0/10           Desg FWD 19          128.10  P2p
```

图 8-20 Multilayer Switch2 上 VLAN 20 的生成树状态

（3）在 Switch1 上查看生成树状态，分别如图 8-21 和图 8-22 所示。

```
VLAN0010
  Spanning tree enabled protocol ieee
  Root ID    Priority    4106
             Address     0002.4A36.AB06
             Cost        19
             Port        24(FastEthernet0/24)
             Hello Time  2 sec  Max Age 20 sec  Forward Delay 15 sec

  Bridge ID  Priority    32778  (priority 32768 sys-id-ext 10)
             Address     00E0.8F9B.9D9A
             Hello Time  2 sec  Max Age 20 sec  Forward Delay 15 sec
             Aging Time  20

Interface        Role Sts Cost      Prio.Nbr Type
---------------- ---- --- --------- -------- ----
Fa0/10           Desg FWD 19          128.10  P2p
Fa0/23           Altn BLK 19          128.23  P2p
Fa0/24           Root FWD 19          128.24  P2p
```

图 8-21 二层 Switch1 上 VLAN 10 的生成树状态

（4）跟踪路径测试。

跟踪 VLAN 10 到 VLAN 20 的路径。从图 8-23 和图 8-24 可知，不同的 PC 使用不同

```
VLAN0020
  Spanning tree enabled protocol ieee
  Root ID    Priority     4116
             Address      00D0.FFEB.1AED
             Cost         19
             Port         23(FastEthernet0/23)
             Hello Time   2 sec  Max Age 20 sec  Forward Delay 15 sec

  Bridge ID  Priority     32788  (priority 32768 sys-id-ext 20)
             Address      00E0.8F9B.9D9A
             Hello Time   2 sec  Max Age 20 sec  Forward Delay 15 sec
             Aging Time   20

Interface        Role Sts Cost      Prio.Nbr Type
---------------- ---- --- --------- -------- --------------------------------
Fa0/23           Root FWD 19        128.23   P2p
Fa0/24           Altn BLK 19        128.24   P2p
Fa0/20           Desg FWD 19        128.20   P2p
```

图 8-22　二层 Switch1 上 VLAN 20 的生成树状态

的网关,走不同的路径,做到了负载均衡。

PC0→PC3(PC0→MSW1→SW2→PC3。左边的三层交换机作网关),如图 8-23 所示。

```
C:\>tracert 192.168.20.11

Tracing route to 192.168.20.11 over a maximum of 30 hops:

  1    0 ms       0 ms       0 ms      192.168.10.252 <-msw1的vlan10 SVI
  2    *         20 ms       0 ms      192.168.20.11

Trace complete.
```

图 8-23　PC0→PC3 路径跟踪

PC1→PC2(PC1→MSW2→SW2→PC2。右边的三层交换机作网关),如图 8-24 所示。

```
C:\>tracert 192.168.10.11

Tracing route to 192.168.10.11 over a maximum of 30 hops:

  1    0 ms       1 ms       0 ms      192.168.20.252 <-msw2的vlan20 SVI
  2    *          0 ms       0 ms      192.168.10.11

Trace complete.
```

图 8-24　PC1→PC2 路径跟踪

(5) 关闭 SW1 与 MSW2、SW2 与 MSW1 的直连链路,再显示路径。

从拓扑结构已知,没有冗余,PC0→PC3、PC1→PC2 都必须经过源→MSW1→MSW2→SW2→目标的路径。但图 8-25 和图 8-26 中都仅显示一个网关。虽然经过了两台三层交换机,但对 HSRP 来说,MSW1、MSW2 都是 192.168.10.252 的网关,所以只需显示一条。

```
C:\>tracert 192.168.20.11

Tracing route to 192.168.20.11 over a maximum of 30 hops:

  1    0 ms       0 ms      11 ms      192.168.10.252
  2    0 ms       0 ms       1 ms      192.168.20.11

Trace complete.
```

图 8-25　修改后 PC0→PC3 路径跟踪

```
C:\>tracert 192.168.10.11

Tracing route to 192.168.10.11 over a maximum of 30 hops:

  1    0 ms      12 ms      0 ms      192.168.20.252
  2    11 ms     0 ms       0 ms      192.168.10.11

Trace complete.
```

图 8-26　修改后 PC1→PC2 路径跟踪

（6）关闭 SW1 与 MSW2、SW2 与 MSW1 的直连链路后，由于没有环路，所有接口均处于转发状态。在 Multilayer Switch1 上查看生成树状态，如图 8-27 和图 8-28 所示。其余略。

```
VLAN0010
  Spanning tree enabled protocol ieee
  Root ID    Priority    4106
             Address     0002.4A36.AB06
             This bridge is the root
             Hello Time  2 sec  Max Age 20 sec  Forward Delay 15
sec

  Bridge ID  Priority    4106  (priority 4096 sys-id-ext 10)
             Address     0002.4A36.AB06
             Hello Time  2 sec  Max Age 20 sec  Forward Delay 15
sec

             Aging Time  20

Interface        Role Sts Cost      Prio.Nbr Type
---------------- ---- --- --------- --------
--------------------------------
Fa0/1            Desg FWD 19        128.1    P2p
Fa0/10           Desg FWD 19        128.10   P2p
```

图 8-27　修改后 VLAN 10 的生成树状态

```
VLAN0020
  Spanning tree enabled protocol ieee
  Root ID    Priority    4116
             Address     00D0.FFEB.1AED
             Cost        19
             Port        10(FastEthernet0/10)
             Hello Time  2 sec  Max Age 20 sec  Forward Delay 15
sec

  Bridge ID  Priority    32788  (priority 32768 sys-id-ext 20)
             Address     0002.4A36.AB06
             Hello Time  2 sec  Max Age 20 sec  Forward Delay 15
sec

             Aging Time  20

Interface        Role Sts Cost      Prio.Nbr Type
---------------- ---- --- --------- --------
--------------------------------
Fa0/1            Desg FWD 19        128.1    P2p
Fa0/10           Root FWD 19        128.10   P2p
```

图 8-28　修改后 VLAN 20 的生成树状态

第9章 骨干网配置案例

Packet Tracer 中 1841 路由器上支持 IPSec、GRE 两个协议的部分命令，其他路由器不支持 IPSec、GRE 协议。建议本章所有案例在 GNS3 上实现。

9.1 企业网 MPLS-VPN 应用案例

9.1.1 项目背景和网络环境

某企业在世界各地有很多分部，企业内部通信频繁，为保证数据的安全性和快速转发，实现多实例业务的完全隔离，拟采用 MPLS-VPN-BGP 技术。其网络拓扑如图 9-1 所示。

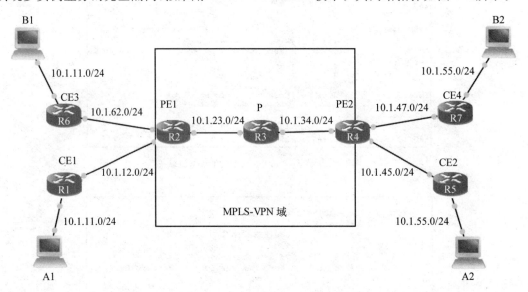

图 9-1 某企业网络应用拓扑图

A1、A2，B1、B2 是该企业 4 个不同的子公司，A1、B1 上连上海电信，A2、B2 上连北京电信。

本案例选用 Cisco 3945/K9 多业务路由器，有内置防火墙，支持 VPN、MPLS 等。

实现环境：GNS3 模拟器（版本为 0.8.6），Cisco IOS 版本是 c7200-advipservicesk9-mz.124-24.T3.bin。

9.1.2 CE 路由器的配置

CE 路由器配置如下：

```
crypto isakmp policy 10               /* 开启 IKE 协商策略，编号为 10 */
 encr 3des                            /* 设置加密算法为 3DES */
```

```
 authentication pre-share                          /＊使用预共享密钥＊/
group 2
 lifetime 10000                                    /＊SA 的生存时间,超时后重新协商＊/
crypto isakmp key jbh address 10.1.47.2            /＊设置加密密钥为 jbh＊/
crypto ipsec transform-set jbhset esp-3des esp-sha-hmac
                                                   /＊设置 IPSec 转换集＊/

crypto map jbhmap 1 ipsec-isakmp                   /＊配置加密映射图＊/
 set peer 10.1.47.2                                /＊设定对端对等体的 IP＊/
 set transform-set jbhset                          /＊指定转换集的名称＊/
 match address 100                                 /＊匹配访问控制列表＊/
access-list 100 permit ip 10.1.11.0 0.0.0.255 10.1.55.0 0.0.0.255
access-list 100 permit icmp 10.1.11.0 0.0.0.255 10.1.55.0 0.0.0.255
/＊定义访问的流量＊/
!
interface lo0
ip address 6.6.6.6 255.255.255.255
interface f0/0
ip address 10.1.11.1 255.255.255.0
interface f0/1
ip address 10.1.62.1 255.255.255.0
/＊启用 MPLS＊/
mpls ip
 crypto map jbhmap                                 /＊将映射应用到接口上,使 IPSec 生效＊/
/＊启用 OSPF＊/
router ospf 10
router-id 6.6.6.6
log-adjacency-changes
network 6.6.6.6 0.0.0.0 area 0
network 10.1.11.1 0.0.0.0 area 0
network 10.1.62.1 0.0.0.0 area 0
```

9.1.3　PE 路由器的配置

PE 路由器配置如下:

```
hostname PE1
/＊启用 MPLS＊/
mpls ip
ip cef                                             /＊使用 MPLS 时,必须开启快速转发功能＊/
mpls label range 200 299                           /＊设置标签范围,以方便观察实验现象及排错＊/
mpls ldp router-id  lo0                            /＊设定 LDP 的 router-ID＊/
no ip domain lookup
ip vrf BHJiang1                                    /＊开启 VRF 功能＊/
 rd 234:6                                          /＊设置 RD 值＊/
 route-target export 234:6                         /＊设定本地的 RT Export＊/
 route-target import 234:7
```

```
/*匹配 PE2 的 RT Export,将 PE2 传递过来的路由导入 VRF*/
ip vrf Binghua-Jiang
rd 234:2
route-target export 234:2
route-target import 234:4
ip auth-proxy max-nodata-conns 3
ip admission max-nodata-conns 3
!
interface lo0
ip address 2.2.2.2 255.255.255.255
interface f0/0
 ip vrf forwarding  Binghua-Jiang          /*接口上应用 VRF 功能*/
ip address 10.1.12.2 255.255.255.0
interface f0/1
ip address 10.1.23.1 255.255.255.0
interface f1/0
ip vrf forwarding BHJiang1
ip address 10.1.62.2 255.255.255.0
!
router ospf 10 vrf Binghua-Jiang           /*PE 路由器和 CE 路由器之间交换路由信息*/
log-adjacency-changes
redistribute bgp 234 subnets
network 10.1.12.2 0.0.0.0 area 0
!
router ospf 20 vrf BHJiang1
log-adjacency-changes
redistribute bgp 234 subnets
network 10.1.62.2 0.0.0.0 area 0
!
router ospf 1                              /*Core 内运行 OSPF,用于交换 Core 内路由*/
router-id 2.2.2.2
log-adjacency-changes
network 2.2.2.2 0.0.0.0 area 0
network 10.1.23.1 0.0.0.0 area 0
/*启用 BGP*/
router bgp 234
bgp router-id 2.2.2.2
no bgp default ipv4-unicast
bgp log-neighbor-changes
neighbor 4.4.4.4 remote-as 234
neighbor 4.4.4.4 update-source lo0
/*定义 MBGP*/
address-family ipv4
neighbor 4.4.4.4 activate
no auto-summary
```

```
no synchronization
exit-address-family
 !
 address-family vpnv4                    /*开启 MBGP 功能*/
   neighbor 4.4.4.4 activate             /*激活 MBGP 邻居*/
neighbor 4.4.4.4 send-community extended
exit-address-family
 !
address-family ipv4 vrf Binghua-Jiang
redistribute ospf 10 vrf Binghua-Jiang match internal external 1 external 2
/*路由重分布*/
no synchronization
exit-address-family
 !
address-family ipv4 vrf BHJiang1
redistribute ospf 20 vrf BHJiang1 match internal external 1 external 2
no synchronization
exit-address-family
```

9.1.4　P 路由器的配置

P 路由器配置如下：

```
hostname P
/*启用 mpls*/
mpls ip
ip cef
mpls label range 300 399
mpls ldp router-id lo0
no ip domain lookup
!
interface lo0
ip address 3.3.3.3 255.255.255.255
interface f0/0
ip address 10.1.23.2 255.255.255.0
interface f0/1
ip address 10.1.34.1 255.255.255.0
/*启动 OSPF*/
router ospf 1
router-id 3.3.3.3
log-adjacency-changes
network 3.3.3.3 0.0.0.0 area 0
network 10.1.23.2 0.0.0.0 area 0
network 10.1.34.1 0.0.0.0 area 0
```

9.1.5 检测与验证

1. 显示 MPLS-VPN 架构中的各个表

图 9-2 显示了 R2/PE1 的 FIB 表,图 9-3 显示了 R2/PE1 的 LIB 表,图 9-4 显示了 R2/PE1 的 FLIB 表,图 9-5 显示了 R2/PE1 的 VRF 的路由表。

```
PE1#sh ip cef
Prefix                Next Hop           Interface
0.0.0.0/0             drop               Null0 (default route handler entry)
0.0.0.0/8             drop
0.0.0.0/32            receive
2.2.2.2/32            receive
3.3.3.3/32            10.1.23.2          FastEthernet0/1
4.4.4.4/32            10.1.23.2          FastEthernet0/1
10.1.23.0/24          attached           FastEthernet0/1
10.1.23.0/32          receive
10.1.23.1/32          receive
10.1.23.2/32          10.1.23.2          FastEthernet0/1
10.1.23.255/32        receive
10.1.34.0/24          10.1.23.2          FastEthernet0/1
127.0.0.0/8           drop
224.0.0.0/4           drop
224.0.0.0/24          receive
240.0.0.0/4           drop
255.255.255.255/32    receive
```

图 9-2　R2/PE1 的 FIB 表

```
PE1#sh mpls ldp bin
  tib entry: 2.2.2.2/32, rev 3
      local binding:  tag: imp-null
      remote binding: tsr: 3.3.3.3:0, tag: 300
  tib entry: 3.3.3.3/32, rev 8
      local binding:  tag: 201
      remote binding: tsr: 3.3.3.3:0, tag: imp-null
  tib entry: 4.4.4.4/32, rev 10
      local binding:  tag: 202
      remote binding: tsr: 3.3.3.3:0, tag: 301
  tib entry: 10.1.23.0/24, rev 4
      local binding:  tag: imp-null
      remote binding: tsr: 3.3.3.3:0, tag: imp-null
  tib entry: 10.1.34.0/24, rev 6
      local binding:  tag: 200
      remote binding: tsr: 3.3.3.3:0, tag: imp-null
```

图 9-3　R2/PE1 的 LIB 表

```
PE1#sh mpls f
Local  Outgoing     Prefix          Bytes tag  Outgoing   Next Hop
tag    tag or VC    or Tunnel Id    switched   interface
200    Pop tag      10.1.34.0/24    0          Fa0/1      10.1.23.2
201    Pop tag      3.3.3.3/32      0          Fa0/1      10.1.23.2
202    301          4.4.4.4/32      0          Fa0/1      10.1.23.2
203    Untagged     1.1.1.1/32[V]   0          Fa0/0      10.1.12.1
204    Untagged     10.1.11.0/24[V] 882        Fa0/0      10.1.12.1
205    Aggregate    10.1.12.0/24[V] 0
```

图 9-4　R2/PE1 的 FLIB 表

2. 验证 PC 端(A1 与 A2)的连通性

A1 与 A2 间的连通性如图 9-6 和图 9-7 所示。

3. 实现地址重叠功能的验证

R2/PE1 的 VRF 的路由表如图 9-8 和图 9-9 所示。

```
PE1#sh ip route vrf Binghua-Jiang

Routing Table: Binghua-Jiang
Codes: C - connected, S - static, R - RIP, M - mobile, B - BGP
       D - EIGRP, EX - EIGRP external, O - OSPF, IA - OSPF inter area
       N1 - OSPF NSSA external type 1, N2 - OSPF NSSA external type 2
       E1 - OSPF external type 1, E2 - OSPF external type 2
       i - IS-IS, su - IS-IS summary, L1 - IS-IS level-1, L2 - IS-IS level-2
       ia - IS-IS inter area, * - candidate default, U - per-user static route
       o - ODR, P - periodic downloaded static route

Gateway of last resort is not set

     1.0.0.0/32 is subnetted, 1 subnets
O       1.1.1.1 [110/2] via 10.1.12.1, 00:17:21, FastEthernet0/0
     5.0.0.0/32 is subnetted, 1 subnets
B       5.5.5.5 [200/2] via 4.4.4.4, 00:15:21
     10.0.0.0/24 is subnetted, 4 subnets
O       10.1.11.0 [110/2] via 10.1.12.1, 00:17:21, FastEthernet0/0
C       10.1.12.0 is directly connected, FastEthernet0/0
B       10.1.45.0 [200/0] via 4.4.4.4, 00:15:21
B       10.1.55.0 [200/2] via 4.4.4.4, 00:15:21
```

图 9-5　R2/PE1 的 VRF 的路由表

```
A1> ping 10.1.55.2
10.1.55.2 icmp_seq=1 timeout
84 bytes from 10.1.55.2 icmp_seq=2 ttl=59 time=80.005 ms
84 bytes from 10.1.55.2 icmp_seq=3 ttl=59 time=72.004 ms
84 bytes from 10.1.55.2 icmp_seq=4 ttl=59 time=82.004 ms
84 bytes from 10.1.55.2 icmp_seq=5 ttl=59 time=68.004 ms
```

图 9-6　站点 A1 到 A2 的连通性测试

```
A2> ping 10.1.11.2
84 bytes from 10.1.11.2 icmp_seq=1 ttl=59 time=81.004 ms
84 bytes from 10.1.11.2 icmp_seq=2 ttl=59 time=66.003 ms
84 bytes from 10.1.11.2 icmp_seq=3 ttl=59 time=58.003 ms
84 bytes from 10.1.11.2 icmp_seq=4 ttl=59 time=64.004 ms
84 bytes from 10.1.11.2 icmp_seq=6 ttl=59 time=54.003 ms
```

图 9-7　站点 A2 到 A1 的连通性测试

```
PE1#sh ip route vrf BHJiang1

Routing Table: BHJiang1
Codes: C - connected, S - static, R - RIP, M - mobile, B - BGP
       D - EIGRP, EX - EIGRP external, O - OSPF, IA - OSPF inter area
       N1 - OSPF NSSA external type 1, N2 - OSPF NSSA external type 2
       E1 - OSPF external type 1, E2 - OSPF external type 2
       i - IS-IS, su - IS-IS summary, L1 - IS-IS level-1, L2 - IS-IS level-2
       ia - IS-IS inter area, * - candidate default, U - per-user static route
       o - ODR, P - periodic downloaded static route

Gateway of last resort is not set

     6.0.0.0/32 is subnetted, 1 subnets
O       6.6.6.6 [110/2] via 10.1.62.1, 00:06:45, FastEthernet1/0
     10.0.0.0/24 is subnetted, 2 subnets
O       10.1.11.0 [110/2] via 10.1.62.1, 00:06:45, FastEthernet1/0
C       10.1.62.0 is directly connected, FastEthernet1/0
```

图 9-8　R2/PE1 的 VRF 的路由表 1

```
PE1#sh ip route vrf Binghua-Jiang

Routing Table: Binghua-Jiang
Codes: C - connected, S - static, R - RIP, M - mobile, B - BGP
       D - EIGRP, EX - EIGRP external, O - OSPF, IA - OSPF inter area
       N1 - OSPF NSSA external type 1, N2 - OSPF NSSA external type 2
       E1 - OSPF external type 1, E2 - OSPF external type 2
       i - IS-IS, su - IS-IS summary, L1 - IS-IS level-1, L2 - IS-IS level-2
       ia - IS-IS inter area, * - candidate default, U - per-user static route
       o - ODR, P - periodic downloaded static route

Gateway of last resort is not set

     1.0.0.0/32 is subnetted, 1 subnets
O       1.1.1.1 [110/2] via 10.1.12.1, 00:30:44, FastEthernet0/0
     5.0.0.0/32 is subnetted, 1 subnets
B       5.5.5.5 [200/2] via 4.4.4.4, 00:29:58
     10.0.0.0/24 is subnetted, 4 subnets
O       10.1.11.0 [110/2] via 10.1.12.1, 00:30:44, FastEthernet0/0
C       10.1.12.0 is directly connected, FastEthernet0/0
B       10.1.45.0 [200/0] via 4.4.4.4, 00:29:58
B       10.1.55.0 [200/2] via 4.4.4.4, 00:29:58
```

图 9-9   R2/PE1 的 VRF 的路由表 2

4. A2 与 A1 的 ICMP 抓包分析

分析过程及结果如图 9-10 至图 9-12 所示。

```
A2> ping 10.1.11.2
84 bytes from 10.1.11.2 icmp_seq=1 ttl=59 time=140.400 ms
84 bytes from 10.1.11.2 icmp_seq=2 ttl=59 time=124.800 ms
84 bytes from 10.1.11.2 icmp_seq=3 ttl=59 time=93.600 ms
84 bytes from 10.1.11.2 icmp_seq=4 ttl=59 time=124.800 ms
84 bytes from 10.1.11.2 icmp_seq=5 ttl=59 time=124.800 ms
```

图 9-10   站点 A2 到 A1 的连通性测试

```
PE2#sh mpls forwarding-table vrf BHJiang2
Local   Outgoing    Prefix          Bytes tag   Outgoing    Next Hop
tag     tag or VC   or Tunnel Id    switched    interface
406     Untagged    7.7.7.7/32[V]   0           Fa1/0       10.1.47.2
407     Aggregate   10.1.47.0/24[V] 0
408     Untagged    10.1.55.0/24[V] 0           Fa1/0       10.1.47.2
PE2#sh mpls forwarding-table vrf Binghua-Jiang2
Local   Outgoing    Prefix          Bytes tag   Outgoing    Next Hop
tag     tag or VC   or Tunnel Id    switched    interface
403     Untagged    5.5.5.5/32[V]   0           Fa0/1       10.1.45.2
404     Aggregate   10.1.45.0/24[V] 0
405     Untagged    10.1.55.0/24[V] 18522       Fa0/1       10.1.45.2
```

图 9-11   R4/PE2 的 VRF 的两张 FLIB 表

```
2 0.06240000 10.1.11.2        10.1.55.2        ICMP   106 Echo (ping) reply    id=0x9
3 1.17000200 10.1.55.2        10.1.11.2        ICMP   102 Echo (ping) request  id=0x9

2 0.062400000 10.1.11.2 10.1.55.2 ICMP 106 Echo (ping) reply   id=0x91a4, seq=228/58368, ttl=62 (request in 1)

⊞ Frame 2: 106 bytes on wire (848 bits), 106 bytes captured (848 bits) on interface 0
⊞ Ethernet II, Src: cc:03:12:74:00:01 (cc:03:12:74:00:01), Dst: cc:04:00:b0:00:00 (cc:04:00:b
⊟ MultiProtocol Label Switching Header, Label: 300, Exp: 0, S: 0, TTL: 62
    0000 0000 0001 0010 1100 .... .... .... = MPLS Label: 300
    .... .... .... .... .... 000. .... .... = MPLS Experimental Bits: 0
    .... .... .... .... .... ...0 .... .... = MPLS Bottom Of Label Stack: 0
    .... .... .... .... .... .... 0011 1110 = MPLS TTL: 62
⊟ MultiProtocol Label Switching Header, Label: 405, Exp: 0, S: 1, TTL: 62
    0000 0000 0001 1001 0101 .... .... .... = MPLS Label: 405
    .... .... .... .... .... 000. .... .... = MPLS Experimental Bits: 0
    .... .... .... .... .... ...1 .... .... = MPLS Bottom Of Label Stack: 1
    .... .... .... .... .... .... 0011 1110 = MPLS TTL: 62
⊞ Internet Protocol Version 4, Src: 10.1.11.2 (10.1.11.2), Dst: 10.1.55.2 (10.1.55.2)
⊞ Internet Control Message Protocol
```

图 9-12   R2/PE1 的 f0/1 口的 ICMP 包

5. B1 到 B2 的 ICMP 抓包分析

分析过程及结果如图 9-13 至图 9-15 所示。

```
B2> ping 10.1.11.2
84 bytes from 10.1.11.2 icmp_seq=1 ttl=59 time=109.200 ms
84 bytes from 10.1.11.2 icmp_seq=2 ttl=59 time=93.600 ms
84 bytes from 10.1.11.2 icmp_seq=3 ttl=59 time=124.800 ms
84 bytes from 10.1.11.2 icmp_seq=4 ttl=59 time=109.200 ms
84 bytes from 10.1.11.2 icmp_seq=5 ttl=59 time=109.200 ms
```

图 9-13 站点 B1 到 B2 的连通性

```
PE2#sh mpls forwarding-table vrf BHJiang2
Local  Outgoing     Prefix          Bytes tag  Outgoing     Next Hop
tag    tag or VC    or Tunnel Id    switched   interface
406    Untagged     7.7.7.7/32[V]   0          Fa1/0        10.1.47.2
407    Aggregate    10.1.47.0/24[V] 0
408    Untagged     10.1.55.0/24[V] 0          Fa1/0        10.1.47.2
PE2#sh mpls forwarding-table vrf Binghua-Jiang2
Local  Outgoing     Prefix          Bytes tag  Outgoing     Next Hop
tag    tag or VC    or Tunnel Id    switched   interface
403    Untagged     5.5.5.5/32[V]   0          Fa0/1        10.1.45.2
404    Aggregate    10.1.45.0/24[V] 0
405    Untagged     10.1.55.0/24[V] 18522      Fa0/1        10.1.45.2
```

图 9-14 R4/PE2 的 VRF 的两张 FLIB 表

```
47 14.929226000 10.1.11.2 10.1.55.2 ICMP 102 Echo (ping) reply   id=0xd22f, seq=33/8448, ttl=62 (request in 46)
⊞ Frame 47: 102 bytes on wire (816 bits), 102 bytes captured (816 bits) on interface 0
⊞ Ethernet II, Src: cc:04:00:b0:00:01 (cc:04:00:b0:00:01), Dst: cc:05:14:34:00:00 (cc:05
⊟ MultiProtocol Label Switching Header, Label: 408, Exp: 0, S: 1, TTL: 61
    0000 0000 0001 1001 1000 .... .... .... = MPLS Label: 408
    .... .... .... .... .... 000. .... .... = MPLS Experimental Bits: 0
    .... .... .... .... .... ...1 .... .... = MPLS Bottom of Label Stack: 1
    .... .... .... .... .... .... 0011 1101 = MPLS TTL: 61
⊟ Internet Protocol Version 4, Src: 10.1.11.2 (10.1.11.2), Dst: 10.1.55.2 (10.1.55.2)
    Version: 4。
    Header Length: 20 bytes
  ⊞ Differentiated Services Field: 0x00 (DSCP 0x00: Default; ECN: 0x00: Not-ECT (Not ECN
    Total Length: 84
    Identification: 0x2fcd (12237)
  ⊞ Flags: 0x00
```

图 9-15 B1 到 B2 所使用的标签

6. IPSec 功能验证

站点 B1 和 B2 的 IPSec 的 ISAKMP 策略和转换集参数如图 9-16 和图 9-17 所示。

```
CE3#sh crypto isakmp policy

Global IKE policy
Protection suite of priority 10
        encryption algorithm:    Three key triple DES
        hash algorithm:          Secure Hash Standard
        authentication method:   Pre-Shared Key
        Diffie-Hellman group:    #2 (1024 bit)
        lifetime:                10000 seconds, no volume limit
Default protection suite
        encryption algorithm:    DES - Data Encryption Standard (56 bit keys).
        hash algorithm:          Secure Hash Standard
        authentication method:   Rivest-Shamir-Adleman Signature
        Diffie-Hellman group:    #1 (768 bit)
        lifetime:                86400 seconds, no volume limit
```

图 9-16 站点 B1 和 B2 的 IPSec 的 ISAKMP 策略

```
CE3#sh crypto ipsec transform-set
Transform set jbhset: { esp-3des esp-sha-hmac  }
   will negotiate = { Tunnel,  },
```

图 9-17 站点 B1 和 B2 的 IPSec 的转换集参数

初始 IPSec 还没有加密数据包,如图 9-18 所示。

```
CE3#sh crypto ipsec sa

interface: FastEthernet0/1
    Crypto map tag: jbhmap, local addr 10.1.62.1

  protected vrf: (none)
  local  ident (addr/mask/prot/port): (10.1.11.0/255.255.255.0/0/0)
  remote ident (addr/mask/prot/port): (10.1.55.0/255.255.255.0/0/0)
  current_peer 10.1.47.2 port 500
    PERMIT, flags={origin_is_acl,}
   #pkts encaps: 0, #pkts encrypt: 0, #pkts digest: 0
   #pkts decaps: 0, #pkts decrypt: 0, #pkts verify: 0
   #pkts compressed: 0, #pkts decompressed: 0
   #pkts not compressed: 0, #pkts compr. failed: 0
   #pkts not decompressed: 0, #pkts decompress failed: 0
   #send errors 0, #recv errors 0
```

图 9-18 站点 B1 和 B2 的 IPSec 的 SA 参数

ping 测试后,通过抓包软件发现数据包已经被加密了,如图 9-19 所示。

```
46 19.3011040 10.1.62.1          10.1.47.2          ESP      150 ESP (SPI=0xfe33fc89)
47 19.3501070 10.1.47.2          10.1.62.1          ESP      150 ESP (SPI=0xa3584fc9)
48 20.3671650 10.1.62.1          10.1.47.2          ESP      150 ESP (SPI=0xfe33fc89)
49 20.4251690 10.1.47.2          10.1.62.1          ESP      150 ESP (SPI=0xa3584fc9)
50 20.
51 21.      46 19.301104000 10.1.62.1 10.1.47.2 ESP 150 ESP (SPI=0xfe33fc89)
52 21.  ⊞ Frame 46: 150 bytes on wire (1200 bits), 150 bytes captured (1200 bits) on interface 0
53 21.  ⊞ Ethernet II, Src: cc:01:1d:bc:00:01 (cc:01:1d:bc:00:01), Dst: cc:03:12:74:00:10 (cc:03:12:74:00:10)
54 22.  ⊞ Internet Protocol Version 4, Src: 10.1.62.1 (10.1.62.1), Dst: 10.1.47.2 (10.1.47.2)
55 22.  ⊞ Encapsulating Security Payload
56 23.
```

图 9-19 站点 B1 和 B2 的 ICMP 包

在路由器上发现有加密过的数据流量,如图 9-20 所示。

```
CE3#sh crypto ipsec sa

interface: FastEthernet0/1
    Crypto map tag: jbhmap, local addr 10.1.62.1

  protected vrf: (none)
  local  ident (addr/mask/prot/port): (10.1.11.0/255.255.255.0/0/0)
  remote ident (addr/mask/prot/port): (10.1.55.0/255.255.255.0/0/0)
  current_peer 10.1.47.2 port 500
    PERMIT, flags={origin_is_acl,}
   #pkts encaps: 9, #pkts encrypt: 9, #pkts digest: 9
   #pkts decaps: 9, #pkts decrypt: 9, #pkts verify: 9
   #pkts compressed: 0, #pkts decompressed: 0
   #pkts not compressed: 0, #pkts compr. failed: 0
   #pkts not decompressed: 0, #pkts decompress failed: 0
   #send errors 1, #recv errors 0

    local crypto endpt.: 10.1.62.1, remote crypto endpt.: 10.1.47.2
    path mtu 1500, ip mtu 1500, ip mtu idb FastEthernet0/1
    current outbound spi: 0xFE33FC89(4264819849)
```

图 9-20 站点 B1 和 B2 的 IPSec 的 SA 参数

9.2 主教材第 11 章、第 13 章习题与实验解答

9.2.1 主教材第 11 章习题与实验解答

1. 选择题

(1)下面有关 BGP 协议的描述中错误的是(C)。

A. BGP 是一个很健壮的路由协议　　　B. BGP 可以用来检测路由环路

C. BGP 无法聚合同类路由　　　D. BGP 是由 EGP 继承而来的

（2）The acronym BGP stands for（　B　）。

  A. Background Gateway Protocol

  B. Border Gateway Protocol

  C. Backdoor Gateway Protocol

  D. Basic Gateway Protocol

（3）以下关于本地优先属性的说法中正确的是（　C　）。

  A. 路由在传播过程中,本地优先属性值是可以改变的

  B. 本地优先属性属于过渡属性

  C. 本地优先属性用于优选从不同内部伙伴得到的,到达同一目的地但是下一跳不同的路由

  D. 以上说法都不对

（4）RTA 向 RTB 通告一条从 EBGP 对等体学习到的路由 1.1.1.0/24,其属性为

```
Local preference:100
MED:100
AS_PATH:200
Origine:EGP
Next_hop:88.8.8.1/16
```

RTB 接收到的路由 1.1.1.0/24 的属性为（　D　）。

  A. Local preference:空　　　　　　B. Local preference:100

   MED:100　　　　　　　　　　　　MED:100

   AS_PATH:200 100　　　　　　　　AS_PATH:200

   Origin:EGP　　　　　　　　　　　Origin:EGP

   next_hop:10.110.20.1/16　　　　next_hop:88.8.8.1/16

  C. Local preference:100　　　　　D. Local preference:空

   MED:空　　　　　　　　　　　　MED:0

   AS_PATH: EGP　　　　　　　　　AS_PATH: 100 200

   Origin:EGP　　　　　　　　　　　Origin:EGP

   next_hop:10.110.20.1/16　　　　next_hop:88.8.8.1/16

（5）RTA 向 RTB 通告一条从 EBGP 对等体学习到的路由 1.1.1.0/24,其属性为

```
local  preference:100
MED:100
AS_PATH:300
Origin:incomplete
Next_hop:10.10.10.1/24
```

RTB 接收到的路由 10.10.10.1/24 的属性为（　B　）。

A. Local preference：100
MED：100
AS_PATH：100 300
Origin：EGP
Next_hop：10.110.10.1/16

B. Local preference：空
MED：0
AS_PATH：100 300
Origin：incomplete
Next_hop：10.110.20.1/16

C. Local preference：100
MED：空
AS_PATH：300 100
Origin：IGP
Next_hop：10.110.20.1/16

D. Local preference：空
MED：0
AS_PATH：300 100
Origin：incomplete
Next_hop：10.10.10.1/24

（6）成为 BGP 路由的三种途径包括（　ABC　）

A. 使用 redistribute 命令把 IGP 发现的路由纯动态注入 BGP 的路由表中

B. 使用 network 命令把 IGP 发现的路由半动态注入 BGP 的路由表中

C. 把人为规定的静态路由注入 BGP 的路由表中

D. 将从 IBGP 学到的路由注入 BGP 的路由表中

E. 将从 EBGP 学到的路由注入 BGP 的路由表中

（7）一个 BGP 路由器对路由的处理过程包括以下 6 个步骤：

a. 路由聚合，合并具体路由　　　　b. 决策过程，选择最佳路由

c. 从对等体接收路由　　　　　　　d. 输入策略机，根据属性过滤和设置属性

e. 输出策略机，发送路由给其他对等体　f. 加入路由表

以上步骤的正确顺序是（　B　）。

A. c-d-b-a-f-e

B. c-d-b-f-a-e

C. c-d-a-b-f-e

D. c-d-a-f-b-e

（8）以下关于 BGP 路由反射器属性的描述中（　BC　）是正确的。

A. 在任何规模的内部 BGP 闭合网中，都建议使用 BGP 的路由反射器以减少
IBGP 连接数量

B. 一个路由反射器和它的各客户机构成了一个群（cluster），路由反射器属于这个
群的所有同伴就是非客户机

C. 非客户机必须与路由反射器组成全连接网

D. 反射器功能只在路由反射器上完成，该路由器不处理不需要反射的路由

2. 问答题

（1）BGP 有哪 4 种消息类型？

答：BGP 的 4 种消息类型是 open、keepalive、update、notification。

（2）与 BGP 邻居关系建立有关的状态有哪些？

答：BGP 邻居关系建立有 5 种状态，分别是 Idle、Connect、OpenSent、Open confirm、Established。

（3）BGP 有哪些属性？

答：BGP 的度量值叫作路径属性。BGP 的属性分为两大类：公认属性和任选属性。公认属性又分为公认必选属性（AS-Path、Next-hop 等）和公认可选属性，任选属性又分为任选

可透明传递属性和任选非可透明传送属性。

- 公认必选属性：是强制更新中必须有此属性，所有的 BGP 执行都必须识别它。有 AS-path、Next-hop、Origin。
- 公认可选属性：在更新中可能有此属性，不要求 BGP 一定支持该属性。有 LOCAL_PREF(本地优先级)、ATOMIC_AGGREGATE(原子聚合)。
- 任选可透明传送属性：即使 BGP 过程不支持该属性，它也应当接受包含该属性的路径并且把这个路径传送给它的对端。有 AGGREGATOR(聚合者)、COMMUNITY(团体)。
- 任选非可透明传送属性：不识别该属性的 BGP 过程可以忽略包含这个属性的更新消息并且不向它的对端公布这条路径。有 MED(多出口鉴别属性)、ORIGINATOR_ID(起源 ID)、CLUSTER_LIST(簇列表)。

(4) 什么是 BGP 的路由决策？

答：BGP 采用 TCP179 端口，本身并没有路由计算的算法，不学习路由，只传递路由，但 BGP 有丰富的选路规则，可以在对路由进行一定的选择后，有条件地进行负载分担。

- 如果下一跳不可达，则不考虑该路由。
- 优先选取具有最大权重(weight)值的路由(本地默认为 32768，邻居学来的默认为 0)，权重是 Cisco 专有属性。
- 如果多条路由权重相同，优先选取具有最高本地优先级(默认为 100)的路由。
- 如果本地优先级相同，优先选取源自于本路由器(即下一跳为 0.0.0.0)上 BGP 的路由。
- 如果本地优先级相同，并且没有源自本路由器的路由，优先选取具有最短 AS 路径的路由。
- 如果具有相同的 AS 路径长度，则优先选取有最低起源代码(IGP＜EGP＜INCOMPLETE)的路由。
- 如果起源代码相同，则优先选取具有最低 MED 值的路由。
- 如果 MED 都相同，则 EBGP 优先于 IBGP。
- 如果前面所有属性都相同，优先选取离 IGP 邻居最近的路由。
- 如果内部路由也相同，优先选取具有最低 BGP 路由器 ID 的路由。

(5) 简述 BGP 的主要特点。

答：BGP 的主要特点如下：

- 为路由附带属性信息，用属性(attribute)而不是用度量值描述路由。
- 使用 TCP(端口 179)传输协议，面向连接并确保可靠性。
- 支持 CIDR(无类别域间选路)和 VLSM(可变长子网掩码)。
- 无须周期性更新，而是通过 keepalive 信息来检验 TCP 的连通性。
- 路由更新：只发送增量路由。
- 丰富的路由过滤和路由策略。

3. 操作题

如图 9-21 所示，有两个自治系统——AS 12 和 AS 3，配置 BGP，使两个自治系统互连互通。

答：参考配置如下。

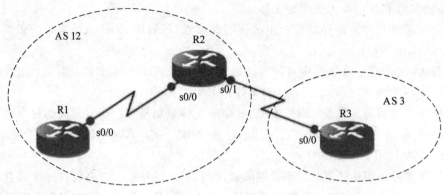

图 9-21　操作题图

（1）配置接口。

R1 的接口：

```
s0/0 : 192.168.12.1
loopback 0 : 1.1.1.1
loopback 1 : 200.200.10.1
```

R2 的接口：

```
s0/0 : 192.168.12.2
s0/1 : 192.168.23.2
loopback0 : 2.2.2.2
```

R3 的接口：

```
s0/0 : 192.168.23.3
loopback 0 : 3.3.3.3
loopback 1: 172.16.30.1
```

R1 和 R2 建立 IBGP 邻居关系，R2 和 R3 建立 EBGP 邻居关系。因为 BGP 使用 TCP 进行数据交换，所以在配置 BGP 之前，需要通过 IGP 协议让路由器能进行通信。所以 BGP 协议需要 IGP 协议的支持。这里选用 RIP 协议。

（2）配置 RIP 协议。

R1 上：

```
router rip
 network 1.0.0.0
 network 192.168.12.0
```

R2 上：

```
router rip
 network 2.0.0.0
 network 192.168.12.0
```

这样 R1 和 R2 配置好 IGP 就连接起来了，下面配置 IBGP。

（3）配置 IBGP。

R1 上：

```
router bgp 12
 bgp router-id 1.1.1.1              /* 指定 BGP 的 RID */
 neighbor 2.2.2.2 remote-as 12
                  /* 指定邻居的 AS,BGP 通过这个参数来决定邻居是 IBGP 或者是 EBGP */
 neighbor 2.2.2.2 update-source lo0
/* 这条命令指定 BGP 发送信息的源 IP 地址。默认是用发送消息的物理接口地址。在 BGP 中,BGP
   只接受邻居命令指定的 IP 的消息 */
```

R2 上：

```
router bgp 12
 bgp router-id 2.2.2.2
 neighbor 1.1.1.1 remote-as 12
 neighbor 1.1.1.1 update-source lo0
```

（4）查看 BGP 邻居关系建立情况。

```
R1# sh ip bgp summary
/* 红色部分表示发送和接收到的 BGP 信息,表示发送和接收了多少消息。接收到消息就表示 BGP
   邻居关系已经建立了 */
BGP router identifier 1.1.1.1, local AS number 12
BGP table version is 1, main routing table version 1
Neighbor    V  AS  MsgRcvd  MsgSent  TblVer  InQ  OutQ  Up/Down   State/PfxRcd
2.2.2.2     4  12  5        5        1       0    0     00:01:2   0
```

（5）建立 EBGP。

如果仍然使用 Loopback 地址来建立 EBGP 邻居,那么就要配置这两个 Loopback 接口的路由,不然 TCP 无法建立连接。这里使用了静态路由。

```
R2:S      3.3.3.0 [1/0] via 192.168.23.3
R3:S      2.2.2.0 [1/0] via 192.168.23.2
```

R2 上：

```
router bgp 12
 bgp router-id 2.2.2.2
 neighbor 1.1.1.1 remote-as 12
 neighbor 1.1.1.1 update-source lo0
 neighbor 3.3.3.3 remote-as 3
 neighbor 3.3.3.3 ebgp-multihop 2
/* 这条命令指定 EBGP 消息中 TTL 的大小,默认是 1,但是这里经过了一跳,如果不修改 TTL,R2 发
   送的消息还没到达 3.3.3.3 就被丢弃了, 所以需要修改 TTL。IBGP 的 TTL 默认是 255 */
 neighbor 3.3.3.3 update-source Loopback0
```

R3 上：

```
router bgp 3
```

```
bgp router-id 3.3.3.3
neighbor 2.2.2.2 remote-as 12
neighbor 2.2.2.2 ebgp-multihop 3
neighbor 2.2.2.2 update-source Loopback0
```

（6）查看 EBGP 的邻居。

Neighbor	V	AS	MsgRcvd	MsgSent	TblVer	InQ	OutQ	Up/Down	State/PfxRcd
2.2.2.2	4	12	4	4	1	0	0	00:00:16	0

（7）通过 BGP 通告地址。

R1 通告 200.200.10.0/24。

R2 通告 192.168.12.0/24 和 192.168.23.0/24。

R3 通告 172.16.30.0/24。

BGP 通告地址同样使用的是 network 子命令，但是它的工作方式与 IGP 网络的 network 命令方式有区别。

先了解 BGP 的同步现象。BGP 规定：BGP 路由器不会将通过 IBGP 学习到的路由通告给 EBGP，除非该路由是通过 IGP 学习到的或者是本地路由。在同步被禁用的情况下，BGP 可以使用从 IBGP 邻居获悉且没有出现在本地路由选择表中的路由，并将其通告给外部 BGP 邻居。

结合以上的配置，先以观察 BGP 的同步现象：

```
R1# show ip bgp
```

Network	Next Hop	Metric	LocPrf	Weight	Path
* i172.16.30.0/24	3.3.3.3	0	100	0	3 i

/*上行表示 R1 学习到了 R3 通告的路由，因为这是 R3 的本地路由*/

Network	Next Hop	Metric	LocPrf	Weight	Path
* >i192.168.12.0	2.2.2.2	0	100	0	i
* i192.168.23.0	2.2.2.2	0	100	0	i
* >200.200.10.0	0.0.0.0	0		32768	i

```
R2# show ip bgp
```

Network	Next Hop	Metric	LocPrf	Weight	Path
* >172.16.30.0/24	3.3.3.3	0		0	3 i

/*上行表示 R2 学习到了 R3 通告的路由，因为这是 R3 的本地路由*/

Network	Next Hop	Metric	LocPrf	Weight	Path
* >192.168.12.0	0.0.0.0	0		32768	i
* >192.168.23.0	0.0.0.0	0		32768	i
* i200.200.10.0	1.1.1.1	0	100	0	i

/*上行表示 R2 学习到了 R1 通告的路由，因为 R1、R2 是同一个 AS 中的 IBGP*/

```
R3# show ip bgp
```

/*因为同步的原因，R3 没有学习到 R1 通告的路由。因为 R2 不会通告通过 IBGP 学习到的路由给 EBGP*/

Network	Next Hop	Metric	LocPrf	Weight	Path
* >172.16.30.0/24	0.0.0.0	0		32768	i
* >192.168.12.0	2.2.2.2	0	0	12	i

/*上行表明 R3 学习到了 R2 通告的路由，因为这是 R3 的本地路由*/

Network	Next Hop	Metric	LocPrf	Weight	Path
* >192.168.23.0	2.2.2.2	0	0	12	i

/ * 上行表明 R3 学习到了 R2 通告的路由,因为这是 R3 的本地路由,所以需要关闭 BGP 同步 (Cisco
12.3 版本后的路由器默认关闭) * /

在 R1 上:

```
router bgp 12
 no synchronization                        / * 关闭同步 * /
 bgp router-id 1.1.1.1
 network 200.200.10.0
 neighbor 2.2.2.2 remote-as 12
 neighbor 2.2.2.2 update-source Loopback0
```

查看 R3 的 bgp 路由表:

```
R3# show ip bgp
Network              Next Hop     Metric    LocPrf    Weight    Path
* >172.16.30.0/24      0.0.0.0      0                   32768     i
* >192.168.12.0        2.2.2.2      0         0         12        i
* >192.168.23.0        2.2.2.2      0         0         12        i
* >200.200.10.0        2.2.2.2      0         0         12        i
```

/ * 上行表明 R3 已经学习到了 R1 通告的路由,说明已经关闭了同步 * /

BGP 和 IGP 维护着两张不同的路由表。路由器将 BGP 表中的下一跳地址与路由表对比,如果匹配,则将这个 BGP 条目加入到路由表。

看下面 R1 的例子,粗字的部分是匹配成功的条目。R3 类似(略)。

R1 上的路由表:

```
R1# show ip route
C    192.168.12.0/24 is directly connected, Serial0/0
     1.0.0.0/24 is subnetted, 1 subnets
C       1.1.1.0 is directly connected, Loopback0
R    2.0.0.0/8 [120/1] via 192.168.12.2, 00:00:05, Serial0/0
B    192.168.23.0/24 [200/0] via 2.2.2.2, 00:04:19
C    200.200.10.0/24 is directly connected, Loopback1
```

R1 上的 BGP 表:

```
Network              Next Hop     Metric    LocPrf    Weight    Path
* 172.16.30.0/24       3.3.3.3      0         100       0         3 i
```

/ * 上条目没有加入到路由表中,因为下一跳无法跟路由表匹配 * /

```
* >i192.168.12.0        2.2.2.2      0         100       0         i
```

/ * 上条没有加入是因为这是 R1 的直连 * /

```
* >i192.168.23.0        2.2.2.2      0         100       0         i
* >200.200.10.0         0.0.0.0      0                   32768     i
```

R2 没有这个问题,因为 R2 的下一跳都能匹配。

R2 上的路由表:

```
R2# show ip route
C    192.168.12.0/24 is directly connected, Serial0/0
R    1.0.0.0/8 [120/1] via 192.168.12.1, 00:00:19, Serial0/0
     2.0.0.0/24 is subnetted, 1 subnets
C       2.2.2.0 is directly connected, Loopback0
     3.0.0.0/24 is subnetted, 1 subnets
S       3.3.3.0 [1/0] via 192.168.23.3
     172.16.0.0/24 is subnetted, 1 subnets
B       172.16.30.0 [20/0] via 3.3.3.3, 00:24:46
C    192.168.23.0/24 is directly connected, Serial0/1
B    200.200.10.0/24 [200/0] via 1.1.1.1, 00:11:47
```

R2 上的 BGP 表：

Network	Next Hop	Metric	LocPrf	Weight	Path
* >172.16.30.0/24	3.3.3.3	0	0	3	i
* >192.168.12.0	0.0.0.0	0		32768	i
* >192.168.23.0	0.0.0.0	0		32768	i
* >i200.200.10.0	1.1.1.1	0	100	0	i

解决这个问题需要修改 BGP 通告条目中的下一跳信息。通告这些下一跳信息的都是 R2 路由器，所以只要在 R2 路由器上加上两条命令：

```
R2# show run | b router bgp
router bgp 12
 no synchronization
 bgp router-id 2.2.2.2
 network 192.168.12.0
 network 192.168.23.0
 neighbor 1.1.1.1 remote-as 12
 neighbor 1.1.1.1 update-source Loopback0
 neighbor 1.1.1.1 next-hop-self
 neighbor 3.3.3.3 remote-as 3
 neighbor 3.3.3.3 ebgp-multihop 3
 neighbor 3.3.3.3 update-source Loopback0
 neighbor 3.3.3.3 next-hop-self
```

再查看路由表：

```
R1# show ip route
Gateway of last resort is not set
C    192.168.12.0/24 is directly connected, Serial0/0
     1.0.0.0/24 is subnetted, 1 subnets
C       1.1.1.0 is directly connected, Loopback0
R    2.0.0.0/8 [120/1] via 192.168.12.2, 00:00:09, Serial0/0
     172.16.0.0/24 is subnetted, 1 subnets
B       172.16.30.0 [200/0] via 2.2.2.2, 00:00:19
/ * R3 通告的路由已经加入到路由表中 * /
```

B   **192.168.23.0/24 [200/0] via 2.2.2.2, 00:15:18**
C   200.200.10.0/24 is directly connected, Loopback1

R1 上的 BGP 表：

Network	Next Hop	Metric	LocPrf	Weight	Path
* >i172.16.30.0/24	**2.2.2.2**	**0**	**100**	**0**	**3 i**

/* 下一跳已经变成了 R2 的地址 */

* >i192.168.12.0	2.2.2.2	0	100	0	i
* >i192.168.23.0	2.2.2.2	0	100	0	i
* >200.200.10.0	0.0.0.0	0		32768	i

到此为止，BGP 的基本配置就基本完成了，BGP 路由器都学习到了所有的路由条目。

9.2.2　主教材第 13 章习题与实验解答

1. 选择题

（1）Protocol（　B　）is an open standard protocol framework that is commonly used in VPNs，to provid secure end-to-end communication.

　　A. L2TP　　　　　　B. IPSec　　　　　　C. PPTP　　　　　　D. RSA

（2）（　ACD　）are three reasons that an organization with multiple branch offices and roaming users might implement a Cisco VPN solution instead of point-to-point WAN links.

　　A. reduced cost　　　　　　　　　　B. better throughput

　　C. increased security　　　　　　　　D. scalability

　　E. reduced latency　　　　　　　　　F. broadband incompatibility

（3）以下关于 VPN 的说法中正确的是（　B　）。

　　A. VPN 指用户自己租用的和公共网络物理上完全隔离的、安全的线路

　　B. VPN 指用户通过公用网络建立的临时的、安全的连接

　　C. VPN 不能进行信息验证和身份认证

　　D. VPN 只进行身份认证，不提供加密数据的功能

（4）如果 VPN 网络需要运行动态路由协议并提供私网数据加密，通常采用（　C　）实现。

　　A. GRE　　　　　　B. L2TP　　　　　　C. GRE＋IPSec　　D. L2TP＋IPSec

（5）VPN 组网中常用的站点到站点接入方式是（　BC　）。

　　A. L2TP　　　　　　B. IPSec　　　　　　C. GRE＋IPSec　　D. L2TP＋IPSec

（6）移动用户常用的 VPN 接入方式是（　ABD　）。

　　A. L2TP　　　　　　　　　　　　　　B. IPSec＋IKE 野蛮模式

　　C. GRE＋IPSec　　　　　　　　　　　D. L2TP＋IPSec

（7）部署全网状或部分网状 IPSec VPN 时，为减小配置工作量，可以使用（　D　）。

　　A. L2TP＋IPSec　　　　　　　　　　B. 动态路由协议

　　C. IPSec over GRE　　　　　　　　　D. DVPN

（8）下面关于 GRE 协议的描述中正确的是（　BCD　）。

    A. GRE 协议是二层 VPN 协议

    B. GRE 是对某些网络层协议（如 IP、IPX 等）的数据报文进行封装，使这些被封装的数据报文能够在另一个网络层协议（如 IP）中传输

    C. GRE 协议实际上是一种承载协议

    D. GRE 提供了将一种协议的报文封装在另一种协议的报文中的机制，使报文能够在异种网络中传输，异种报文传输的通道称为隧道

（9）GRE 协议的配置任务包括（　ABCD　）。

    A. 创建虚拟隧道接口　　　　　　　　B. 指定隧道接口的源端

    C. 指定隧道接口的目的端　　　　　　D. 设置隧道接口的网络地址

（10）移动办公用户自身的性质使其比固定用户更容易遭受病毒或黑客的攻击，因此部署移动用户 IPSec VPN 接入网络的时候需要注意（　ABC　）。

    A. 移动用户个人电脑必须完善自身的防护能力，需要安装防病毒软件、防火墙软件等

    B. 总部的 VPN 节点需要部署防火墙，确保内部网络的安全

    C. 适当情况下可以使用集成防火墙功能的 VPN 网关设备

    D. 使用数字证书

2. 问答题

（1）设计 VPN 时，对于 VPN 的安全性应当考虑的问题包括哪些？

答：A. 数据加密　B. 数据验证　C. 用户验证　D. 防火墙与攻击检测

（2）VPN 按照组网应用分类，主要有哪几种类型？

答：A. Access VPN　B. Extranet VPN　C. Intranet VPN

（3）VPN 给服务提供商（ISP）以及 VPN 用户带来的益处包括哪些？

答：

A. ISP 可以与企业建立更加紧密的长期合作关系，同时充分利用现有网络资源，提高业务量

B. VPN 用户节省费用

C. VPN 用户可以将建立自己的广域网维护系统的任务交由专业的 ISP 来完成

D. VPN 用户的网络地址可以由企业内部进行统一分配

E. 通过公用网络传输的私有数据的安全性得到了很好的保证

（4）什么是 VPN？其特点有哪些？

虚拟专用网络（Virtual Private Network，简称 VPN）指的是在公用网络上建立专用网络的技术。其之所以称为虚拟网，主要是因为整个 VPN 网络的任意两个节点之间的连接并没有传统专网所需的端到端的物理链路，而是架构在公用网络服务商所提供的网络平台，如 Internet、ATM（异步传输模式）、Frame Relay（帧中继）等之上的逻辑网络，用户数据在逻辑链路中传输。VPN 主要采用了隧道技术、加解密技术、密钥管理技术和使用者与设备身份认证技术。

VPN 特点：

- 安全保障。VPN 通过建立一个隧道，利用加密技术对传输数据进行加密，以保证数据的私有和安全性。

- 服务质量保证。VPN 可以为不同要求提供不同等级的服务质量保证。
- 可扩充、灵活性。VPN 支持通过 Internet 和 Extranet 的任何类型的数据流。
- 可管理性。VPN 可以从用户和运营商角度方便进行管理。

3. 操作题

某机构有总部 A(R2 为其出口路由器)和 3 个分支机构 A1(R8 为其出口路由器)、A2(R3 为其出口路由器)、A3(R6 为其出口路由器),R1 模拟公网。总部 A 采用静态公网 IP,分支机构采用动态公网 IP,配置 P2P GRE over IPSec(称为 Dynamic P2P GRE over IPSec),其拓扑结构如图 9-22 所示。要求:

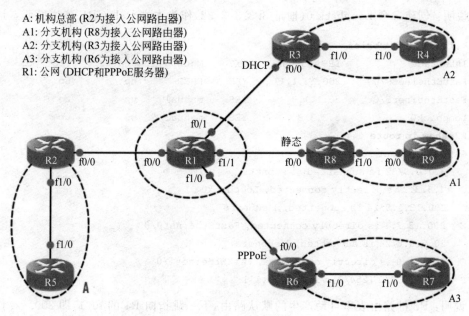

A: 机构总部 (R2为接入公网路由器)
A1: 分支机构 (R8为接入公网路由器)
A2: 分支机构 (R3为接入公网路由器)
A3: 分支机构 (R6为接入公网路由器)
R1: 公网 (DHCP和PPPoE服务器)

图 9-22　操作题图

(1) 测试内网能否访问外网。

(2) 测试内网与总部之间的通信。

(3) 通过路由跟踪验证:本地内网访问对方内网要先通过总部路由器。

答:参考配置和测试如下。

(1) 配置基础网络环境及 NAT。

① 配置 R1。接口配置省略,以下是 DHCP 配置部分:

```
R1(config)#ip dhcp pool A2
R1(dhcp-config)#network 200.13.1.0 255.255.255.0
R1(dhcp-config)#default-router 200.13.1.1
R1(config)#ip dhcp excluded-address 200.13.1.1 200.13.1.10
```

说明:配置 R1 为 DHCP 服务器,向 R3 外网动态分配 IP。

② 配置 R3:

```
R3(config)#int f0/0
R3(config-if)#ip address dhcp
```

R3(config-if)#**no sh**

说明：配置 R3 的外网口 f0/0 自动获取公网 IP，且获取 200.13.1.11 地址。

R3(config)#**int f1/0**

R3(config-if)#**ip add 30.1.1.3 255.255.255.0**   /＊配置 R3 的内网 IP 地址＊/

R3(config-if)#**no sh**

R3(config-if)#**int lo0**

R3(config-if)#**ip add 3.3.3.3 255.255.255.255**

R3(config-if)#**exit**

说明：创建一个 Loopback 0（地址 3.3.3.3/32）作为本端 P2P GRE 隧道的源点地址。

R3#**show ip int brief**

Interface	IP-Address	OK?	Method	Status	Protocol
FastEthernet0/0	200.13.1.11	YES	DHCP	up	up
FastEthernet1/0	30.1.1.3	YES	manual	up	up
Loopback0	3.3.3.3	YES	manual	up	up

R3#**show ip route**

Gateway of last resort is

    3.0.0.0/32 is subnetted, 1 subnets

C   3.3.3.3 is directly connected, Loopback0

    200.13.1.0/24 is subnetted, 1 subnets

C   200.13.1.1 is directly connected, FastEthernet0/0

    30.0.0.0/24 is subnetted, 1 subnets

C   30.1.1.0 is directly connected, FastEthernet1/0

S＊   0.0.0.0/0 [254/0] via 200.13.1.1

说明：R3 的路由表里自动产生的默认路由，下一跳指向 R1 的 f0/1，即 200.12.1.1。

R3(config)#**access-list 100 permit ip any any**

R3(config)#**int f0/0**

R3(config-if)#**ip nat outside**

R3(config-if)#**int f1/0**

R3(config-if)#**ip nat inside**

R3(config-if)#**exit**

R3(config)#**ip nat inside source list 100 interface f0/0 overload**

说明：在 R3 的外网口启用 NAT，定义允许访问外网的流量。

R3#**ping 100.12.1.2**

Type escape sequence to abort.

Sending 5, 100-byte ICMP Echos to 100.12.1.2, timeout is 2 seconds:

!!!!!

Success rate is 100 percent(5/5), round-trip min/avg/max=32/93/160 ms

R3#**ping 200.1.1.1 source 30.1.1.3**

Type escape sequence to abort.

Sending 5, 100-byte ICMP Echos to 200.1.1.1, timeout is 2 seconds:

Packet sent with a source address of 30.1.1.3

```
.!!!!
Success rate is 80 percent(4/5), round-trip min/avg/max=32/48/72 ms
R3#show ip nat translations
Pro Inside global        Inside local      Outside local      Outside global
icmp 200.13.1.11:0       30.1.1.3:0        200.1.1.1:0        200.1.1.1:0
```

说明：通过测试，NAT 工作正常。

③ 配置 R4：

```
R4(config)#int f1/0
R4(config-if)#ip add 30.1.1.4 255.255.255.0
R4(config-if)#no sh
R4(config-if)#exit
R4(config)#ip route 0.0.0.0 0.0.0.0 30.1.1.3
R4(config)#end
R4#show ip int b
Interface        IP-Address      OK?     Method  Status                  Protocol
FastEthernet0/0  unassigned      YES     unset   administratively down   down
FastEthernet1/0  30.1.1.4        YES     manual  up                      up
R4#ping 200.1.1.1
Type escape sequence to abort.
Sending 5, 100-byte ICMP Echos to 200.1.1.1, timeout is 2 seconds:
.!!!!
Success rate is 80 percent(4/5), round-trip min/avg/max=48/69/80 ms
```

说明：通过测试，内网访问外网正常。

```
R4#ping 10.1.1.5
Type escape sequence to abort.
Sending 5, 100-byte ICMP Echos to 10.1.1.5, timeout is 2 seconds:
U.U.U
Success rate is 0 percent(0/5)
```

说明：通过测试，内网访问总部不通，这正是要解决的问题。

（2）配置 Dynamic P2P GRE over IPSec。

① 在 R2 上配置终点为 R3 的 P2P GRE 隧道：

```
R2(config)#int tunnel 23
R2(config-if)#tunnel source 100.12.1.2
R2(config-if)#tunnel destination 3.3.3.3
R2(config-if)#ip add 23.1.1.2 255.255.255.0
R2(config)#ip route 3.3.3.3 255.255.255.255 100.12.1.1
```

说明：R2 到 R3 的 P2P GRE 隧道接口号为 23，隧道地址为 23.1.1.2，隧道的源点为外网接口地址 100.12.1.2，而隧道的终点为 R3 的 Loopback 0 接口地址 3.3.3.3，配置规则规定，虽然隧道终点地址在公网上是不可路由的，但必须写静态路由，将 3.3.3.3/32 指向自己的公网出口，即 100.12.1.1。

② 在 R3 上配置终点为 R2 的 P2P GRE 隧道：

```
R3(config)#int tunnel 23
R3(config-if)#ip add 23.1.1.3 255.255.255.0
R3(config-if)#tunnel source loopback 0
R3(config-if)#tunnel destination 100.12.1.2
```

说明：R3 到 R2 的 P2P GRE 隧道接口号为 23，隧道地址为 23.1.1.3，隧道的源点为 Loopback 0 接口地址 3.3.3.3，隧道的终点为 R2 的外网的接口地址 100.12.1.2。

③ 在 R2 上查看当前 P2P GRE 隧道接口的状态与连通性：

```
R2#show ip int b
Interface        IP-Address     OK?   Method    Status    Protocol
FastEthernet0/0  100.12.1.2     YES   NVRAM     up        up
FastEthernet1/0  10.1.1.2       YES   NVRAM     up        up
NVI0             unassigned     NO    unset     up        up
Loopback0        20.1.1.2       YES   NVRAM     up        up
Tunnel23         23.1.1.2       YES   manual    up        up
Tunnel28         28.1.1.2       YES   NVRAM     up        down
R2#ping 23.1.1.3
Type escape sequence to abort.
Sending 5, 100-byte ICMP Echos to 23.1.1.3, timeout is 2 seconds:
.....
Success rate is 0 percent(0/5)
```

说明：当前 P2P GRE 隧道接口 23 的状态正常，但不能通信，这是因为当一方静态 IP 和另一方动态 IP 之间建立 P2P GRE 接口时，必须配置 P2P GRE over IPSec，否则 P2P GRE 接口不能工作。

④ 配置 Dynamic Site-to-Site VPN 参数。

R2 上的配置：

```
R2(config)#crypto isakmp key 0 ccie address 0.0.0.0 0.0.0.0
R2(config)#crypto isakmp policy 20
R2(config-isakmp)#encryption 3des
R2(config-isakmp)#authentication pre-share
R2(config-isakmp)#group 2
R2(config)crypto ipsec transform-set p2pgre esp-3des esp-sha-hmac
R2(config)#crypto dynamic-map dygre 10
R2(config-crypto-map)#set transform-set p2pgre
R2(config)#crypto map A_A1 20 ipsec-isakmp dynamic dygre
R2(config)#crypto map A_A1 local-address f0/0
R2(config)#int f0/0
R2(config-if)#crypto map A_A1
```

R3 上的配置：

```
R3(config)#access-list 110 permit gre host 3.3.3.3 host 100.12.1.2
```

```
R3(config)#crypto isakmp key 0 ccie address 100.12.1.2
R3(config)#crypto isakmp policy 10
R3(config-isakmp)#encryption 3des
R3(config-isakmp)#authentication pre-share
R3(config-isakmp)#group 2
R3(config)#crypto ipsec transform-set p2pgre esp-3des esp-sha-hmac
R3(cfg-crypto-trans)#mode tunnel
R3(config)#crypto map A2_A 10 ipsec-isakmp
R3(config-crypto-map)#set peer 100.12.1.2
R3(config-crypto-map)#set transform-set p2pgre
R3(config-crypto-map)#match address 110
R3(config)#crypto map A2_A local-address f0/0
R3(config)#int f0/0
R3(config-if)#crypto map A2_A
```

说明：动态 IP 方 R3 的配置和普通 Site-to-Site VPN 的不同之处仅在于多了一条命令 crypto map A2_A local-address f0/0，因为本实验环境使用的 Cisco IOS 版本高于 12.2(13) T，所以 crypto map 只在物理接口下应用即可，不需要在 GRE 隧道接口下应用。

⑤ 激活隧道。

从静态 IP 方 R2 向动态 IP 方 R3 发送流量激活隧道：

```
R2#ping 23.1.1.3
Type escape sequence to abort.
Sending 5, 100-byte ICMP Echos to 23.1.1.3, timeout is 2 seconds:
.....
Success rate is 0 percent(0/5)
R2#ping 3.3.3.3
Type escape sequence to abort.
Sending 5, 100-byte ICMP Echos to 3.3.3.3, timeout is 2 seconds:
U.U.U
Success rate is 0 percent(0/5)
R2#show CRYpto isakmp sa
dst              src           state         conn-id slot status
```

说明：无论如何发送流量，ISAKMP SA 都无法建立，因为在 Dynamic P2P GRE over IPSec 环境下，必须先从动态 IP 方向静态 IP 方发送数据，否则 GRE 隧道无法建立，VPN 无法完成。

改从动态 IP 方 R3 向静态 IP 方 R1 发送流量激活隧道：

```
R3#ping 23.1.1.2
Type escape sequence to abort.
Sending 5, 100-byte ICMP Echos to 23.1.1.2, timeout is 2 seconds:
.!!!!
Success rate is 80 percent(4/5), round-trip min/avg/max=80/97/108 ms
```

说明：从动态 IP 方（即分支机构 A2）向静态 IP 方（即总部 A）发送数据。

```
R2#ping 23.1.1.3
Type escape sequence to abort.
Sending 5, 100-byte ICMP Echos to 23.1.1.3, timeout is 2 seconds:
!!!!!
Success rate is 100 percent(5/5), round-trip min/avg/max=72/103/128 ms
R2#show crypto isakmp sa
dst             src             state           conn-id  slot   status
100.12.1.2      200.13.1.11     QM_IDLE         1        0      ACTIVE
R2#show CRYpto isakmp peers
Peer: 200.13.1.11 Port: 500 Local: 100.12.1.2
Phase1 id: 200.13.1.11
```

说明：从动态 IP 方向静态 IP 方发送数据后，GRE 隧道已经正常，ISAKMP 状态正常。

（3）配置动态路由协议 OSPF。

```
R2#ping 3.3.3.3
Type escape sequence to abort.
Sending 5, 100-byte ICMP Echos to 3.3.3.3, timeout is 2 seconds:
U.U.U
Success rate is 0 percent(0/5)
```

说明：虽然 GRE 已经活动，但 R2 到动态 IP 方 R3 的私有 IP 接口 Loopback 0 的地址是始终都不可能通的，这点要注意。

```
R4#ping 10.1.1.5
Type escape sequence to abort.
Sending 5, 100-byte ICMP Echos to 10.1.1.5, timeout is 2 seconds:
U.U.U
Success rate is 0 percent(0/5)
R5#ping 30.1.1.4
Type escape sequence to abort.
Sending 5, 100-byte ICMP Echos to 30.1.1.4, timeout is 2 seconds:
U.U.U
Success rate is 0 percent(0/5)
```

说明：当然双方的内网也互不相通。要解决这个问题，在 GRE 隧道及双方内网配置动态路由协议，例如 OSPF。

① 在总部 A、分支机构 A2 及其内网上配置 OSPF 动态路由协议：

```
R2(config)#router ospf 28
R2(config-router)#network 23.1.1.2 0.0.0.0 a 0
R3(config-router)#router-id 23.1.1.3
R3(config-router)#network 23.1.1.3 0.0.0.0 a 0
R3(config-router)#network 30.1.1.0 0.0.0.255 a 0
```

② 查看 OSPF 路由表：

```
R2#show ip route ospf
```

```
     20.0.0.0/32 is subnetted, 1 subnets
O    20.1.1.2 [110/2] via 10.1.1.2, 00:01:30, FastEthernet1/0
```
R5# **show ip route ospf**
```
     23.0.0.0/24 is subnetted, 1 subnets

O 23.1.1.0 [110/11112] via 10.1.1.2, 00:06, FastEthernet1/0
     30.0.0.0/24 is subnetted, 1 subnets

O 30.1.1.0 [110/11113] via 10.1.1.2,00:06,FastEthernet1/0
```
 R4# **show ip route ospf**
```
     50.0.0.0/32 is subnetted, 1 subnets

O 50.1.1.5 [110/11114] via 30.1.1.3, 00:05:22, FastEthernet1/0
     20.0.0.0/32 is subnetted, 1 subnets

O 20.1.1.2 [110/11113] via 30.1.1.3, 00:05:22, FastEthernet1/0
     23.0.0.0/24 is subnetted, 1 subnets

O 23.1.1.0 [110/11112] via 30.1.1.3, 00:05:22, FastEthernet1/0
     10.0.0.0/24 is subnetted, 1 subnets

O 10.1.1.0 [110/11113] via 30.1.1.3, 00:05:22, FastEthernet1/0
```

（4）验证与检测。

① 测试总部内网与分支机构 A2 内网通信情况：

R5# **ping 30.1.1.4**
Type escape sequence to abort.
Sending 5, 100-byte ICMP Echos to 30.1.1.4, timeout is 2 seconds:
!!!!!
Success rate is 100 percent (5/5), round-trip min/avg/max=124/149/188 ms
R5# **traceroute 30.1.1.4**
Type escape sequence to abort.
Tracing the route to 30.1.1.4
```
1    10.1.1.2    36 msec      28 msec      32 msec
2    23.1.1.3    180 msec     124 msec     88 msec
3    30.1.1.4    184 msec     *            172 msec
```
R4# **ping 10.1.1.5**
Type escape sequence to abort.
Sending 5, 100-byte ICMP Echos to 10.1.1.5, timeout is 2 seconds:
!!!!!
Success rate is 100 percent (5/5), round-trip min/avg/max=120/153/192 ms
R4# **traceroute 10.1.1.5**
Type escape sequenceto abort.
Tracing the route to 10.1.1.5
```
1    30.1.1.3    56 msec      60 msec      56msec
2    23.1.1.2    168 msec     168msec      136msec
3    10.1.1.5    216 msec     *            208 msec
```

说明：双方内网互相访问正常，同样不受物理接口上的 NAT 影响。

② 启动分支机构 A1 路由器 R8 及其内网路由器 R9，测试分支机构 A1 内网与分支机构 A2 内网通信情况：

R9# **show ip route ospf**

    20.0.0.0/32 is subnetted, 1 subnets

O   20.1.1.2 [110/11113] via 80.1.1.8, 00:01:24, FastEthernet0/0

    23.0.0.0/24 is subnetted, 1 subnets

O   23.1.1.0 [110/22223] via 80.1.1.8, 00:01:24, FastEthernet0/0

    10.0.0.0/24 is subnetted, 1 subnets

O   10.1.1.0 [110/11113] via 80.1.1.8, 00:01:24, FastEthernet0/0

    88.0.0.0/32 is subnetted, 1 subnets

O   88.1.1.8 [110/2] via 80.1.1.8, 00:01:24, FastEthernet0/0

    28.0.0.0/24 is subnetted, 1 subnets

O   28.1.1.0 [110/11112] via 80.1.1.8, 00:01:24, FastEthernet0/0

O   28.1.1.0 [110/11112] via 80.1.1.8, 00:01:24, FastEthernet0/0

    30.0.0.0/24 is subnetted, 1 subnets

O   30.1.1.0 [110/22224] via 80.1.1.8, 00:01:24, FastEthernet0/0

R4# **show ip route ospf**

    80.0.0.0/24 is subnetted, 1 subnets

O   80.1.1.0 [110/22224] via 30.1.1.3, 00:00:43, FastEthernet1/0

    20.0.0.0/32 is subnetted, 1 subnets

O   20.1.1.2 [110/11113] via 30.1.1.3, 00:00:43, FastEthernet1/0

    23.0.0.0/24 is subnetted, 1 subnets

O   23.1.1.0 [110/11112] via 30.1.1.3, 00:00:43, FastEthernet1/0

    10.0.0.0/24 is subnetted, 1 subnets

O   10.1.1.0 [110/11113] via 30.1.1.3, 00:00:43, FastEthernet1/0

    88.0.0.0/32 is subnetted, 1 subnets

O   88.1.1.8 [110/22224] via 30.1.1.3, 00:00:43, FastEthernet1/0

    28.0.0.0/24 is subnetted, 1 subnets

O   28.1.1.0 [110/22223] via 30.1.1.3, 00:00:43, FastEthernet1/0

    90.0.0.0/32 is subnetted, 1 subnets

O   90.1.1.9 [110/22225] via 30.1.1.3, 00:00:43, FastEthernet1/0

说明：通过查看 R4 和 R9 的 OSPF 的路由表可以得知两个分支机构内网都有去往对方内网的路由。

R9# **ping 30.1.1.4**

Type escape sequence to abort.

Sending 5, 100-byte ICMP Echos to 30.1.1.4, timeout is 2 seconds:

!!!!!

Success rate is 100 percent(5/5), round-trip min/avg/max=104/144/196 ms

R9# **traceroute 30.1.1.4**

Type escape sequence to abort.

Tracing the route to 30.1.1.4

1   80.1.1.8   40 msec   44 msec   16 msec

2   28.1.1.2   92 msec   72 msec   152 msec

3   23.1.1.3   124 msec   116 msec   80 msec

4   30.1.1.4   96 msec   *   160 msec

R4# **ping 80.1.1.9**

```
Type escape sequence to abort.
Sending 5, 100-byte ICMP Echos to 80.1.1.9, timeout is 2 seconds:
!!!!!
Success rate is 100 percent(5/5), round-trip min/avg/max=64/123/176 ms
R4#traceroute 80.1.1.9
Type escape sequence to abort.
Tracing the route to 80.1.1.9
1    30.1.1.3    40 msec      20 msec     28 msec
2    23.1.1.2    76 msec      44 msec     40 msec
3    28.1.1.8    144 msec     84 msec     104 msec
4    80.1.1.9    72 msec      *          148 msec
```

通过路由跟踪可知,本地内网访问对方内网要先通过总部路由器。

说明：两个分支机构内网互访正常,但通过路由跟踪可以发现它们互访要通过总部中转,这无疑加大了总部的负担,当然也就降低了访问效率。

第10章 综合案例分析

10.1 企业 intranet 网络配置案例

10.1.1 项目描述

图 10-1 所示的网络系统由 4 个部分组成:总部、分公司、互联网、家庭网络。

1. 家庭网络

家庭网络人员较少,除了一台二层交换机连接几台办公计算机外,还建立了一个无线网络,方便移动终端随时上网。出口路由器接入 Internet 通过 PPP 封装和 PAP 认证,在内网上启动单臂路由和 DHCP,交换机上划分 VLAN 2 和 VLAN 3,与无线网络一起形成内部局域网。

知识点:单臂路由技术;路由器上 DHCP 代理功能;划分 VLAN;PPP;PAP 认证;默认路由;无线路由器上的配置。

2. 互联网 Internet

模拟 Internet 网,用一台核心交换机连接 3 台路由器,配置一台公网 DNS 服务器。在核心交换机上全部启用路由口配置 IP 地址,用 RIP v2 协议互连。

知识点:RIP v2;三层交换机的路由功能;公网 DNS 服务器的配置。

3. 分公司网络

分公司里采用 EIGRP 和非等价负载均衡技术,保证各个子网间路径最优。在出口路由器上做 NAT 使内网全部能到 Internet 上。三层交换机下连 FTP 服务器和二台二层交换机,交换机之间用 Trunk 聚合链路;在三层交换机上配置 DHCP 中继,为二层交换机上不同的 VLAN 分配不同子网的 IP 地址;外加一套 VoIP 的设备及无线网络。

知识点:ERGIP;ERGIP 非对等负载均衡;NAT;二层端口汇聚;Trunk;SVI;交换机上 DHCP 代理功能;VoIP;隧道;静态路由;FTP 服务器。

4. 总部网络

一套 VoIP 设备(一台路由器和下连的二层交换机)及一套无线网络(一台二层交换机和一台无线路由器),实现总部无线全覆盖,启动 OSPF 协议。

中间的三层交换机开启 VTP 服务器和 DHCP 功能。汇聚层三层交换机与下属二层交换机使用聚合 Trunk 链路,二层交换机开启 VTP 客户功能。

核心层两台三层交换机之间用汇聚三层口相连。

出口路由器上做 PAT 和静态 NAT,外网能访问总部的 Web 和 Mail 服务。

总部与分公司之间使用隧道技术相连,允许分公司员工访问内网的 FTP。内网中所有与 FTP 服务相连的三层交换机上做 ACL,不允许无线网络访问它。

知识点:OSPF;隧道;默认路由;VTP;STP;三层汇聚;双链路冗余备份;交换机端口安全;Web 服务器配置;Mail 服务器;静态 NAT 和 PAT;ACL。

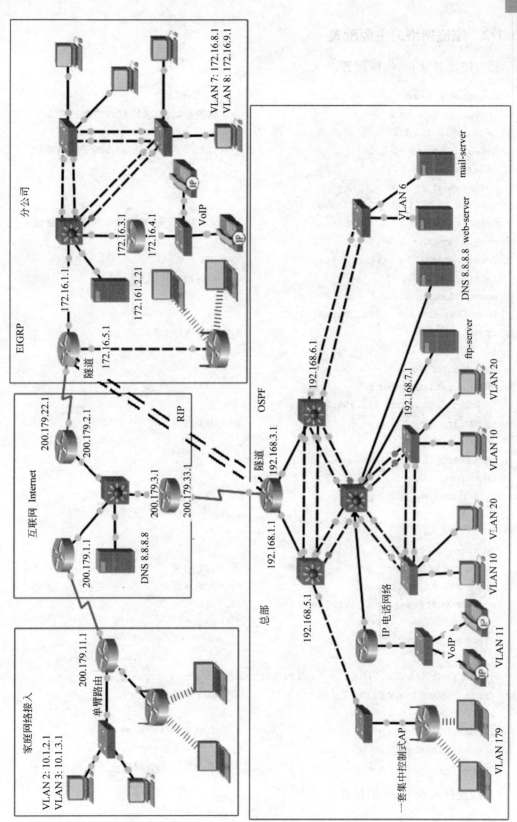

图 10-1　网络系统总拓扑

10.1.2　家庭网络的主要配置

出口路由器 R-home 的配置：

hostname R-home
ip dhcp pool vlan 2　　　　　　　　　　　　　/＊路由器配置 DHCP 代理功能＊/
network 10.1.2.0 255.255.255.0
default-router 10.1.2.1　　　　　　　　　　　/＊VLAN 2 网关，单臂路由的子接口地址＊/
dns-server 8.8.8.8
ipdhcp pool vlan 3
network 10.1.3.0 255.255.255.0
default-router 10.1.3.1　　　　　　　　　　　/＊VLAN 3 网关，单臂路由的子接口地址＊/
dns-server 8.8.8.8
username jzs123 password 0 jzs123　　　　　/＊PPP＊/
interface f0/0.2　　　　　　　　　　　　　　/＊单臂路由功能＊/
encapsulation dot1q 2
ip address 10.1.2.1 255.255.255.0
ip nat inside　　　　　　　　　　　　　　　/＊NAT 内口＊/
!
interface f0/0.3
encapsulation dot1q 3
ip address 10.1.3.1 255.255.255.0
ip nat inside　　　　　　　　　　　　　　　/＊NAT 内口＊/
!
interface f0/1
ip address 10.1.1.1 255.255.255.0
ip nat inside　　　　　　　　　　　　　　　/＊NAT 内口＊/
!
interface s0/0
ip address 200.179.11.2 255.255.255.0
　encapsulation ppp　　　　　　　　　　　　/＊PPP 封装＊/
ppp authentication pap　　　　　　　　　　　/＊PAP 认证＊/
ppp pap sent-username jzs123 password 0 jzs123
ip nat outside　　　　　　　　　　　　　　　/＊NAT 外口＊/
clock rate 64000
!
ip nat pool jzs 200.179.11.3 200.179.11.3 netmask 255.255.255.0
ipnat inside source list 1 pool jzs　　　　　/＊NAT 地址转换＊/
ip classless
ip route 0.0.0.0 0.0.0.0 s0/0　　　　　　　　/＊默认路由＊/
access-list 1 permit any
no cdp run　　　　　　　　　　　　　　　　/＊关闭 CDP 协议更安全＊/

二层交换机 S-home 的配置：

hostname S-home

```
interface f0/1                          /*二层 Trunk*/
switchport mode trunk
interface f0/2                          /*VLAN 划分和加入*/
switchport access vlan 2
switchport mode access
interface f0/3
switchport access vlan 3
switchport mode access
```

10.1.3 Internet 部分的主要配置

Internet 部分的拓扑如图 10-2 所示。

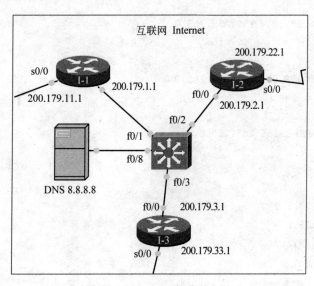

图 10-2 Internet 部分的拓扑

路由器 I-1 的配置:

```
hostname I-1
username jzs123 password 0 jzs123            /*PPP 封装,双向认证*/
interface f0/0
ip address 200.179.1.1 255.255.255.0
interface s0/0
ip address 200.179.11.1 255.255.255.0
encapsulation ppp
ppp authentication pap
ppp pap sent-username jzs123 password 0 jzs123            /*PPP 封装,双向认证*/
router rip
version 2
network 200.179.1.0
network 200.179.11.0
no auto-summary
```

```
ip classless
no cdp run                                        /* 关闭 CDP 协议更安全 */
```

路由器 2、路由器 3 都与路由器 1 类似,其端口地址如图 10-2 所示,不再列出。
三层交换机 I-S:

```
hostname I-S
no ip domain-lookup
interface f0/1
no switchport
ip address 200.179.1.2 255.255.255.0              /* 三层交换机路由口 */
interface f0/2
no switchport
ip address 200.179.2.2 255.255.255.0
interface f0/3
no switchport
ip address 200.179.3.2 255.255.255.0
interface f0/8
no switchport
ip address 8.8.8.1 255.255.255.0
router rip
version 2
network 8.0.0.0
network 200.179.1.0
network 200.179.2.0
network 200.179.3.0
no auto-summary
ip classless
```

10.1.4 分公司网络的主要配置

分公司网络拓扑如图 10-3 所示。
出口路由器上的配置:

```
hostname R-s
no ip domain-lookup
interface Tunnel1                                 /* 隧道 */
ip address 179.1.1.2 255.255.255.0                /* 隧道逻辑本地地址 */
tunnel source s0/0/0                              /* 隧道本地口 */
tunnel destination 200.179.33.2                  /* 隧道对端(总部出口路由)地址 */
interface f0/0
ip address 172.16.1.1 255.255.255.0
ip nat inside
interface f0/1
ip address 172.16.5.1 255.255.255.0
ip nat inside
```

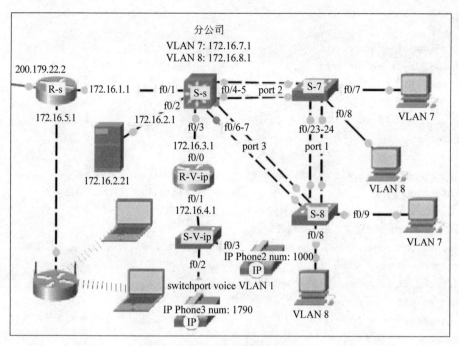

图 10-3　分公司网络拓扑

```
interface s0/0/0
ip address 200.179.22.2 255.255.255.0
ip nat outside
router eigrp 100                          /* 启动 EIGRP */
network 172.16.1.0 0.0.0.255
network 172.16.5.0 0.0.0.255
auto-summary
ip nat pool jzs 200.179.22.3 200.179.22.10 netmask 255.255.255.0
ipnat inside source list 1 pool jzs overload     /* PAT */
ip classless
ip route 0.0.0.0 0.0.0.0 s0/0/0
ip route 192.168.0.0 255.255.0.0 179.1.1.1
/* 静态路由指向对端总公司的隧道逻辑地址 179.1.1.1 */
access-list 1 permit any
```

三层交换机上的配置：

```
hostname S-s
ip dhcp pool vlan 7                       /* 三层交换机 DHCP 代理功能 */
network 172.16.7.0 255.255.255.0
default-router 172.16.7.1
dns-server 8.8.8.8
ip dhcp pool vlan 8
network 172.16.8.0 255.255.255.0
default-router 172.16.8.1
```

```
dns-server 8.8.8.8
!
no ip domain-lookup
spanning-tree mode pvst                          /*启动 PVST(STP)*/
interface f0/1                                    /*路由口,上连出口路由*/
no switchport
ip address 172.16.1.2 255.255.255.0
interface f0/2
no switchport
ip address 172.16.2.1 255.255.255.0              /*路由口,接服务器*/
interface f0/3                                    /*路由口,下连 VoIP 路由*/
no switchport
ip address 172.16.3.1 255.255.255.0
interface range f0/4-5                            /*f0/4-5 聚合为 Trunk,2 号汇聚口*/
channel-group 2 mode on
switchport trunk encapsulation dot1q
switchport mode trunk
interface range f0/6-7                            /*f0/6-7 聚合为 trunk,3 号汇聚口*/
channel-group 3 mode on
switchport trunk encapsulation dot1q
switchport mode trunk
interface port-channel 2
switchport trunk encapsulation dot1q
switchport mode trunk
interface port-channel 3
switchport trunk encapsulation dot1q
switchport mode trunk
interface vlan 7
ip address 172.16.7.1 255.255.255.0
interface vlan 8
ip address 172.16.8.1 255.255.255.0
router eigrp 100
network 172.16.1.0 0.0.0.255
network 172.16.2.0 0.0.0.255
network 172.16.3.0 0.0.0.255
network 172.16.7.0 0.0.0.255
network 172.16.8.0 0.0.0.255
auto-summary
ip classless
ip route 0.0.0.0 0.0.0.0 f0/1                     /*默认到出口路由 R-s*/
```

二层交换机上的配置:

```
/*上方一台二层交换机*/
hostname S-7
no ip domain-lookup
```

```
spanning-tree mode pvst
interface range f0/4-5
channel-group 2 mode on
switchport mode trunk
interface f0/7
switchport access vlan 7
switchport mode access
interface f0/8
switchport access vlan 8
switchport mode access
interface range f0/23-24
channel-group 1 mode on
switchport mode trunk
interface port-channel 1
switchport mode trunk
interface port-channel 2
switchport mode trunk
/*下方一台二层交换机*/
hostname S-8
no ip domain-lookup
spanning-tree mode pvst
interface range f0/6-7
channel-group 3 mode on
switchport mode trunk
interface f0/8
switchport access vlan 7
switchport mode access
interface f0/9
switchport access vlan 8
switchport mode access
interface range f0/23-24
channel-group 1 mode on
switchport mode trunk
interface port-channel 1
switchport mode trunk
interface port-channel 3
switchport mode trunk
```

语音路由器 R-V-ip 上的配置：

```
hostname R-V-ip
ip dhcp pool phone
network 172.16.4.0 255.255.255.0
default-router 172.16.4.1
option 150 ip 172.16.4.1
no ip domain-lookup
```

```
interface f0/0
ip address 172.16.3.2 255.255.255.0
interface f0/1
ip address 172.16.4.1 255.255.255.0
router eigrp 100
network 172.16.3.0 0.0.0.255
network 172.16.4.0 0.0.0.255
auto-summary
ip classless
ip route 0.0.0.0 0.0.0.0 f0/0                    /*指向三层交换机*/
telephony-service                               /*VoIP技术*/
max-ephones 2                                   /*VoIP参数设置*/
max-dn 2
ip source-address 172.16.4.1 port 9999          /*下连交换机*/
ephone-dn 1
number 1790                                      /*电话号码*/
ephone-dn 2
number 1000                                      /*电话号码*/
!
ephone 1                                         /*第一部电话设置*/
device-security-mode none
mac-address 0002.171D.BDCB
type 7960
button 1:1
!
ephone 2                                         /*第二部电话设置*/
device-security-mode none
mac-address 000C.85D3.E860
type 7960
button 1:2
```

语音交换机 S-V-ip 上的配置：

```
hostname S-V-ip
no ip domain-lookup
interface f0/2
switchport mode access
switchport voice vlan 1
interface f0/3
switchport mode access
switchport voice vlan 1
```

10.1.5　总部网络的主要配置

总部网络拓扑如图 10-4 所示。

出口路由器：

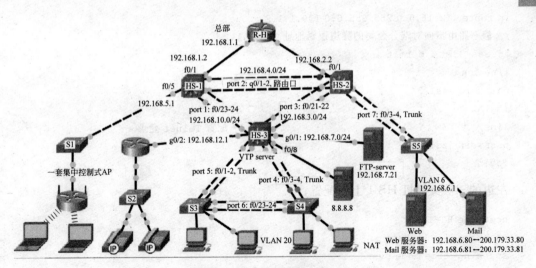

图 10-4 总部网络拓扑

```
hostname R-H
enable secret 5 $1$mERr$Om2vSqW93Nm7wITmsm3VD1          /*密码加密*/
no ip domain-lookup
interface Tunnel1                                        /*隧道*/
ip address 179.1.1.1   255.255.255.0                    /*隧道逻辑本地地址*/
tunnel source s0/0/0                                     /*隧道本地口*/
tunnel destination 200.179.22.2                         /*隧道对端(分部出口路由)地址*/
interface f0/0
ip address 192.168.1.1 255.255.255.0
ipnat inside
interface f0/1
ip address 192.168.2.1 255.255.255.0
ip nat inside
interface s0/0/0
ip address 200.179.33.2 255.255.255.0
ipnat outside
router ospf 1                                           /*OSPF*/
log-adjacency-changes
network 192.168.1.0 0.0.0.255 area 0
network 192.168.2.0 0.0.0.255 area 0
network 200.179.33.0 0.0.0.255 area 0
 default-information originate                          /*OSPF宣告默认路由*/
ip nat pool jzs 200.179.33.3 200.179.33.10 netmask 255.255.255.0
ip nat inside source list 1 pool jzs overload
/*映射两台服务器的口地址*/
ip nat inside source static 192.168.6.80 200.179.33.80
ip nat inside source static 192.168.6.81 200.179.33.81
ip classless
ip route 0.0.0.0 0.0.0.0 s0/0/0
```

```
ip route 172.16.0.0 255.255.0.0 179.1.1.2
/*静态路由指向对端分公司的隧道逻辑地址 179.1.1.2*/
access-list 1 permit any
line con 0
password jzs123
login
line vty 0 4                              /*配置 Telnet 登录*/
password jzs123
login
```

左边的三层交换机 HS-1 上的配置：

```
hostname HS-1
no ip domain-lookup
spanning-tree mode pvst
interface f0/1                           /*上连出口路由器 R-H*/
no switchport
ip address 192.168.1.2 255.255.255.0
interface f0/5
no switchport
ip address 192.168.5.1 255.255.255.0
interface f0/6
switchport trunk encapsulation dot1q
switchport mode trunk
!
interface range g0/1-2                    /*与对端的三层交换机两路由口聚合*/
channel-group 2 mode des
no switchport
interface port-channel 2                  /*三层口汇聚口*/
no switchport
ip address 192.168.4.1 255.255.255.0      /*IP 为 192.168.4.1*/
interface range f0/23-24                  /*两口聚合*/
channel-group 1 mode des
no switchport
interface port-channel 1
no switchport
ip address 192.168.10.1 255.255.255.0
!
router ospf 1
log-adjacency-changes
network 192.168.1.0 0.0.0.255 area 0
network 192.168.6.0 0.0.0.255 area 0
network 192.168.5.0 0.0.0.255 area 0
network 192.168.4.0 0.0.0.255 area 0
ip classless
ip route 0.0.0.0 0.0.0.0 f0/1             /*指向出口路由*/
```

三层交换机 HS-2 上的配置：

```
host HS-2
no ip domain-lookup
spanning-tree mode pvst
interface f0/1                              /* 上连出口路由 R-H */
no switchport
ip address 192.168.2.2 255.255.255.0
interface range g0/1-2                      /* 与对端三层交换机两路由口聚合 */
channel-group 2 mode des
interface port-channel 2                    /* 三层口汇聚口 */
no switchport
ip address 192.168.4.2 255.255.255.0
                            /* IP 为 192.168.4.2,对端口地址为 192.168.4.1 */
!
interface range f0/3-4                      /* 连二层交换机接服务器 */
channel-group 7 mode on
switchport trunk encapsulation dot1q
switchport mode trunk
interface Port-channel 7
switchport trunk encapsulation dot1q
switchport mode trunk
!
interface range f0/21-22                    /* 两口聚合 */
channel-group 3 mode des
no sw
interface Port-channel 3
no sw
ip addr 192.168.3.1 255.255.255.0
!
interface vlan 6
ip address 192.168.6.1 255.255.255.0
!
router ospf 1
log-adjacency-changes
network 192.168.2.0 0.0.255.255 area 0
network 192.168.3.0 0.0.255.255 area 0
network 192.168.4.0 0.0.0.255 area 0
network 192.168.6.0 0.0.0.255 area 0
ip classless
ip route 0.0.0.0 0.0.0.0 FastEthernet0/1    /* 转向出口路由 */
```

三层交换机 HS-3 上的配置：

```
hostname HS-3
spanning-tree mode pvst
ip dhcp pool vlan 20
```

```
network 192.168.20.0 255.255.255.0
default-router 192.168.20.1
dns-server 8.8.8.8
!
interface range FastEthernet0/1-2              /*与左下方的二层交换机聚合*/
channel-group 5 mode on
switchport mode trunk                          /*聚合 Trunk 口*/
interface Port-channel 5
switchport trunk encapsulation dot1q
switchport mode trunk                          /*聚合 Trunk 口*/
interface range FastEthernet0/3-4              /*与右下方的二层交换机聚合*/
channel-group 4 mode on
switchport mode trunk                          /*聚合 Trunk 口*/
interface Port-channel 4
switchport trunk encapsulation dot1q
switchport mode trunk                          /*聚合 Trunk 口*/
!
/*上连两台核心交换机的聚合链路路由口*/
interface range f0/21-22
channel-group 3 mode on
interface port-channel 3
no switchport
ip address 192.168.3.2 255.255.255.0
interface range FastEthernet0/23-24
channel-group 1 mode on
interface port-channel 1
no switchport
ip address 192.168.10.2 255.255.255.0
!
interface GigabitEthernet0/1                    /*接 FTP 服务器*/
no switchport
ip address 192.168.7.1 255.255.255.0
ip access-group 100 out                         /*访问控制,限制无线网络访问内网 FTP*/
interface GigabitEthernet0/2                    /*接 VoIP 路由*/
no switchport
ip address 192.168.12.1 255.255.255.0
!
interface vlan 20
ip address 192.168.20.1 255.255.255.0
!
router ospf 1
log-adjacency-changes
network 192.168.3.0 0.0.0.255 area 0
network 192.168.7.0 0.0.0.255 area 0
network 192.168.10.0 0.0.0.255 area 0
network 192.168.12.0 0.0.0.255 area 0
network 192.168.20.0 0.0.0.255 area 0
network 8.8.8.0 0.0.0.255 area 0
```

```
!
access-list 100 deny tcp192.168.179.0 255.255.255.0 host 192.168.7.21 eq ftp
/* ACL 访问控制列表 (不允许 WiFi 下的终端访问内部 FTP 服务器) */
access-list 100 permit tcp any host 192.168.7.21 eq ftp
access-list 100 permit ip any host 192.168.7.21
ip classless
line con 0
line vty 0 4
login
```

二层交换机的配置略。

语音路由器的配置：

```
hostname R-Vo-ip                          /* VoIP */
ip dhcp excluded-address 192.168.11.1
ip dhcp pool phone
network 192.168.11.0 255.255.255.0
default-router 192.168.11.1
option 150 ip 192.168.11.1
no ip domain-lookup
interface f0/0
ip address 192.168.12.2 255.255.255.0
interface f0/1
ip address 192.168.11.1 255.255.255.0
interface vlan 1
noip address
shutdown
ip classless
no cdp run
dial-peer voice 1 voip
destination-pattern 3333
session target ipv4:192.168.11.1
telephony-service
max-ephones 2
max-dn 2
ip source-address 192.168.11.1 port 9999
ephone-dn 1
number 3333
ephone-dn 2
number 4444
ephone 1
device-security-mode none
mac-address 0004.9ACB.7C9B
type 7960
button 1:1
!
ephone 2
device-security-mode none
mac-address 0090.0CC4.5904
type 7960
```

```
button 1:2
```

语音交换机的配置：

```
hostname s-2
noip domain-lookup
interface f0/2
switchport mode access
switchport voice vlan 1
interface f0/3
switchport mode access
switchport voice vlan 1
```

10.1.6 无线路由器和服务器的配置

配置总部的无线路由器。图 10-5 显示无线路由器的 Internet Setup 设置。图 10-6 显示无线路由器的 Basic Wireless Settings 设置。图 10-7 显示无线路由器的 Wireless Security 设置。

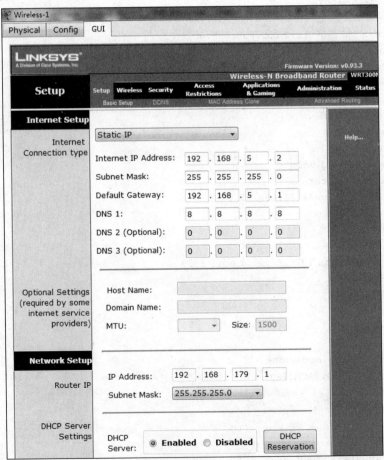

图 10-5 无线路由器的 Internet Setup 设置

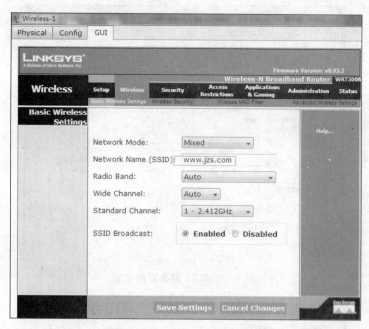

图 10-6　无线路由器的 Basic Wireless Settings 设置

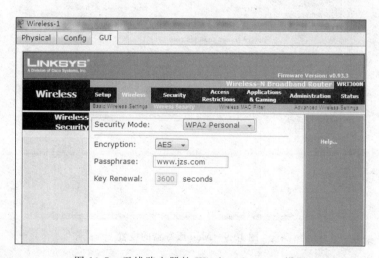

图 10-7　无线路由器的 Wireless Security 设置

图 10-8 显示 DNS 服务器的设置，设置了 Web（www. jzs. com）和 Mail（mail. jzs. com）两台服务器的域名。图 10-9 显示 Mail 服务器的设置，增加了两个邮箱 jia 和 sen。

其他部分的配置类似（略）。

10.1.7　网络系统检测

1. 显示各区域的路由表

图 10-10 显示总部核心交换机 HS-3 的路由表。图 10-11 显示 Internet 上三层交换机 I-S 的路由表。图 10-12 显示分公司三层交换机 S-s 的路由表。

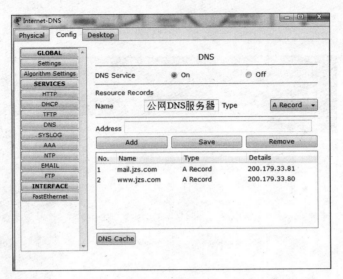

图 10-8　DNS 服务器的设置

图 10-9　Mail 服务器的设置

```
Gateway of last resort is 192.168.4.1 to network 0.0.0.0

     8.0.0.0/24 is subnetted, 1 subnets
C       8.8.8.0 is directly connected, FastEthernet0/8
O    192.168.1.0/24 [110/2] via 192.168.4.1, 00:24:12, Port-channel 3
O    192.168.2.0/24 [110/3] via 192.168.4.1, 00:24:02, Port-channel 3
C    192.168.3.0/24 is directly connected, Port-channel 2
C    192.168.4.0/24 is directly connected, Port-channel 3
O    192.168.5.0/24 [110/2] via 192.168.4.1, 00:24:12, Port-channel 3
O    192.168.6.0/24 [110/4] via 192.168.4.1, 00:24:02, Port-channel 3
C    192.168.7.0/24 is directly connected, GigabitEthernet0/1
C    192.168.10.0/24 is directly connected, Vlan10
C    192.168.12.0/24 is directly connected, GigabitEthernet0/2
C    192.168.20.0/24 is directly connected, Vlan20
O    200.179.33.0/24 [110/783] via 192.168.4.1, 00:24:02, Port-channel 3
O*E2 0.0.0.0/0 [110/1] via 192.168.4.1, 00:24:02, Port-channel 3
```

图 10-10　总部核心交换机 HS-3 的路由表

```
      8.0.0.0/24 is subnetted, 1 subnets
C        8.8.8.0 is directly connected, FastEthernet0/8
C     200.179.1.0/24 is directly connected, FastEthernet0/1
C     200.179.2.0/24 is directly connected, FastEthernet0/2
C     200.179.3.0/24 is directly connected, FastEthernet0/3
R     200.179.11.0/24 [120/1] via 200.179.1.1, 00:00:24, FastEthernet0/1
R     200.179.22.0/24 [120/1] via 200.179.2.1, 00:00:23, FastEthernet0/2
R     200.179.33.0/24 [120/1] via 200.179.3.1, 00:00:26, FastEthernet0/3
```

图 10-11　Internet 上三层交换机 I-S 的路由表

```
Gateway of last resort is 0.0.0.0 to network 0.0.0.0

      172.16.0.0/24 is subnetted, 7 subnets
C        172.16.1.0 is directly connected, FastEthernet0/1
C        172.16.2.0 is directly connected, FastEthernet0/2
C        172.16.3.0 is directly connected, FastEthernet0/3
D        172.16.4.0 [90/30720] via 172.16.3.2, 00:26:31, FastEthernet0/3
D        172.16.5.0 [90/30720] via 172.16.1.1, 00:26:31, FastEthernet0/1
C        172.16.7.0 is directly connected, Vlan7
C        172.16.8.0 is directly connected, Vlan8
S*    0.0.0.0/0 is directly connected, FastEthernet0/1
```

图 10-12　分公司三层交换机 S-s 的路由表

2. 在总部出口路由器上显示 NAT 转换

图 10-13 是总部出口路由器上的 NAT 转换。

```
RH#sh ip nat translations
Pro  Inside global      Inside local        Outside local        Outside global
---  200.179.33.80      192.168.6.80        ---                  ---
---  200.179.33.81      192.168.6.81        ---                  ---
tcp  200.179.33.80:23   192.168.6.80:23     200.179.11.3:1025    200.179.11.3:1025
tcp  200.179.33.3:23    200.179.33.2:23     200.179.33.1:1025    200.179.33.1:1025
tcp  200.179.33.3:23    200.179.33.2:23     200.179.33.1:1026    200.179.33.1:1026
tcp  200.179.33.3:23    200.179.33.2:23     200.179.33.1:1027    200.179.33.1:1027
```

图 10-13　总部出口路由器上的 NAT 转换

3. 访问公司总部的服务器

图 10-14 是在家庭网络移动终端上访问总部的 Web 和 Mail 服务器的情况。图 10-15 是分公司员工通过域名访问总部 Web 服务器的情况。图 10-16 是分公司员工使用隧道技术访问总部 FTP 服务器的情况。

4. 在分公司上进行 VoIP 拨号

图 10-17 从 IP Phone2（number：1000）向 IP Phone3（number：1790）拨号。

5. 家庭移动用户收发邮件

图 10-18 为家庭移动用户收发邮件界面。

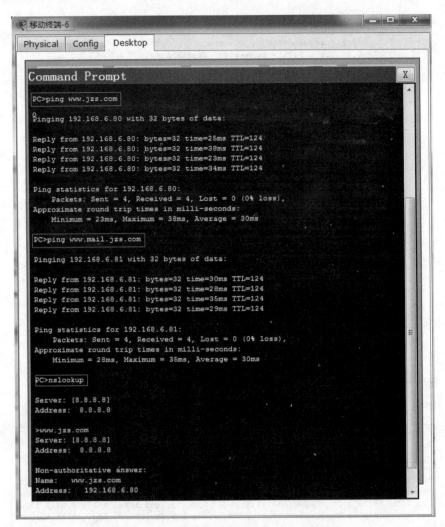

图 10-14 在家庭网络移动终端上访问总部的服务器

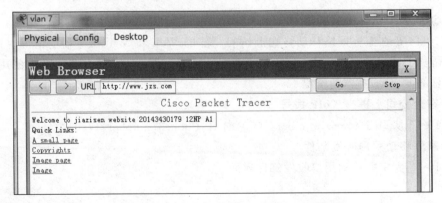

图 10-15 分公司员工访问总部 Web 服务器

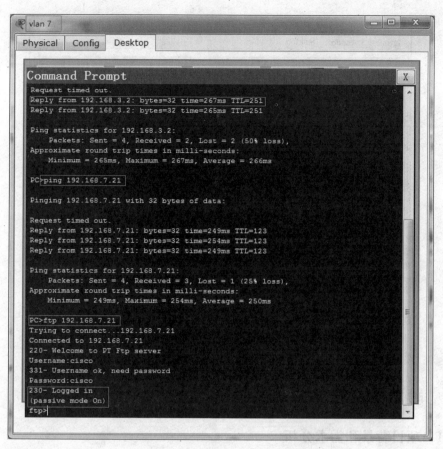

图 10-16　分公司员工使用隧道技术访问总部 FTP 服务器

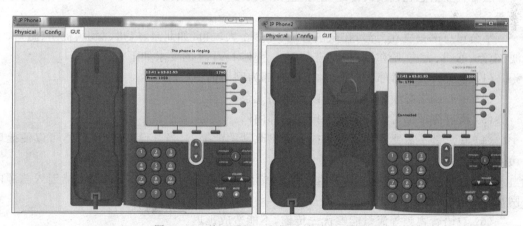

图 10-17　从 IP Phone2 向 IP Phone3 拨号

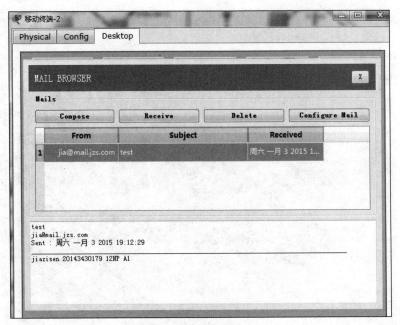

图 10-18　家庭移动用户收发邮件

10.2　跨地区网络安全配置案例

10.2.1　项目背景和需求分析

随着企业信息化程度的不断提高,企业对网络安全特别是移动网络安全的要求也越来越高。

某公司总部设立在上海,在全国各地 10 多个大城市(如北京、广州、深圳、杭州、温州、宁波、南京、苏州、大连、哈尔滨等)都有分部。企业对 VPN 的要求如下:

(1) 企业级服务器部署在上海,上海总部为网络的中心。

(2) 中心网络必须做设备冗余以及链路冗余。

(3) 所有分部都可以安全地连接到总部内网。

(4) 在总部不需要添加新设备或者做出改动的前提下,当开设新的分部时,可以便捷地访问总部内网。

(5) 满足移动办公的需求,并且其他小城市的无固定 IP 地址的办事处也能连入总部内网,访问内网资源。

(6) 对语音视频等流量能够优先传输,不能造成延迟。

(7) 对企业总部实现无线网络全覆盖。

(8) 实现网络的安全管理,并且要提供身份认证服务。

10.2.2　网络拓扑和设计方案

根据企业 VPN 的需求,我们提供了一个以 IPSec 为技术基础的高级 VPN 解决方案。DMVPN 是以 mGRE 为基础的一对多的 Hub-and-Spoke 网络模型的 VPN 架构,以上海为中心站点(Center),其他分部为分支站点(Branch),都与中心通信,并且采用双中心双云的设计,分别与两个 ISP 相连,实现链路冗余与设备冗余,某一 ISP 链路出现问题时,仍可以通过另一 ISP 进行通信。在多点 GRE 的基础上实施 IPSec 技术,对所有站点间的数据通信进行加密,实现安全的链接。当有新站点加入网络时,无论专用 IP 地址还是 PPPoE 动态获取的地址都不会影响 DMVPN,只需要在新站点的出口路由上进行简单配置即可。

EZVPN 属于远程接入 VPN,可以提供移动办公服务,并且不要求客户端有固定 IP 地址,对于小的办事处或者办公室而言,没有专业的技术人员去维护网络,而 EZVPN 的实施只需要在总部站点的 VPN 设备上配置,所有的策略都是由总部设备推送给客户端的,客户端不需要做复杂的配置。另外,由于是双中心,可以将两个 VPN 网关均配置为 EZVPN 的服务端,以实现两个 EZVPN 连接,既可以负载均衡,又可以冗余备份,所以 EZVPN 是最佳解决方案。

本案例采用 DMVPN 双中心双云的设计与 EZVPN 两种技术相结合的解决方案。

无线网络全覆盖有两种形式,一种是 WLC(无线控制器)与瘦 AP 相结合使用,另一种是胖 AP。胖 AP 价格较贵,不方便网络管理,故采用目前使用最多的是 WLC 与多个瘦 AP 相结合的技术,能够满足企业内网全覆盖的需求。

为了保证网络内的语音和视频流量的可靠传输,实施 QoS 技术提供更好的服务,这也是网络的一种安全机制,能够解决网络延迟和阻塞问题。

网络管理的安全也同样重要,Cisco 有专业的 BYOD 解决方案,其中 Cisco 身份服务引擎(ISE)可以满足需求。ISE 集成了无线管理、语音管理、AAA 认证等多种服务,并且可以配合 Windows 域控共同实现网络的安全管理与安全策略。

本方案的网络拓扑如图 10-19 所示。

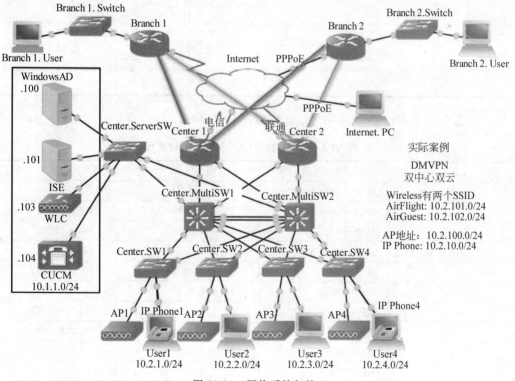

图 10-19　网络系统拓扑

10.2.3　网络地址规划

（1）VPN 网络地址规划如表 10-1 所示。

表 10-1　VPN 地址规划

城市	主机名	IP 地址
上海	Center1	172.16.1.1
	Center2	172.16.2.1
北京	Branch1	172.16.1.2 172.16.2.2
深圳	Branch2	172.16.1.3 172.16.2.3
广州	Branch3	172.16.1.4 172.16.2.4
杭州	Branch4	172.16.1.5 172.16.2.5
温州	Branch5	172.16.1.6 172.16.2.6
宁波	Branch6	172.16.1.7 172.16.2.7
南京	Branch7	172.16.1.8 172.16.2.8
苏州	Branch8	172.16.1.9 172.16.2.9
大连	Branch9	172.16.1.10 172.16.2.10
哈尔滨	Branch10	172.16.1.11 172.16.2.11

（2）总部网络 VLAN 及网络地址规划如表 10-2 所示。

表 10-2　总部网络 VLAN 及网络地址规划

VLAN ID	用　途	网　段	网　关
1	Department 1	10.2.1.0/24	10.2.1.254
2	Department 2	10.2.2.0/24	10.2.2.254
3	Department 3	10.2.3.0/24	10.2.3.254
4	Department 4	10.2.4.0/24	10.2.4.254
10	IP Phone	10.2.10.0/24	10.2.10.254
50	Server Area	10.1.1.0/24	10.1.1.254
100	AP address	10.2.100.0/24	10.2.100.254
101	AirFlight(Wireless)	10.2.101.0/24	10.2.101.254
102	AirGuest(Wireless)	10.2.102.0/24	10.2.102.254
	EZVPN	10.100.0.0/16	

（3）分部内网地址规划如表 10-3 所示。

表 10-3 分部内网地址规划

地点	主机名	内网 IP 地址
北京	Branch1	10.3.0.0/16
深圳	Branch2	10.4.0.0/16
广州	Branch3	10.5.0.0/16
杭州	Branch4	10.6.0.0/16
温州	Branch5	10.7.0.0/16
宁波	Branch6	10.8.0.0/16
南京	Branch7	10.9.0.0/16
苏州	Branch8	10.10.0.0/16
大连	Branch9	10.11.0.0/16
哈尔滨	Branch10	10.12.0.0/16

（4）总部申请的公网固定 IP 地址使用情况如表 10-4 所示。

表 10-4 固定 IP 地址使用情况

IP 地址	使 用 情 况
202.121.241.2（电信）	Center1 出口地址
112.64.1.2（联通）	Center2 出口地址
202.121.241.8（电信）	Web、Mail 等服务器静态映射（Center1）
112.64.1.8（联通）	Web、Mail 等服务器静态映射（Center2）

10.2.4 VPN 的主要配置

（1）DMVPN 双中心双云的主要配置。

Center1 配置（Center2 与 Center1 的配置类似）：

```
crypto isakmp policy 10                          / * ISAKMP 第一阶段 * /
  encr 3des                                      / * 加密算法 3EDS * /
  hash md5                                       / * Hash 算法 MD5 * /
  authentication pre-share                       / * 采用预共享密钥认证 * /
  group 2
crypto isakmp key 6 sms1107 address 0.0.0.0 0.0.0.0
                                                 / * ISAKMP 密码与对端地址 * /
!
crypto ipsec transform-set dmvpn esp-3des esp-md5-hmac
                                                 / * 配置 IPSec 转换集 * /
  mode transport                                 / * 更改 IPSec 模式为 Transport * /
crypto ipsec profile dmvpn
```

```
  set transform-set dmvpn                    /* IPSec profile 调用转换集 */
!
interface Tunnel0
  ip address 172.16.1.1 255.255.255.0
  no ip redirects
  ip mtu 1436
  ip nhrp authentication sms1107             /* NHRP 认证密码 */
  ip nhrp map multicast dynamic              /* 动态映射多播报文 */
  ip nhrp network-id 1001                    /* NHRP 网络 ID */
  ip nhrp holdtime 300                       /* NHRP holdtime 时间 */
  ip ospf network broadcast
  ip ospf priority 100
  tunnel source Serial1/0                    /* 隧道的源为物理口 s1/0 */
  tunnel mode gre multipoint                 /* GRE 模式为 mGRE */
  tunnel key 12345                           /* tunnel key 必不可少,否则 VPN 不能运行 */
  tunnel protection ipsec profile dmvpn      /* 调用 IPSec profile,类似于 crypto map,是
                                                隧道的 SVTI 技术 */
```

Branch1 配置(Branch2 与 Branch1 配置类似):

```
crypto isakmp policy 10
  encr 3des
  hash md5
  authentication pre-share
  group 2
crypto isakmp key 6 sms1107 address 0.0.0.0 0.0.0.0
!
crypto ipsec transform-set dmvpn esp-3des esp-md5-hmac
  mode transport
!
crypto ipsec profile dmvpn
  set transform-set dmvpn
!
interface Tunnel1                            /* 两个隧道,做双云必须两个隧道 */
  ip address 172.16.1.2 255.255.255.0
  ip mtu 1436
  ip nhrp authentication sms1107
  ip nhrp map multicast 202.121.241.2
  ip nhrp map 172.16.1.1 202.121.241.2
  ip nhrp network-id 1001
  ip nhrp holdtime 300
  ip nhrp nhs 172.16.1.1
  ip ospf network broadcast
  ip ospf priority 99
  tunnel source Serial1/0
  tunnel destination 202.121.241.2
  tunnel key 12345
  tunnel protection ipsec profile dmvpn
```

```
!
interface Tunnel2                                /*两个隧道,做双云必须两个隧道*/
 ip address 172.16.2.2 255.255.255.0
 ip mtu 1436
 ip nhrp authentication sms1107
 ip nhrp map 172.16.2.1 112.64.1.2
 ip nhrp map multicast 112.64.1.2
 ip nhrp network-id 2002
 ip nhrp holdtime 300
 ip nhrp nhs 172.16.2.1
 ip ospf network broadcast
 ip ospf priority 99
 tunnel source Serial1/0
 tunnel destination 112.64.1.2
 tunnel key 12345
 tunnel protection ipsec profile dmvpn
```

（2）EZVPN 的主要配置。

Center1（Center2 与 Center1 配置类似）：

```
crypto isakmp policy 10                          /*ISAKMP 第一阶段,与 DMVPN 共用一个策略*/
 encr 3des                                       /*加密算法 3EDS*/
 hash md5                                         /*Hash 算法 MD5*/
 authentication pre-share                         /*采用预共享密钥认证*/
 group 2
crypto ipsec transform-set ezvpn esp-3des esp-md5-hmac
                                                  /*设置 EZVPN 的转换集*/
 mode transport                                   /*IPSec 模式*/
crypto isakmp client configuration group smsgroup
                                                  /*EZVPN 的组,用来认证用户*/
 key sms1107
 pool smspool
 acl Tunnel-Split                                /*隧道分离,调用 ACL*/
crypto isakmp profile ezvpn                       /*EZVPN 中的 ISAKMP profile*/
  match identity group smsgroup
  client authentication list remote              /*调用认证列表*/
  isakmp authorization list remote               /*调用授权列表*/
  client configuration address respond
crypto map ezvpn 10 ipsec-isakmp dynamic ezvpn   /*静态 map 调用动态 map*/
crypto dynamic-map ezvpn 10                       /*EZVPN 动态 map*/
 set transform-set ezvpn
 set isakmp-profile ezvpn
 reverse-route                                    /*反向路由注入,必须有,目的是动态生成 32 位主机路由*/
```

10.2.5　无线网络规划和配置

无线网络规划如表 10-5 所示。采用大量的瘦 AP 对企业无线网络全覆盖,后台用 WLC。

表 10-5　无线网络规划

SSID	IP 地址	用　途
AirFlight	10.2.101.0/24	供企业内部员工访问公网,有内网访问权限
AirGuest	10.2.102.0/24	供企业客户访问公网,无内网访问权限

WLC 的主要配置步骤如下:

(1) 在交换机上配置 DHCP,让 AP 自动获取地址,自动注册到 WLC 上,方便 WLC 管理。

在 SW 上配置 DHCP 地址池:

```
ip dhcp pool APpool
    network 10.2.10.0 255.255.255.0
    default-router 10.2.10.254
    dns-server 10.1.1.100
    option 60 ascii "AirTest"            /* 为 AP 自动分配名字 */
    option 43 hex f110.0a01.0164         /* 前两位必须是 F1,紧接着是 AP 数量乘以
                                           4,最后是 WLC 地址,全部用十六进制表
                                           示 */
```

(2) 在 WLC 上添加接口,用于配置 SSID 的 IP 地址以及 DHCP 地址等信息,如图 10-20 所示。

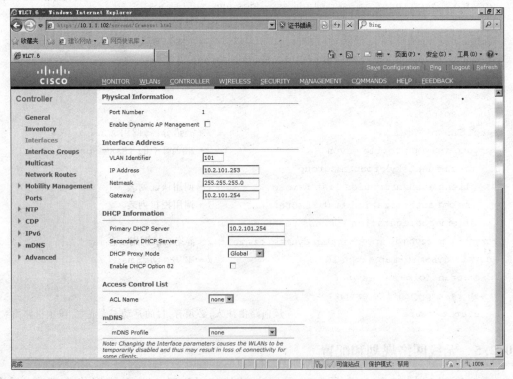

图 10-20　添加接口

284

（3）新建 WLANs，释放出相应的 SSID 无线信号，如图 10-21 所示。

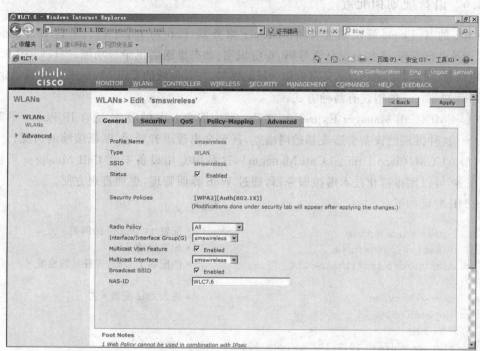

图 10-21 新建 WLANs

在这里可以选择认证方式、密码、网页认证等，加密协议使用 WPA2，加密算法为 AES，如图 10-22 所示。

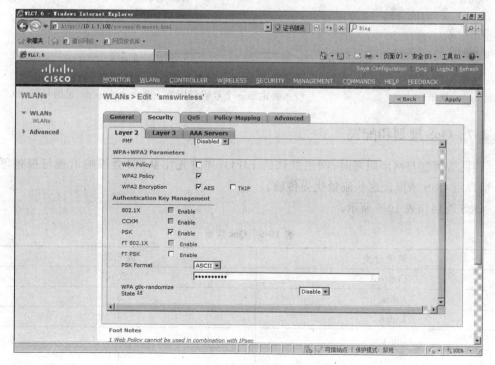

图 10-22 选择认证方式

10.2.6　语音规划和配置

Cisco 的 IP Phone 管理需要 Call Manager 服务器，Call Manager 可以通过 IP Phone 的 MAC 地址进行管理，比如分配电话号码、身份识别、动态推送通讯录等功能，当域间 IP Phone 进行电话通信时，Call Manager 又可以作为域间网关，与其他域的 Call Manager 交换通讯录。

Call Manager 的搭建有两种方式：

（1）CME(Call Manager Express)，这是一种内嵌在 IOS 的服务，适合 IP Phone 数量少的场合。这种低端的设备会造成基础网络差，甚至会出现语音延迟、断断续续的情况。

（2）CUCM(Cisco Unified Call Manager)，这是用专用设备安装 Call Manager 系统来提供服务，可以用虚拟化技术虚拟服务器，通过 Web 界面管理，更加直观方便。

CME 配置如下：

```
dial-peer voice 1 voip                    /* 配置 IP Phone 的网关 */
 destination-pattern 40..                 /* 配置目的号码 */
 session target ipv4:10.2.4.254           /* 匹配如上号码,发往目的地址 */
!
telephony-service                         /* 进入 CME 配置 */
 max-ephones 10
 max-dn 10
 ip source-address 10.2.10.251 port 2000
 keepalive 10
 max-conferences 8 gain -6
!
ephone-dn 1                               /* 电话号码序列 */
 number 1001                              /* 分配电话号码 */
 name Softphone1
!
ephone 1
 mac-address 000C.29FB.742A               /* 指定 MAC 地址 */
 type CIPC              /* 指定 IP Phone 的类型,CIPC 指的是 SoftPhone */
 button 1:1             /* 绑定第一个号码调用第一个 ephone-dn 里的号码 */
```

10.2.7　QoS 规划和配置

当网络拥塞与网络阻塞时，网络默认的 FIFO(先进先出队列)会影响语音与视频等应用，所以用 QoS 来保证这些流量优先传输。

QoS 规划如表 10-6 所示。

表 10-6　Qos 规划

流量分类	优先级
Control	6(默认)
Voice	5
Video	4
Business	3
Internet	1

QoS 主要配置如下：

```
class-map match-all Control            /* class-map 类,对流量分类 */
 match ip precedence 6 7               /* 匹配 IP 优先级 */
class-map match-all Voice
 match ip precedence 5
class-map match-all Video
 match ip precedence 4
class-map match-all Video
 match ip precedence 3
class-map match-all Internet
 match ip precedence 0
!
policy-map Policy
 class Control
   priority percent 5                  /* 配置 QoS 策略 */
 class Voice
  priority percent 20
  police cir percent 20
 class Video
  bandwidth percent 30
 class Business
  bandwidth percent 30
  random-detect                        /* 开启随机检测 */
  random-detect exponential-weighting-constant 10
 class Internet
```

10.2.8　系统验收测试

1. VPN 测试

（1）DMVPN 测试如图 10-23 所示。

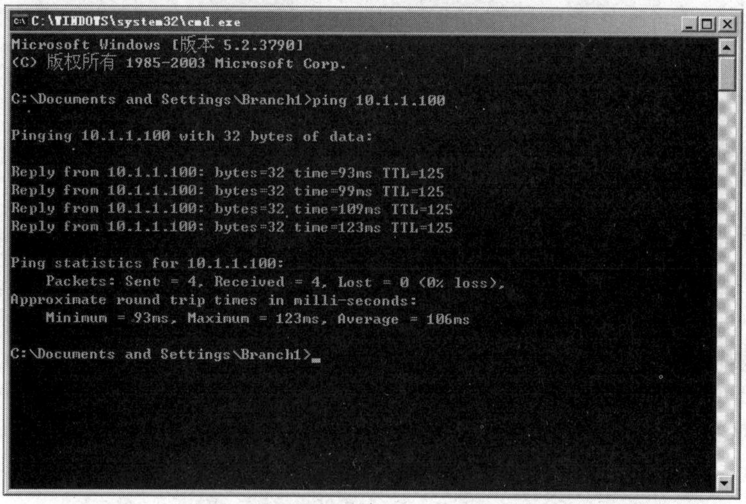

图 10-23　DMVPN 测试

（2）EZVPN 测试如图 10-24 所示。

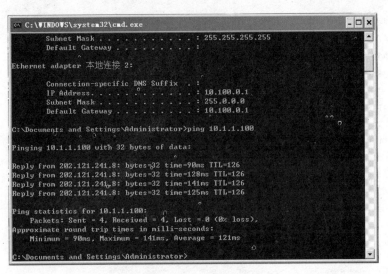

图 10-24　EZVPN 测试

2. Windows 域测试

Branch1 的内网 PC 加入 sms.com 域，如图 10-25 所示。

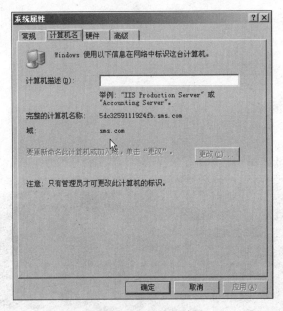

图 10-25　加入域的结果

3. 语音测试

两个 IP Phone 通话测试，如图 10-26 所示。

4. QoS 测试

不断地从 User4 的 FTP 下载文档，占据网络带宽，如图 10-27 所示。
网络延迟有明显增加，证明已经占据了大部分带宽，如图 10-28 所示。
此时再打 IP Phone，看是否对通话质量有影响，如图 10-29 所示。

图 10-26　IP Phone 通话测试

图 10-27　FTP 下载

```
C:\WINDOWS\system32\cmd.exe
Reply from 10.2.4.1: bytes=32 time=19ms TTL=127
Reply from 10.2.4.1: bytes=32 time=27ms TTL=127
Reply from 10.2.4.1: bytes=32 time=25ms TTL=127
Reply from 10.2.4.1: bytes=32 time=22ms TTL=127

Ping statistics for 10.2.4.1:
    Packets: Sent = 4, Received = 4, Lost = 0 (0% loss),
Approximate round trip times in milli-seconds:
    Minimum = 19ms, Maximum = 27ms, Average = 23ms

C:\Documents and Settings\Administrator>ping 10.2.4.1

Pinging 10.2.4.1 with 32 bytes of data:

Reply from 10.2.4.1: bytes=32 time=473ms TTL=127
Reply from 10.2.4.1: bytes=32 time=246ms TTL=127
Reply from 10.2.4.1: bytes=32 time=297ms TTL=127
Reply from 10.2.4.1: bytes=32 time=274ms TTL=127

Ping statistics for 10.2.4.1:
    Packets: Sent = 4, Received = 4, Lost = 0 (0% loss),
Approximate round trip times in milli-seconds:
    Minimum = 246ms, Maximum = 473ms, Average = 322ms

C:\Documents and Settings\Administrator>
```

图 10-28　网络延迟

图 10-29　IP Phone 通话测试

　　IP Phone 的通话质量没有受任何影响,但是已经 ping 不通了,证明 QoS 设置已经生效,再查一下路由器的 QoS,如图 10-30 所示。

```
Center.MultiSW2#sh policy-map interface vlan 4 output
  Vlan4

  Service-policy output: Voice

    Class-map: Voice (match-all)
      14700 packets, 1087800 bytes
      5 minute offered rate 29000 bps, drop rate 0 bps
      Match: access-group name Voice
      Queueing
        Strict Priority
        Output Queue: Conversation 264
        Bandwidth 20 (%)
        Bandwidth 20000 (kbps) Burst 500000 (Bytes)
        (pkts matched/bytes matched) 0/0
        (total drops/bytes drops) 0/0
      police:
          cir 20 %
          cir 20000000 bps, bc 625000 bytes
        conformed 14700 packets, 1087800 bytes; actions:
          transmit
        exceeded 0 packets, 0 bytes; actions:
          drop
        conformed 29000 bps, exceed 0 bps

    Class-map: class-default (match-any)
      1343 packets, 102187 bytes
      5 minute offered rate 0 bps, drop rate 0 bps
      Match: any
Center.MultiSW2#

Center.MultiSW2#sh ip access-lists
Extended IP access list Voice
    10 permit ip 10.2.0.0 0.0.255.255 10.2.0.0 0.0.255.255 precedence critical (14700 matche
s)
    20 permit ip 10.3.0.0 0.0.255.255 10.2.0.0 0.0.255.255 precedence critical
    30 permit ip 10.4.0.0 0.0.255.255 10.2.0.0 0.0.255.255 precedence critical
    40 permit ip 10.100.0.0 0.0.255.255 10.2.0.0 0.0.255.255 precedence critical
Center.MultiSW2#
```

图 10-30　检查 QoS

参 考 文 献

[1] 斯桃枝. 路由协议与交换技术[M]. 2版. 北京：清华大学出版社，2018.

[2] 梁广民，王隆杰. 思科网络实验室路由、交换实验指南[M]. 北京：电子工业出版社，2009.

[3] 斯桃枝. 路由与交换[M]. 北京：中国铁道出版社，2018.

[4] Cisco Networking Academy Program. 思科网络技术学院教程(第一、二学期)[M]. 3版. 北京：人民邮电出版社，2006.

[5] Cisco Networking Academy Program. 思科网络技术学院教程(第三、四学期)[M]. 3版. 北京：人民邮电出版社，2006.

[6] Cisco Networking Academy Program. 思科网络技术学院教程(第五学期)：高级路由[M]. 北京：人民邮电出版社，2001.

[7] Lewis C. Cisco TCP/IP 路由技术专业参考[M]. 陈谊，翁贻方，杨怡，等译. 北京：机械工业出版社，2001.

[8] Ammann P T. Cisco TCP/IP 路由器连网技术[M]. 王臻，译. 北京：机械工业出版社，2000.